愛知大学国研叢書 第5期 第2冊

現代内モンゴル
牧畜地域社会の実態
──民主改革から改革開放初期まで──

仁 欽
Rengin
［著］

あるむ

現代内モンゴル牧畜地域社会の実態

民主改革から改革開放初期まで

目次

序　論

1　問題意識

　中国では牧畜業生産の90％以上が内モンゴル、新疆、青海、チベットなどの少数民族地域に集中しており、牧畜業に従事する人口の90％は少数民族である[1]。牧畜業は少数民族牧民の根本的かつ基本的な生業であり、牧民の生活やその地域社会の発展は牧畜業の発展にかかっていた。さらに、牧畜業は農業生産の発展および国民生活の向上と密接に関連し、国民経済においても重要な地位を占めていた[2]。

　なかでも、内モンゴルの草原面積は7,880万 ha で、全国の草原総面積の22％を占め、中国にとってもっとも重要な牧畜業基地であった。1950年代において、内モンゴルの家畜数は中国全体の家畜総数の8.6％を占め、羊は全国総数の15.6％を占めており、牧畜業経営による収入は内モンゴルの農業総産額の35.5％であった[3]。20世紀末においても、内モンゴル自治区総人口のうち農業人口は1,549.60万人で、総人口の66.6％を占めていた（1997

1　例えば、1950年代当時、約350万人にものぼるモンゴル人、チベット人、カザフ人、キルギス人、タジク人などが牧畜業に従事していた（*Öbör Monggol-unöbertegenjasaquorun Sui yuan Kökenagurjergegajar-un maljiquorun-u mal ajuaqui-yin tuqaiündüsündüng*, Öbör Monggol-un arad-un keblel-ünqoriy-a, Kökeqota, 1955 on, pp. 1–2）。

2　すなわち、農業の機械化がまだ普及していない1950年代において、役畜は耕作作業の原動力および運輸手段として大きな役割を果たしていた。また、食肉や乳などの重要な栄養源を供給するだけではなく、皮革、毛織業、食品工業に対し原料を提供し、国民生活ならびに輸出による外貨の獲得にも欠かせない存在であった。

3　孫敬之主編『内蒙古自治区経済地理』科学出版社、1956年、17頁。

年）。そのうち、牧畜業人口は190.40万人で、農業人口の12.3％を占めていた（同）。牧畜業は内モンゴル自治区の「温飽問題」（日常生活の衣、食、住の問題）の解決の鍵のひとつであるだけでなく、畜産物を原料とする工業は自治区の基幹産業にもなっている。したがって、牧畜業経済は内モンゴル自治区においてきわめて重要な位置を占めているといってよい。

　内モンゴル自治区は、中国の5つの少数民族自治区の中で最も先に設立された自治区である[4]。内モンゴル自治政府樹立後、内モンゴルの牧畜地域は三回に渡る大きな社会変革をみせた。第一回目は、1947年から1952年までの間に推進された封建制度を一掃する民主改革である[5]。第二回目は、私有制から社会主義的集団化（社会主義的改造、人民公社化）である。第三回目は、中国共産党第11期3中全会後の「改革開放」政策のもとでの牧畜業人民公社の解体と請負制の実施といった歴史的転換である。

　本研究では、内モンゴル自治政府樹立後の民主改革から改革開放初期までの内モンゴルの牧畜地域社会の実態についての検討をおこなう。

　内モンゴル自治区は、現代中国の最初の少数民族自治区であるだけではなく、現代中国の各少数民族地域において推進された社会改革では最も先行された地域であり、「モデル・ケース」（模範自治区）として扱われることが多かった。中華人民共和国成立前後においては各領域にわたる社会改革が推進された。一般に少数民族地域における社会改革は、漢人地域と比べてゆっくりしたテンポでおこなわれた。しかし、内モンゴルにおいては、その地域的、民族的、歴史的特徴により、社会改革は中国の他の少数民族地域と異なり、一般の漢人地域とほぼ同じ時期におこなわれた。すなわち、内モンゴルの東部地域における土地改革は、中国東北地域と同じように国共内戦期の1947〜48年におこなわれ、それと並行して内モンゴルの牧畜地域における「民主改革」が実施された。内モンゴル西部地域における土地改革は、中華

4　内モンゴル自治区は、1947年5月1日にオラーンホト（王爺廟）に内モンゴル自治政府として樹立され、1949年12月に内モンゴル自治区に改組され、中国で最も先に設立された少数民族自治区である。その後、1955年10月1日に新疆ウイグル自治区、1957年3月5日に広西チワン族自治区、1958年10月25日に寧夏回族自治区、1965年9月1日にチベット自治区が設立された。

5　民主改革の「民主」とは、上部構造と政治的範疇であり、近代社会の政治関係、政治制度と社会経済制度を指す。民主は自由、平等、人権に基づいた政治的理念、社会化の管理形式であり、封建、独裁と区別され、対立するものである。

人民共和国建国後の一般漢人地域における土地改革とほぼ同時に1951〜53
年の間におこなわれた。また、内モンゴルの牧畜業における社会主義的改
造も、一般の農業地域における社会主義的改造と同時に1953年から始まり、
少数民族地域の中で最も早かった[6]。

　さらに、様々な領域にわたる統合政策は内モンゴルで実施されたのちほか
の少数民族地域に拡げられた。そのなかでも、最も代表的、典型的なものと
して「不分不闘、不劃階級、牧工牧場主両利」（略称「三不両利」）政策——
すなわち、「家畜分配をせず、階級区分をせず、階級闘争をせず、家畜主と
牧畜労働者の両方の利益になる」政策が挙げられる。これは、1940年代末
の内モンゴル東部地域における土地改革と並行して牧畜地域における「民主
改革」において実施された政策である。のちの内モンゴルの牧畜業における
社会主義的改造においても、「三不両利」政策は引き続き実施された。さら
に、中央人民政府である国務院は、「三不両利」政策を各少数民族地域へ伝
達し、推進したのである[7]。同様に、改革開放初期の社会変革においても、中
国の少数民族の牧畜地域のなかで最も先に「草畜双承包」（放牧地と家畜の
請負制。経営者である牧民が牧畜経営と放牧地管理の自主権をもつこと）が
実施されたのである。

　中国国内の研究者のいくつかの著書や論文では、本研究であつかう民主改
革から改革開放初期までの内モンゴルの牧畜地域社会について言及はされて
いるものの、それらのあるものは一般的、通史的、概観的なレベルにとど
まっている。中国においては、本研究のテーマに関して、歴史的事実にもと
づく詳細かつ客観的な分析と考察が本格的にはおこなわれていないのが現実
である。また、現代中国の少数民族の牧畜地域に関して数多くのすぐれた成
果が出されている日本と欧米でも、本テーマを中心にすえた研究はほとんど
見当たらない。

　研究状況はこのようなものであり、民主改革から改革開放初期までの内モ
ンゴルの牧畜地域社会の実態について、多くの課題が未解決のまま残されて

6　青海、新疆の牧畜業における社会主義的改造がはじまったのはそれぞれ1955年と1956年から
　　である。

7　*Öbör Monggol-unöbertegenjasaquorun Sui yuan Kökenagurjergegajar-un maljiquorun-u mal ajuaqui-yin*
　　tuqaiündüsündüng, Öbör Monggol-un arad-un keblel-ünqoriy-a, Kökeqota, 1955 on.

いる。それらは、およそ次のようにまとめることができる。

(a)民主改革以前の内モンゴルの牧畜地域社会はどのような特徴をもっていたのか、牧畜地域の階級状況と搾取形式はどうなっていたのか、牧畜地域の主要矛盾は何か、民主改革の目的は何か、牧場主経営の特性は何か、さらに、民主改革の結果、階級関係、経済的基礎にどのような根本的変化が生じたのか、文化衛生事業、民族工業・商業はいかに発展したのか、牧畜業生産の発展につれて、牧畜地域の各階層の人民の生活、とくに貧困牧民の生活はどのように改善されたのか。

(b)牧民個人経営に対する社会主義的改造の結果、牧畜業生産は実際のところ、前進したのか後退したのか、そして、その背景や要因は何であったのか、牧場主に対する社会主義的改造政策はどのように提起されたのか、その要因はなにか、社会主義的改造がおこなわれるまでの牧畜地域における階級状況の変化はどうだったのか、牧場主の基準はなにか、どのような方法で牧場主に対する社会主義的改造がおこなわれたのか、さらにそのプロセスはどうだったのか。

(c)内モンゴルの牧畜地域における人民公社化には、どのような特殊な背景があったのか、人民公社化政策の策定はどのような状況認識にもとづき、どのような目的で決定されたのか、また、実施の過程でどのような問題が生じたのか、その要因はなにか。

(d)「文化大革命」により、内モンゴルの牧畜業にはどのような混乱がもたらされたのか、それまでの牧畜業に関する政策、方針などはいかに否定され、批判や攻撃の対象となったのか、その結果は、内モンゴルの牧畜業になにをもたらしたのか、「文化大革命」終結後の牧畜業における「撥乱反正」（混乱を治めて、秩序をとりもどす）により、牧畜業の復興のための政策、方針、措置などがいかに打ち出され、どのように実施されたのか、その結果、牧畜業の復興や発展の状況はどうだったのか、また、どのような問題が残されていたのか。

(e)中国共産党第11期3中全会後の「改革開放」政策のもとで、それまでに推進された社会主義的集団化はいかに相次いで大転換を迫られたのか、牧畜業における人民公社はどのように解体されたのか、「草畜双承包」（放牧地と家畜の請負制）などの請負制がどのように実施されたのか、それの実施に

より牧畜業生産と牧民生活の実態はどのように変化したのか、さらにその実施の過程においてどのような問題が生じたのか。

　本研究では、上述の諸問題に焦点をあてて、歴史的事実と歴史資料にもとづいた綿密な考察と検討をおこなう。目的とするのは、民主改革から改革開放初期までの社会変遷の中で、内モンゴルの牧畜地域社会の変容の実態解明にある。

2　先行研究

　まず、本研究にかかわる中国と日本における研究動向について簡単に概観してみたい。

　中国では、中国共産党第11期3中全会（1978年12月）以降、「思想解放」「実事求是」「禁区の打破」を旗印として社会科学研究が活発化した。歴史研究の分野においてもタブー[8]を打ち破り、それまでの党史の歪曲を非難しようとする動きが出てきた[9]。その後、1981年6月に開催された中国共産党第11期6中全会が「建国以来の歴史決議」を採択し、「文化大革命」を全面的に否定する評価を下した。相前後して、「文化大革命」を含む冤罪事件で被害を受けた彭徳懐、劉少奇をはじめとする人びとがつぎつぎに「名誉回復」され、それまでの毛沢東路線に対する評価が大きく逆転した。これと連動して、現代史研究のなかでの歴史の見直しも開始された。さらに、1989年の中国の民主化運動、ソ連、東欧など社会主義体制をとる諸国家全体の政治的転換と大きな変動を経て1990年代に入ると、中国革命史、中国社会主義の見直しと「革命史」的アプローチの再検討が一段と加速した。

　このような一連の動きにともなって、党、政府、経済、教育、軍事などの各領域において精力的な研究がおこなわれた。そのため、それまでに知り

8　中国では、とくに「文化大革命」開始以降、中央における権力闘争に絡んで、歴史上の事件や人物の評価の恣意的な書きかえが目立ち、歴史学が「影射史学」（あてこすり史学）となってしまった観があった。

9　その代表的なものは、李洪林の論文である。氏は、それまでの研究が「指導者を突出させる」ことに名を借りて、党史を毛沢東主席一人と、他のすべての人との間の戦いの歴史として描き、毛沢東のみが正しく、他の人はことごとく誤りを犯したことにしてしまったと指摘したうえで、「実事求是」の立場により、科学的に党史を書くことを提唱した（李洪林「打破党史禁区」『歴史研究』1979年第1期）。

えなかった事実があきらかになってきた。たとえば、反右派闘争において右派分子とされた者のなかでは、教員の比重が高かったこと[10]や、大躍進政策の失敗による餓死者の数[11]などが公刊資料からもわかるようになった。ただし、政治的にも学問的にも「四つの堅持」（共産党の指導、プロレタリア独裁、社会主義、マルクス・レーニン主義・毛沢東思想）の原則にしたがわなければならない、という点は変わっていない。また、現代史関係の重要な資料集、重要会議の考証などの多くは「内部発行」であり、これらを利用できる研究者は特定の人々に制限され、一般の人は利用することができないという事情もある。とくに、民族問題にかかわるものは、よりいっそう研究の条件が厳しくなるのが現状である。

　内モンゴル現代史についていえば、1980年代に入ってから内モンゴル大学に内モンゴル近現代史研究所が設立されたことが、ひとつの学問領域としてのスタートであった。その研究内容は、1990年代以前は「革命史」「中国共産党史」の枠組みにとどまっていたが、1990年代からは本格的な内モンゴル現代史研究が始まった。近年では、内モンゴル政治、経済、教育、社会など各分野にわたり、現代中国における地域の変容という視点でのアプローチがみられる。しかし、民族問題と民族政策に関する課題は、各時代についていまだ多く残されたままである。これは、民族問題と民族政策に深く関連する歴史の研究においては、関係する史料の利用制限やイデオロギー上の制約によるものであると考えられる。本書でとりあげる諸問題が未解決のままであったことは、その代表的な一例といえるだろう。

　日本では、中国現代史研究は早い時期から始まっており、数多くの研究成果が蓄積されてきたことはいうまでもない。とくに、現代中国の民族問題に関してはさまざまな視点からのすぐれた研究がなされてきた。そのなかでももっとも代表的な研究としては、現代中国の民族問題と民族政策に関する全般的で総合的な検討をおこなった加々美光行、毛里和子の研究をあげることができる。加々美光行は、中国の民族問題を中国共産党の民族政策、中国政

10　実例をあげれば、河南省の場合は4万1,000人であり、省全体の右派総数7万人の58％を占める。広東省の場合は1万3,000人であり、省全体の右派総数3万7,000人の35％を占める（『中華人民共和国教育大事記』教育科学出版社、1983年、96頁）。

11　その数は、1,500万人と推計されている（国務院人口普査弁公室・国家統計局人口統計司編『中国1982年人口普査10％抽様資料』中国統計局、1983年、27頁）。

治、国際政治、国際関係、民族理論などから多面的に論じ、さらに、民族国家の形成は問題の解決にならないと主張している[12]。また氏は、中国の民族問題は国家原理の中核的矛盾として存在し、今日の根源的な危機を形成していると指摘する[13]。毛里和子は、近現代中国の歴代政権の民族政策、諸民族の独立・自治運動などを分析し、本来的には国民論である中国の「中華民族論」が、依然として種族的、文化的原理などにもとづいているとし、それを共有しないエスニック集団へもこの論理が適用されていること、旧帝国の領域を理念型国家へ再編しようとすることの問題性など、民族をめぐる歴史的、現代的諸問題を提示した[14]。両氏の研究、とくに加々美光行氏の研究は、現代中国民族問題の研究の指針となるべきものであり、本研究も負うところが多い。

　また、国分良成・星野昌裕は、1949年から1966年の「文化大革命」における中国共産党の対少数民族政策を、当時の中央指導者の発言に注目し、建国時に決定された少数民族地域に対する原則は、現在にいたるまで一貫して不変であると論じる[15]。

　これらの研究には多くの情報が含まれており、学ぶべきところが多い。しかし同時に、諸研究は、本研究であつかう民主改革から改革開放初期までの内モンゴルの牧畜地域社会の実態にほとんど言及していない。

　以上の全体的動向を念頭におきながら、以下では、本研究に関係する先行研究を(1)～(5)の項目に分けて、テーマごとにまとめることにする。

(1)　内モンゴルの牧畜地域における民主改革

　内モンゴルの牧畜地域における封建制度を一掃する民主改革が1947年から1952年までの間に推進された[16]。内モンゴルの牧畜地域における民主改革

12　加々美光行『知られざる祈り――中国の民族問題』新評論社、1992年。

13　加々美光行『中国の民族問題――危機の本質』岩波書店、2008年。

14　毛里和子『周縁からの中国――民族問題と国家』東京大学出版会、1998年。

15　国分良成・星野昌裕「中国共産党の民族政策――その形成と展開」（可児弘明ほか『民族で読む中国』朝日新聞社、1998年）。

16　内モンゴルは、その民族的、地域的、歴史的要因により、民主改革が推進される1940年末に農業地域、半農半牧地域、牧畜地域が並存する地域になったのである。内モンゴルの農業、牧畜業、半農半牧地域の分布状況は以下の通りである。農業地域は、当時のフルンボイル盟のハイラル市、ジリム盟の開魯県、チャハル盟のチャハル右翼前旗など39の旗・県・市に分布していた。牧畜地域は、当時のフルンボイル盟の新バルガ左旗、バヤンノール盟のエジネ旗、シリンゴル盟のスニト右旗など20の純粋な牧畜旗に分布していた。半農半牧地域は、地理的に

では、一般の農業地域と異なる民主改革の方針、政策が制定され実施された。

　内モンゴルの牧畜地域における民主改革については、日本を含む中国内外において研究が進められ、いくつかの優れた研究成果が出されている。日本においては、高明潔[17]は、ポストモダニズムの視点に立ち、内モンゴルの牧畜地域における民主改革において実施された「家畜分配をせず、階級区分をせず、階級闘争をせず、家畜主と牧畜労働者の両方の利益になる」（「不分不闘、不劃階級、牧工牧場主両利」）政策の登場背景とその位置づけなどについて、脱構築的歴史過程の側面から論じている。また、フスレ[18]は、「家畜分配をせず、階級区分をせず、階級闘争をせず、家畜主と牧畜労働者の両方の利益になる」の提起された背景と過程について述べている。

　中国では、内モンゴルの牧畜業における民主改革について、これまでにいくつかの研究成果が出されている。そのなかで、慶格勒図は、内モンゴルの牧畜地域における民主改革政策の由来、内容およびその意義について考察している[19]。賽航は、「三不両利」政策の制定のプロセスについて述べている[20]。李玉偉・張新偉は、牧場主に対する改革の過程、成果を概観している[21]。また、内蒙古自治区政協文史資料委員会には、内モンゴルの牧畜地域における民主改革政策の制定や実施のプロセスの経験者、当事者の回想録が収録されている[22]。

は農業地域と牧畜地域のあいだに位置した。行政的にはイフジョー盟のエジェンホロー旗、フルンボイル盟のジャライド旗、ジリム盟のホルチン左翼中旗など20の旗に分布した（浩帆『内蒙古蒙古民族的社会主義過渡』内蒙古人民出版社、1987年、201–206頁）。

17　高明潔「もう一つの脱構築的歴史過程――内モンゴル自治政府の「三不両利政策」をめぐって」『愛知大学国際問題研究所紀要』第129号、2007年、271–306頁。

18　ボルジギン・フスレ『中国共産党・国民党の対内モンゴル政策　1945～49年――民族主義運動と国家建設との相克』風響社、2011年、255–279頁。

19　慶格勒図「内蒙古牧区民主改革運動」『内蒙古社会科学』1995年第6期、32–37頁。

20　賽航「内蒙古牧区民主改革」『中国共産党与少数民族地区民主改革和社会主義改造』（上冊）、中共党史出版社、2001年、451–464頁。

21　李玉偉・張新偉「試論内蒙古関於牧主和牧主経済的民主改革」『前沿』2013年第5期、86–88頁。

22　内蒙古自治区政協文史資料委員会『「三不両利」与「穏寛長」回憶与思考』（『内蒙古文史資料』第56輯）、2005年。

そのほか、郝維民[23]、内蒙古自治区畜牧業庁修志編史委員会[24]、王鐸[25]、浩帆[26]、劉景平・鄭広智[27]、Öbör Monggol-un arad-un keblel-ün qoriy-a[28]、Ceng Haizhou/Zhang Bingduo[29]、Öbör Monggol-un arad-un keblel-ün qoriy-a[30] などの一部の内容においても、内モンゴルの牧畜地域における民主改革について言及している。内モンゴルの牧畜地域で進行した民主改造のプロセス、内容などについては述べられているが、一般的、経済史的、通史的なきわめて簡単な記述である。

これらの研究には多くの情報が含まれており、内モンゴルの牧畜地域における民主改革の研究の基礎となるべきものである。しかし、現在まで、純粋な牧畜地域を対象にした研究はまだ充分に検討されておらず、多くの問題が残されている。

⑵　内モンゴルの牧畜業における社会主義的改造

中国では、1953年から農業を皮切りに、各領域における制度面での社会主義的改造が始まり、社会主義の建設に向けて新たなステップを踏み出した。この農業における社会主義的改造が1956年にほぼ完了したのに対し、牧畜業における社会主義的改造がチベットを除く牧畜地域で基本的に完成したのは1958年末のことであった。そしてこの社会主義的改造で組織された農業および牧畜業の互助組や協同組合は、のちの「大躍進」、人民公社の前提と基礎になったのである。

中国の農業における社会主義的改造に関する研究は、日本を含む中国内外でかなり早い時期から進められてきた。日本においては、すでに1960年代に優れた研究成果が数多く出されている[31]。小林弘二が、社会主義的改造を

23　郝維民主編『内蒙古通史』(第七巻)、人民出版社、2011年。

24　内蒙古自治区畜牧業庁修志編史委員会編『内蒙古畜牧業発展史』内蒙古人民出版社、2000年。

25　王鐸主編『当代内蒙古簡史』当代中国出版社、1998年。

26　浩帆『内蒙古蒙古民族的社会主義過渡』内蒙古人民出版社、1987年。

27　劉景平・鄭広智『内蒙古自治区経済発展概要』内蒙古人民出版社、1979年。

28　*Öbör Monggol-un mal aju aqui-yin kögjilte-yin toyimu*, Öbör Monggol-un arad-un keblel-ün qoriy-a, 1962 on.

29　Ceng Haizhou/Zhang Bingduo, *Öbör Monggol-un mal aju aqui*, Öbör Monggol-un arad-un keblel-ün qoriy-a, 1958 on.

30　*Öbör Monggol-un öbertegen jasaqu orun Sui yuan Köke nagur jerge gajar-un maljiqu orun-u mal aju aqui-yin tuqai ündüsün dung*, Öbör Monggol-un arad-un keblel-ün qoriy-a, 1955.

31　代表的なものとしては、『中国の土地改革以後農業集団化実現に至る過渡期に生起した諸問題

含む農業集団化政策の展開過程の実態の究明を通じて、中国社会主義の特質、さらには20世紀の農民革命と共産主義革命の関係を考察している[32]。中国における近年の研究では、高化民が、農業生産の協同組合化の過程を述べたうえで、農業生産の合作化は中国の特徴に合致したものだったと論じ、農村経済体制改革と農業生産協同組合との関係についても言及している[33]。そのほか、葉揚兵[34]、《当代中国的農業合作制》編輯委員会[35]などがあげられる。ただしこれらの研究では、牧畜地域における社会主義的改造に関する記述はほとんどない。

　次に、牧畜業の社会主義的改造に関する日本での研究に目をうつすと、二木博史が、現在のモンゴル国で1991年まで存続したネグデル（農牧業協同組合）経営の問題点をあきらかにし、その解決策として導入された請負制や賃貸制の性格と成果を考察している[36]。人民共和国時代のモンゴルにおける牧畜業の社会主義的改造については、坂本是忠も論じている[37]。なお、これらの研究は、モンゴル国（旧モンゴル人民共和国）の牧畜業を対象にしたものであり、内モンゴルの牧畜業の社会主義的改造についてはほとんど触れて

とその対策にかんする研究』（亜細亜農業技術交流協会編、1961年）は、農民的土地所有の成立と変革に対する分析をおこなったうえで、農業協同組合化過程における分配制度と農民所得の諸問題、農民の思想問題と教育、生産編成の展開などについて全面的に論じる。『中国共産党の農業集団化政策』（アジア経済研究所、1961年）は、中国における農業互助合作運動という社会的背景のもとでの組織論的構造と階級闘争としての本質的分析をおこなった実証的研究である。『中国共産党の農業集団化政策 II』（アジア経済研究所、1962年）は、政権を獲得した中国共産党が農村の組織化を必要とした諸要因の検討と、集団化政策実施の過程において生じた矛盾の考察、さらにそれらの政策を貫徹した組織原則が何かを解明した。そのほかにも、佐藤慎一郎『農業生産合作社の組織構造』アジア経済研究所、1963年；福島正夫『人民公社の研究』お茶の水書房、1960年；菅沼正久『人民公社制度の展開——経済調整と整社工作』アジア経済研究所、1969年；菅沼正久『協同組合経済論』日本評論社、1969年があげられる。

32　小林弘二『二〇世紀の農民革命と共産主義運動——中国における農業集団化政策の生成と瓦解』勁草書房、1997年。

33　高化民『農業合作化運動始末』中国青年出版社、1999年。

34　葉揚兵『中国農業合作化運動研究』知識産権出版社、2006年。

35　《当代中国的農業合作制》編輯委員会編『当代中国的農業合作制』当代中国出版社、2002年。

36　二木博史「農業の基本構造と改革」青木信治編『変革下のモンゴル国経済』アジア経済研究所、1993年。

37　坂本是忠「モンゴル人民共和国における牧畜業の集団化について——遊牧民族近代化の一類型」『遊牧民族の研究　ユーラシア学会研究報告（1953）』通号2、自然史学会、1993年。同「最近のモンゴル人民共和国——牧農業の集団化を中心として」『アジア研究』第6巻第3号、アジア政経学会、1960年。

いない。

　他方、公式に発表されている内モンゴル現代史、革命史、経済史など[38]のなかでは、内モンゴルの牧畜地域で進行した社会主義的改造のプロセス、内容などについて言及されてはいるが、やはり一般的あるいは通史的できわめて簡単な記述にとどまっている。しかも、「社会主義的改造の実現は、牧畜業の急速な発展のための強固な基礎を作った」といった肯定的、積極的な評価のみを与えている。

　そのほか、中国では王徳勝、慶格勒図の研究があげられるが、両氏の論点は、上述の日本における論調と変わるところなく、公式発表に基づく評価の枠組を超えていない[39]。

(3)　内モンゴルの牧畜地域における人民公社化

　中国で1950年代に推進された社会主義的集団化は、「改革開放」政策のもとで相次いで大転換を迫られた。内モンゴルの牧畜業の人民公社化とその解体も、当然、中国のこの大きな歴史的転換と再転換の一部である。内モンゴルの牧畜地域における人民公社化は、中国の他の農業地域と同様に1958年から推進され、1961年に完了した。そしてこの体制は、1983年の「草畜双承包」の実施により解体される。

　農業の人民公社化は、かなり早い時期から研究者の注目を集めてきた課題である。1980年代以降はさらに、人民公社化を含む「三面紅旗」政策に対する否定的な公式の評価[40]が中国共産党により下されたことと、人民公社そのものの解体により、この課題の研究が活発になってきた。日本において

38　Ceng Haizhou/Zhang Bingduo, *Öbör Monggol-un mal aju aqui*, Öbör Monggol-un arad-un keblel-ün qoriy-a, 1958 on；*Öbör Monggol-un mal aju aqui-yin kögjilte-yin toyimu*, Öbör Monggol-un arad-un keblel-ün qoriy-a, 1962 on；劉景平・鄭広智『内蒙古自治区経済発展概要』内蒙古人民出版社、1979年；郝維民主編『内蒙古自治区史』内蒙古大学出版社、1991年；前掲『内蒙古蒙古民族的社会主義過渡』などが挙げられる。

39　王徳勝「論 "穏、寛、長" 原則──重温内蒙古畜牧業社会主義改造的経験」『内蒙古大学学報』1998年第5期；慶格勒図「内蒙古畜牧業的社会主義改造」中共内蒙古自治区委員会党史研究室編『中国共産党与少数民族地区的民主改革和社会主義改造』（下冊）中共党史出版社、2001年。

40　「三面紅旗」政策について中国共産党から公式にだされた否定的評価とは「主観的意思と主観的努力の役割を誇張し、着実な調査、研究とモデル・ケースによるテストをおこなうことなく総路線をうちだし、軽率に "大躍進" 運動と人民公社化運動をもりあげた。このため、高すぎる目標、デタラメな指揮、大ボラ吹きの風、"共産化の風" をおもな特徴とする左からのあやまりが大いに氾濫した」というものであった（「関於建国以来党的若干歴史問題的決議」『人民日報』1981年6月27日）。

は、加々美光行は、戦後の国際政治の変転の視点に立ち、中国、ソ連、米国の関係から中国の人民公社化の背景に対する政治的な分析をおこなった[41]。小島朋之が、毛沢東による人民公社化運動の開始は、党中央にとっては唐突といえる大転換であったにもかかわらず、それを受け入れうる認識、姿勢、政策動向があったとして、毛沢東の威信を要因の一つとするとともに、党中央側の諸要因を分析している[42]。また、小林弘二は、人民公社化の諸契機、方針、実態と人民公社の解体の詳細について詳しく論じている[43]。

　中国国内における最近の研究成果をあげると、安貞元は、農業人民公社化の経済的、政治的、歴史的背景を概観したうえで人民公社化のプロセス、人民公社の特徴、および人民公社化と「三年困難時期」との関係について記述した[44]。宋連生は、「一大二公」「政社合一」の人民公社化運動が、国家の正常な経済、政治、社会秩序に大きな影響をもたらし、それ以後、中国は屈折した道を歩むことになったと述べ、その原因は「思想意識」、「思想方法」、組織制度などにあったと指摘した[45]。また、韓鋼は、数多くの餓死者を出した要因のひとつとされる「三年の自然災害」説について、観測数値にもとづく歴史的資料からは「三年の自然災害」という呼称には根拠がないという視点を提供しており、とくに注目に値する[46]。

　このように、中国の農業人民公社一般については、これまで、日本を含む中国内外の研究者によってさまざまな視点からの研究がなされ、数多くの知見が得られている。これらの研究は、人民公社化の歴史を探るうえで非常に重要な意味をもつ。しかし、従来の研究が対象としているのは一般の農業人民公社であり、非漢民族の従事する牧畜業における人民公社化についてはほとんど言及していない[47]。いいかえれば、牧畜地域における人民公社化に関

41　加々美光行『中国世界――21世紀の世界政治3』筑摩書房、1999年。
42　小島朋之「1958年における中国共産党の政策決定過程――人民公社化「運動」をめぐる毛沢東と党中央との合意成立のメカニズム」石川忠雄教授還暦記念論文編集委員会『現代中国と世界――その政治的展開　石川忠雄教授還暦記念論文集』1982年。
43　前掲『二〇世紀の農民革命と共産主義運動――中国における農業集団化政策の生成と瓦解』。
44　安貞元『人民公社化運動研究』中央文献出版社、2003年。
45　宋連生『総路線、大躍進、人民公社化運動始末』雲南人民出版社、2002年。
46　韓鋼著・辻康吾訳『中国共産党史の論争点』岩波書店、2008年。
47　中国の牧畜業生産の90％以上が内モンゴル、新疆、青海、チベットなどの少数民族地域に集中し、牧畜業に従事する人口の90％は少数民族である。1950年代当時、約350万人にのぼるモンゴル人、チベット人、カザフ人、キルギス人、タジク人などが牧畜業に従事していた（前

する研究は遅れており、多くの問題が解明されていないのが現状である。本書でとりあげる内モンゴルの牧畜業人民公社は、その代表的、典型的な一例になる。内モンゴル現代史、経済史、革命史など[48]をみると、牧畜業人民公社化について述べられてはいるが、ごく一般的ないし概説的な記述にとどまり、本格的な研究とはいえない。

(4)　内モンゴルの牧畜業における「撥乱反正」

中国では、「文化大革命」終結後に中国共産党の第11期3中全会が開催されたことを契機に各領域における「撥乱反正」（混乱を治めて、秩序をとりもどす）が展開された。1981年の中国共産党の第11期6中全会において「建国以来の党における若干の歴史問題に関する決議」が採択されたことで思想上の「撥乱反正」が実現され、1982年の中国共産党の第12期大会の開催によって「撥乱反正」は基本的に完了したとされている。

中国全土を対象にした「撥乱反正」に関する研究成果は数多く出されている。最近の研究成果から謝文雄[49]、李正華[50]、余煥椿[51]、黄一兵[52]、朱紅勤[53]、魏磊ほか[54]などが挙げられる。これに対し、内モンゴルにおける「撥乱反正」に関する研究成果はごく少ない。袁俊芳[55]、候秉権[56]、申屠寧[57]、仁欽のほか、本

掲 *Öbör Monggol-unöbertegenjasaquorun Sui yuan Kökenagurjergegajar-un maljiquorun-u mal ajuaqui-yin tuqaiündüsündüng*, pp. 1–2）。

48　代表的なものとして、①内蒙古自治区畜牧庁編『内蒙古畜牧業発展概況』内蒙古人民出版社、1959年、②前掲『内蒙古蒙古民族的社会主義過渡』、③林蔚然・鄭広智主編『内蒙古自治区経済発展史』内蒙古人民出版社、1990年、④前掲『内蒙古自治区史』、⑤前掲『内蒙古畜牧業発展史』などがあげられる。

49　謝文雄「改革開放前夕鄧小平在思想領域撥乱反正的経験及啓示」『観察与思考』2015年第7期、64–68頁。

50　李正華「胡耀帮在撥乱反正中的歴史貢献」『毛沢東研究』2015年第5期、47–52頁。

51　余煥椿「《人民日報》在撥乱反正中」『炎黄春秋』2015年第6期、44–48頁。

52　黄一兵「党的思想路線撥乱反正若干問題研究」『中共党史研究』2014年第3期、20–30頁。

53　朱紅勤「撥乱反正的歴史進程及意義」『山西師範大学報』（社会科学版）2010年第6期、127–130頁。

54　魏磊ほか「鄧小平与高校戦線的撥乱反正」『理論界』2009年第9期、172–175頁。

55　袁俊芳「思想理論方面的撥乱反正」中共内蒙古自治区党史研究室編著『撥乱反正——内蒙古巻』中共党史出版社、2008年、89–120頁；同「経済工作的撥乱反正」中共内蒙古自治区党史研究室編著『撥乱反正——内蒙古巻』中共党史出版社、2008年、37–57頁。

56　候秉権「民族工作的撥乱反正」中共内蒙古自治区党史研究室編著『撥乱反正——内蒙古巻』中共党史出版社、2008年、58–79頁。

57　申屠寧「平反三大冤假錯案」中共内蒙古自治区党史研究室編著『撥乱反正——内蒙古巻』中共党史出版社、2008年、80–88頁。

格的な研究がいまだ見当たらない。そのなかで、仁欽[58]は「オラーンフー反党叛国集団」、「内モンゴル二月逆流」、「新内人党」（「新内モンゴル人民革命党」）などの冤罪事件とそれの名誉回復、民族区域政策の回復とその実施、及びこれらの問題とそれがモンゴル人地域社会にもたらした影響について考察することに止まり、内モンゴルの牧畜業における「撥乱反正」については言及していない。

　また、中華人民共和国下の内モンゴルの牧畜業について、リンチン[59]は内モンゴルの牧畜業における社会主義的改造の背景、進展特徴とその過程において生じた問題及びその影響について検討している。同じくリンチン[60]は内モンゴルの牧畜業における「三面紅旗」政策に関する考察をおこなっている。また、リンチン[61]は内モンゴルの牧畜地域における人民公社化政策の分析をおこなっている。仁欽[62]は「文化大革命」期間の内モンゴルの牧畜生産の実態に関する検討をおこなっている。仁欽[63]はフルンボイル盟牧畜地域における「四清運動」に関する考察をしている。しかし、これらの研究は、内モンゴルの牧畜業における「撥乱反正」については触れていない。

⑸　「改革開放」初期の内モンゴルの牧畜地域社会

　中国においては、中国共産党第11期3中全会後の「改革開放」政策のもとで、1950年代に推進された社会主義的集団化は相次いで大転換を迫られた。内モンゴルの牧畜業における人民公社の解体も、当然、中国のこの大きな歴史的転換の一部である。内モンゴルの牧畜地域における人民公社化は、中国の他の農業地域と同様に1958年から推進され、1961年に完了した。そしてこの体制は、1983年の「草畜双承包」（放牧地と家畜の請負制）の実施

58　仁欽「「文化大革命」期間における内モンゴルの牧畜業の実態の検討」『日本とモンゴル』第51巻第2号、2017年、130–145頁。

59　リンチン「内モンゴルの牧畜業の社会主義的改造の再検討」『アジア経済』第49巻第12号、2008年、2–26頁。

60　リンチン「内モンゴルの牧畜業における「三面紅旗」政策に関する考察」『中国研究月報』第62巻第2号、2008年、20–39頁。

61　リンチン「内モンゴルの牧畜業地域における人民公社化政策の分析」『言語・地域文化研究』第16号、2010年、49–67頁。

62　仁欽「「文化大革命」期間における内モンゴルの牧畜業の実態の検討」『日本とモンゴル』第51巻第2号、2017年、130–145頁。

63　仁欽「フルンボイル盟牧畜地域における「四清運動」に関する考察」『中国研究月報』、第68巻第12号、2014年、13–27頁。

により終焉を迎え、20年余りも続けられた牧畜業人民公社が解体され、人民公社がソム（蘇木。一般漢人地域の郷に相当する行政単位）、生産大隊がガチャー（一般漢人地域の生産大隊に相当する行政単位）と改称され、1983〜84年の間に内モンゴルの牧畜地域に431のソム政府が設立された。

　「改革開放」後の中国の農業人民公社の解体に関しては、日本を含む中国内外における研究はかなり進められ、優れた研究成果も数多く出されている。例えば、日本においては、小林弘二[64]は、農業人民公社の解体と農村の再編の経緯、政策展開、改革の問題点などについて詳細に論じている代表的なものである。そのほか、生産請負制のもとでの農業経営の変化に関する朱雁・伊藤忠雄[65]、農業改革と地域社会に関する佐々木隆[66]、生産請負制のもとでの農業生産の実態の調査に関する春原亘[67]、農業生産の請負制に関する久野重明[68]などが挙げられる。中国国内においては、農村人民公社化の失敗に関する羅必良[69]、陳緒林[70]、凌志軍[71]などの研究や、農村人民公社の経験や反省に関する蔣励[72]、張楽天[73]などのものがある。

　このように、中国の農業人民公社一般については、これまで、日本を含む中国内外の研究者によってさまざまな視点からの研究がなされ、数多くの知見が得られている。これらの研究は、人民公社化の歴史を探るうえで非常に重要な意味をもつ。しかし、これらの研究が対象としているのは一般の農業人民公社であり、非漢民族の従事する牧畜業における人民公社化については

64　前掲『二〇世紀の農民革命と共産主義運動——中国における農業集団化政策の生成と瓦解』。

65　朱雁・伊藤忠雄「生産責任制下における中国農業の経営的変化とその規定要因について」『農林業問題研究 29 (Supplement 2)』1993年、65–68頁。

66　佐々木隆「中国における農業改革と地域社会」『信州大学農学部紀要』第28巻第1号、1991年、1–14頁。

67　春原亘「生産責任制と農業生産発展の実態——桃源県の調査結果から」『中国研究月報』1988年2月号、1–18頁。

68　久野重明「中国の農業と生産責任制」『愛知大学国際問題研究所紀要』第82号、1986年、139–177頁。

69　羅必良「産権制度、"檸檬"與人民公社失敗——農村経済制度的実証分析之四」『南方農村』1999年第6期、4–8頁。

70　陳緒林「人民公社模式失敗要因探析」『蕪湖職業技術学院学報』2004年第1期、14–15頁。

71　凌志軍「人民公社因何解体」『政府法制』2008年第21期、60–62頁。

72　蔣励「人民公社——中国農村経済組織制度史上教訓深刻的一頁」『学術研究』2002年第10期、47–56頁。

73　張楽天「論人民公社制度及其研究」『華東理工大学学報』1996年第3期、23–30頁。

ほとんど言及していない。

　「改革開放」後の内モンゴルの牧畜業における請負制に関しては、阿部治平[74]が内モンゴルの牧畜業における新「スルク」制の背景や問題点について考察している。敖登托婭・烏斯[75]は内モンゴルの草原所有制と生態環境の建設の問題について、李宗海[76]は経営各戸請負制（「包幹到戸」請負制）についてそれぞれ考察している。盖志毅ほか[77]は「改革開放」以降の内モンゴルの牧畜業における政策の変遷を概観している。そのほか、内モンゴルの牧畜地域における改革に関する調査報告である艾雲航[78]、科右前旗（ホルチン右翼前旗）烏蘭毛都（オラーンモド）における請負制に関する調査報告である劉景毓ほか[79]、フルンボイル盟新バルガ左旗における請負制に関する調査報告である鄂雲龍・孫秀民[80]などが挙げられる。そのほか、郝維民[81]、王鐸[82]、林蔚然・鄭広智[83]、浩帆[84]、内蒙古自治区畜牧業庁修志編史委員会[85]では、内モンゴル現代史、経済史、革命史などの方面から、内モンゴルの牧畜業における請負制と人民公社の解体について述べられてはいるが、ごく一般的ないし概説的な記述である。しかも、「改革開放」後の「草畜双承包」（放牧地と家畜の請負制）などの実施は、「内モンゴルの牧畜業生産力の発展に適応した良い経営方式であり、牧畜地域の変革を促進した」、「内モンゴルの牧畜業生産の第二の黄金時期を迎えることができた」といった肯定的、積極的な評価だ

74　阿部治平「内モンゴル牧畜業における新スルク制の登場と問題点」『モンゴル研究』第 7 号、1984 年、57–87 頁。

75　敖登托婭・烏斯「内蒙古草原所有制和生態環境建設問題」『内蒙古社会科学』2004 年第 4 期、124–127 頁。

76　李宗海「畜牧"包幹到戸"生産責任性形式好」『中央民族学院学報』1984 年第 3 期、50–52 頁。

77　盖志毅ほか「改革開放 30 年内蒙古牧区政策変遷研究」『内蒙古師範大学』2008 年第 5 期、28–31 頁。

78　艾雲航「深化牧区改革加快草原畜牧業発展——内蒙古牧区改革与発展調査」『北方経済』1995 年第 5 期、11–14 頁。

79　劉景毓ほか「"畜牧作価帰戸"是牧業生産上的一個突破——烏蘭毛都蘇木実行"畜牧作価帰戸"的調査報告」『理論研究』1985 年第 10 期、2–7 頁。

80　鄂雲龍・孫秀民「牧業生産責任制的一種新形式——関於新巴尓虎左旗"牲畜作価帰戸"的調査」『内蒙古社会科学』1984 年第 1 期、82–84 頁。

81　郝維民主編『内蒙古自治区史』内蒙古大学出版社、1991 年。

82　王鐸主編『当代内蒙古簡史』当代中国出版社、1998 年。

83　林蔚然・鄭広智主編『内蒙古自治区経済発展史』内蒙古人民出版社、1990 年。

84　浩帆『内蒙古蒙古民族的社会主義過渡』内蒙古人民出版社、1987 年。

85　内蒙古自治区畜牧業庁修志編史委員会編『内蒙古畜牧業発展史』内蒙古人民出版社、2000 年。

けにとどまっており、その実態はどうだったのか不明確であり、さらにその
プロセスにおいて生じた問題を回避する評価になっている。また、仁欽の中
華人民共和国下の内モンゴルの牧畜業に関する一連の研究[86]においても、「改
革開放」後の内モンゴルの牧畜地域社会の実態について検討されていない。

3　使用するおもな資料

　本研究にとって歴史資料は不可欠であることはいうまでもない。しかし、
先行研究がきわめて少ないうえ、中国の現状では少数民族地域に関する歴史
資料の利用が制限されているという事情があるため、直接利用できるよう準
備された関係資料はきわめて少ない。そのため、筆者は関係資料の発掘、収
集を独自におこなった。ここでは、資料の内容や性格などについて簡単に説
明したい。また説明にあたっては、これまでの研究で使われたことのない代
表的なもののみをとりあげる。これらの資料は、本書の各部分の内容を裏づ
ける中核的なものとなる。

86　リンチン（「内モンゴルの牧畜業の社会主義的改造の再検討」『アジア経済』第49巻第12号、
　　2008年、2–26頁）は内モンゴルの牧畜業における社会主義的改造の背景、進展特徴とその過
　　程において生じた問題及びその影響について検討している。リンチン（「内モンゴルの牧畜業
　　における「三面紅旗」政策に関する考察」『中国研究月報』第720号、2008年、20–39頁）は内
　　モンゴルの牧畜業における「三面紅旗」政策に関する考察をおこなっている。リンチン（「内
　　モンゴルの牧畜業地域における人民公社化政策の分析」『言語・地域文化研究』第16号、2010
　　年、49–67頁）は内モンゴルの牧畜地域における人民公社化政策の分析をおこなっている。仁
　　欽（「フルンボイル盟牧畜地域における「四清運動」に関する考察」『中国研究月報』、第68巻
　　第12号、2014年、13–27頁）はフルンボイル盟牧畜地域における「四清運動」に関する考察し
　　ている。仁欽（「フルンボイル盟牧畜地域における民主改革に関する一考察」『愛知大学国際問
　　題研究所紀要』第145号、2015年、117–142頁；「「三不両利」政策の歴史的背景の検討」『中国
　　研究論叢』第16号、2016年、23–40頁）は、内モンゴルの牧畜地域における民主改革とその背
　　景について検討している。仁欽（「「文化大革命」期間における内モンゴルの牧畜業の実態の検
　　討」『日本とモンゴル』第51巻第2号、2017年、130–145頁；「内モンゴルの民族活動における
　　「撥乱反正」の検討」『愛知大学国際問題研究所紀要』第149号、2017年、133–157頁；「内モン
　　ゴルの牧畜業における「撥乱反正」に関する考察」『愛知大学国際問題研究所紀要』第150号、
　　2017年、127–152頁）は「文化大革命」期間の内モンゴルの牧畜生産の実態、「文化大革命」
　　終結後の内モンゴルの民族活動と牧畜地域における「撥乱反正」に関する検討をおこなってい
　　る。なお、仁欽とリンチンは同一人物であるが、2010まではリンチンとして、その後は仁欽
　　として発表。

⑴　文書史料

　科右前旗人民政府「畜群大包幹責任的試行規定」（1982年10月26日）科右前旗檔案館2-4-71、「内蒙古自治区進一歩落実完善草原"双権一制"的規定」（1996年11月20日）科右前旗檔案館105-2-118、科右前旗落実草原"三権"試点工作組「関於烏蘭毛都人民公社落実試点工作的総結報告」（1983年7月10日）科右前旗檔案館67-1-146、「烏蘭毛都人民公社生産隊生産責任制情況」（1980年）科右前旗檔案館67-1-107、旗・社両級調査組「烏蘭毛都公社牧業生産責任制的調査報告」（1982年9月11日）科右前旗檔案館67-1-134、烏蘭毛都公社管委会「関於畜群大包幹責任制暫定弁法」（1982年9月30日）科右前旗檔案館69-1-9、中共烏蘭毛都努図克委員会「烏蘭毛都努図克建社工作総結匯報」（1954年2月28日）科右前旗檔案館67-1-11、中共烏蘭毛都努図克委員会「烏蘭毛都牧区畜牧業発展情況」（1958年6月7日）科右前旗檔案館67-1958-3、中共烏蘭毛都努図克委員会「烏蘭奥都牧業生産合作社1954年牧業生産工作総結」（1955年6月2日）科右前旗檔案館47-2-12、中共烏蘭毛都努図克牧業建社工作組「烏蘭毛都努図克宝音賀喜格牧業互助組転社総結報告」（1954年3月9日）科右前旗檔案館42-2-12、科右前旗烏蘭毛都努図克「科右前旗烏蘭毛都牧区牧業合作社総結」（1957年5月31日）科右前旗檔案館67-1-23、などのホルチン右翼前旗檔案館所蔵の文書資料。中共察右後旗委員会「試建烏蘭格日勒合作社的専題報告」（1955年3月14日）内蒙古檔案館11-9-100、中共察右後旗委員会「関於試建牧業生産合作社的方案」（1955年1月3日）内蒙古檔案館11-9-100、などの内モンゴル檔案館所蔵の文書資料。

⑵　『内蒙古畜牧業文献資料選編』（内部発行資料）

　『内蒙古畜牧業文献資料選編』第一巻〜第十巻（内部資料、1987年）は、内モンゴル党委政策研究室・内モンゴル農業委員会が編集・印刷し、内部資料として発行されたもっとも網羅的な資料集であり、次のようなものが収録されている。(a)中共中央、国務院および関係部門、委員会、弁公室からの法令、指示、命令、通達、そのほかの公文書。(b)中共中央、国務院の中央レベルの指導者の演説、発言。(c)内モンゴル党委、自治区政府および関係部門から発された法令、指示、命令、通達、そのほかの公文書。(d)党機関紙（『人民日報』『内蒙古日報』）の重要な社説、評論。(e)党内部誌に掲載された中央

と自治区レベルの重要な会議記録、会議報告および中央と自治区レベルの指導者の署名のある文章。

　内容は牧畜、草原、牧場、獣医、経営管理、貿易、水産物、科学技術などの広範囲にわたっている。内モンゴル現代史研究にとっては、非常に貴重な資料である。本研究では、広く使用した。

(3)　『内蒙古自治区農村牧区社会経済典型調査材料彙編』（上冊、下冊）

　『内蒙古自治区農村牧区社会経済典型調査材料彙編』（上冊、下冊）は、内モンゴル党委政策研究室により編集・印刷された内部調査資料である。1984年冬から1985年春までの期間において、内モンゴル自治区党委政策研究室と盟市、旗県及び関係する部門の650人が内モンゴルの8の盟、2の市、2の旗（1の牧畜業旗、1の農業旗）、5のソム・郷（3の牧畜業ソム、2の農業郷）、6のバグ・村（4の牧畜業バグ、2の農業村）と314戸の農民牧民を対象にした調査資料集であり、49の調査報告、972の調査表が収録されたものである。同時に、当該資料集は、中国共産党第11期3中全会以降の農村牧畜地域における路線、政策、方針の実施のプロセスとその結果を反映したものである。

(4)　『呼倫貝爾盟牧区民主改革』（資料集）

　『呼倫貝爾盟牧区民主改革』（内蒙古文化出版社、1994年）は、フルンボイル盟史志編輯弁公室が編集したものであり、次のようなものが収録されている。(a)「総述」は、フルンボイル盟牧畜地域における民主改革の過程について概観的に記述されている。(b)「典型材料」には、牧畜地域4旗の3つのソム、1つの公私共同経営牧場が取り上げられている。(c)「回憶録」には、民主改革当時の盟、旗の指導者の回想録が収録されている。(d)「文献」には、関係する公文書、講話、決議などが収録されている。(e)「大事記」には、民主改革の期間の大きな出来事が記されている。

4　構成

　本研究は、史料にもとづき歴史事実を再構築する方法を用いて、1940年代末の民主改革から90年代末の草原「所有権、使用権と請負制」までの内モンゴルの牧畜地域の実態に関する検討をおこなう。

第1章「牧畜地域における民主改革の検討」では、まず、当該政策の打ち出された歴史的背景が究明されていない。すなわち、民主改革以前の内モンゴル地域社会はどのような特徴をもっていたのか、牧畜地域の階級状況と搾取形式はどうなっていたのか、牧畜地域の主要矛盾は何か、民主改革の目的は何か、牧場主経営の性格は何か、などについての解明を試みる。次に、フルンボイル盟牧畜業4旗を中心に、民主改革は内モンゴルの牧畜地域社会にもたらした結果に関する検討をおこなう。

　第2章「牧畜業における集団化」では、まず、内モンゴルの牧畜業における社会主義的改造の背景、方法、プロセスおよび特徴などの実態究明の検討をおこない、実例分析を通じて社会主義的改造の結果の考察をおこなった。次に、牧場主に対する社会主義的改造政策はどのように提起されたのか、その要因はなにか、社会主義的改造がおこなわれるまでの牧畜地域における階級状況の変化はどうだったのか、牧場主の基準はなにか、どのような方法で牧場主に対する社会主義的改造がおこなわれたのか、さらにそのプロセスはどうだったのか、などの諸問題に対する検討をおこなった。最後に、内モンゴルの牧畜業における人民公社化の政策策定には、どのような特殊な背景があったのか、どのような状況認識にもとづき、どのような目的で決定されたのか、また、実施の過程でどのような問題が生じたのか、それらをもたらした要因はなにかについて検討し、これらの諸問題に対する答えを導き出すことを目的とした。

　第3章「牧畜地域における「撥乱反正」」では、「文化大革命」により、内モンゴルの牧畜業にはどのような混乱がもたらされたのか、それまでの牧畜業に関する政策、方針などは、いかに否定され、批判や攻撃の対象となったのか、その結果は、内モンゴルの牧畜業になにをもたらしたのか、などの従来の研究では究明されていない問題をあきらかにする。

　第4章「「改革開放」初期の牧畜地域社会」では、内モンゴルの牧畜業における「改革開放」がどのような背景のもとで実施されたのか、その実施により牧畜業生産と牧民生活の実態はどのように変化したのか、さらにその実施過程においてどのような問題が生じたのか、これらについて答えを提示する。

第 1 章

牧畜地域における民主改革の検討

　1947〜1952年の間、内モンゴル自治政府と内モンゴル中国共産党工作委員会は、その管轄地域であるフルンボイル盟、シリンゴル盟、チャハル盟の全域または大部分の地域および興安盟、納文幕仁盟、ジョーオダ盟、ジリム盟の一部の牧畜地域において、封建特権を廃止する民主改革をおこなった[1]。これらの牧畜地域における民主改革においては、「牧場主の家畜分配をせず、牧場主に対し階級区分をせず、階級闘争をせず、牧場主と牧畜労働者の両方の利益になる」政策が実施された。通称「三不両利」とよばれ、漢語の「不分不闘、不劃階級、牧工牧場主両利」の略称である。

　「自由放牧」政策は、放牧地が実際上は封建統治階級に独占された状態に向けたものである。歴史上では、放牧地はモンゴル族全員が共有するものであったが、封建統治階級が封建特権を利用して圧倒的多数の放牧地を占有したことにより、牧民の自由放牧の権利が奪われた。「自由放牧」政策は、封建特権を廃止し、モンゴル民族の歴史的伝統に依拠し、内モンゴル領域内の放牧地はモンゴル民族全員の共有物であり、牧民は居住する行政領域内の放牧が自由であると宣言したのである。

　「不分不闘、不劃階級」政策とは、農業地域における土地改革の地主に対する闘争のように牧畜場主に対する闘争をせず、牧場主の家畜分配をせず、

1　内モンゴル自治政府は、1947年5月1日に樹立され、1949年12月に内モンゴル自治区と改名されて、現在に至る。内モンゴル中国共産党工作委員会は、1947年7月に設立され、その後1949年12月に中共中央内モンゴル分局と改名され、1955年6月に中国共産党内モンゴル自治区委員会と改名されて、現在に至る。

労働牧民大衆の中で公開的な階級区分をおこなわないことを指した。実際、牧畜地域の牧場主と労働牧民の間の境界線は明白であった。一般的には、2,000頭以上の家畜を所有し、搾取量が総収入の50％以上を占める者は牧場主とみなされた。

「牧工牧場主両利」政策は、牧場主の牧民に対する過酷な経済的搾取を廃止し、旧「スルク」制度を新「スルク」制度に改造し、牧畜業労働者の賃金を増加させることを指した[2]。この政策の目的は、牧畜業労働者の政治的権利を保障し、適正な報酬を受け取らせて、生活水準を向上させるとともに、牧場主経済を保護し発展させることにあった。

この政策は、同時期の農業地域で土地改革を中心とする民主改革がおこなわれた時期における、内モンゴル牧畜地域での基本的政策であった。当時、一般農業地域の土地改革においては、地主・富農・中農・貧農・雇農という階級区分をおこなったうえで耕地分配がおこなわれたことを考慮すると、これは穏歩前進的な政策、措置であった。これら「三不両利」政策は、のちにほかの少数民族地域における社会改革においても推進された。

民主改革以前の内モンゴル地域社会はどのような特徴をもっていたのか、牧畜地域の階級状況と搾取形式はどうなっていたのか、牧畜地域の主要矛盾は何か、民主改革の目的は何か、牧場主経営の性格は何か、などについての解答は、これまでの研究から得られていない。本章の狙いは、これらの課題を解明することにある。

1 牧畜地域における民主改革の歴史的背景

1-1 1940年代末までの内モンゴル地域社会の変容

内モンゴルの牧畜地域における民主改革の歴史的背景を検討するために、それまでの内モンゴルの歴史的、民族的、地域的状況を概観し確認することが必要である。近代以降、1940年代末までの内モンゴル地域は多くの領域にわたって大きく変容してきた。この変容の実態を理解するため、清朝時

---

2 「スルク」(漢語表記：蘇魯克) は、モンゴル語で「家畜の群れ」という意味である。スルク制度とは、牧場主またはラマは、家畜の群れを牧民に預けて放牧させて、代金をとることを指す。

期、中華民国時期において、内モンゴル地域社会はどのように変わっていったのかを、放牧地の開墾や農地化、漢人の入植と蒙漢雑居状況の形成、地域の産業形態の変化と牧畜業から農業へのモンゴル人の転業などの視点から考察してみたい。なぜならば、放牧地の開墾による内モンゴル地域の漢地化は、放牧地域における民主改革に大きな影響をもたらした。即ち、民主改革の初期において、漢人地域の土地改革のやり方をそのまま内モンゴルの牧畜地域に移してきたことにより、牧畜地域における民主改革のプロセスにおいて様々な問題が生じたのである。

1-1-1　内モンゴルにおける放牧地の開墾と農地化

　内モンゴル地域の土地は、モンゴル人が古来営んできた牧畜業のために放牧地として共同利用されてきた。放牧地の開墾と農地化が始まったのは清朝による統治の時期であり、清朝の対モンゴル政策の変化によって促進された。清朝の対モンゴル政策は、マンジュ人とモンゴル人の関係、マンジュ人と漢人の関係、とくに清朝統治におけるモンゴル地域の占める地位の変化によって変更された。

　清朝初期、政府はモンゴル人を味方にする「満蒙（マンジュ・モンゴル）連盟」政策をとった。清朝にとっての漢地統治が、圧倒的多数の漢人のうえに支配がおこなわれていることを考慮すれば、モンゴル諸部を傘下に置くことは有事の際の同盟の軍事力としての意味があったからである[3]。制度面では、内モンゴル地域[4]においては軍事と行政が一体化した「盟旗制度」が実施された。清朝の対モンゴル政策の執行機関である理藩院の支配の下、内モンゴル24部は6盟49旗（旗とは漢人地域の県と同等レベルの行政単位）に分けられ、編成されたのである。これは内モンゴル各部をより小さい「旗」に分割する分割統治政策であった。清朝による支配の基本単位であったこの「旗」の厳格な設定は、明らかにモンゴル人の再統合を防ごうという清朝の姿勢を示している。また、この分割は、結果的にのちのモンゴルの独立に際

3　中見立夫「モンゴルの独立と国際関係」溝口雄三、浜下武志、平石直昭、宮島博史編『周縁からの歴史』アジアから考える［3］、東京大学出版会、1994年、81-82頁。

4　清朝時代、モンゴル地域は漠南の内モンゴル、漠北の外モンゴルと天山南北のオイラト・モンゴルとの三つに分けられた。

して、内モンゴルが同一歩調をとれなかった原因の一つともなる[5]。

　清朝前期における対モンゴル政策の基本は、モンゴル人が再び統合し、軍事的脅威となるのを阻止する一方、外界との接触を断ち、モンゴル独自の社会形態を維持させることにあった[6]。そのため、清朝政府は旗と旗の間や旗と漢人地域の間の経済的・文化的往来を様々に制限する「蒙禁政策」を採用した。これにより、モンゴル旗は清朝政府以外の外界との正常な連絡を断たれて隔離され、各領域における交流までも制限された。その一方で、客観的にみて、「蒙禁政策」によってモンゴルの遊牧社会が外部からの影響を免れたという有益な点もあった。すなわち、漢人とモンゴル人の間の往来が制限され、蒙旗への漢人の入植が阻止されたのである。そのため、モンゴル人の営んできた牧畜業、放牧地および伝統的なモンゴル文化が保護される効果をもたらしたと考えられる。

　清朝政府の対モンゴル政策がもたらしたもう一つの注目すべき影響は、モンゴル社会内部に存在していた権力メカニズムが清朝の力により束縛され、内発性を失ってしまうと同時に、清朝の権力がモンゴルへ浸透していったことである[7]。

　上述のような清朝政府の対モンゴル政策が最終的にもたらした結果は、モンゴルの実力の弱体化と、清朝統治におけるモンゴルの地位の低下であった。清朝中期、清朝政府は従来のモンゴルに対する「蒙禁政策」を、いわゆる「借地養民」政策（1724年）に転換し、漢人農民に対し内モンゴルの草原の開墾を許可した。内モンゴルにおける放牧地の公式な開墾はこのときから開始された。とりわけ、綏遠地域は放牧地開墾がもっともさかんにおこなわれた地域となった。乾隆八年（1743）の記録によれば、帰化城トゥメド旗が所有する750.48万ムーの土地のうち、607.80万ムーがすでに開墾され、放牧地はわずか142.68万ムーしか残らず、土地総面積の5分の1しか占めていなかった[8]。

　清朝末期には、清朝統治体制内部で漢人官僚の影響力が台頭したこと、

5　　前掲「モンゴルの独立と国際関係」81頁。
6　　中見立夫「グンサンノルブと内モンゴルの命運」護雅夫編『内陸アジア・西アジアの社会と文化』山川出版社、1983年、412頁。
7　　前掲「モンゴルの独立と国際関係」82–83頁。
8　　周清澍主編『内蒙古歴史地理』内蒙古大学出版社、1993年、229頁。

ヨーロッパ列強の近代的軍事力に対する同盟軍事力としてのモンゴルの騎馬軍団が現実的な意味を失ったこと、ロシア商人と漢人商人とのあいだでモンゴル地域における経済的主導権が競われたことなどを背景に[9]、漢人官僚の手による改革と開発を目指した「新政」の重要な内容の一つである「移民実辺」[10]政策が1902年から内モンゴルで実施された。そしてこれにより、大幅な放牧地開墾が開始されることになった。

　1902年から1911年までの10年間に、内モンゴル西部地域（綏遠省、チャハル盟、オラーンチャブ盟、イフジョー盟）における開墾は、清朝政府の督辦蒙旗墾務大臣、墾務機関のもとでおこなわれ、内モンゴル東部地域（ジャライト旗、ドゥルブト旗、ホルチン右翼前・中・後旗、ゴルロス前・後旗、ジョーオダ盟、フルンボイル盟各旗）における開墾は、これらの地域を管轄していた熱河都統、黒龍江・吉林・盛京将軍（1917年以降巡撫）の監督、執行のもとでおこなわれた。この期間に、内モンゴル地域において開墾された放牧地は4,300万ムーあまりである[11]。

　清朝統治につづく中華民国期においては、北洋軍閥と国民党政府が、内モンゴル地域において「民墾」を進めるとともに武力で放牧地を強奪して武装「屯墾」（集団をなした農民が開墾すること）や「軍墾」（駐屯兵が開墾すること）をおこなった。例をあげると、北洋軍閥統治の1912～1928年の間に開墾された内モンゴルの放牧地は1,511.9万ムーである[12]。

　日本統治期について、内モンゴル西部地域の蒙疆政権を実例にしてみたい。1937年以降、蒙疆政権は日本の傀儡政権であったが、「モンゴル復興」を掲げつつ①旗地を開放しない、②極力放牧地開墾を禁止する、③旗県の境界線を確立させ、モンゴル地域の土地所有権は蒙旗に属するなどの施策をとった。そのため、それまでの北洋軍閥期、国民党政府期のような無秩序な

9　前掲「モンゴルの独立と国際関係」82–83頁。

10　帝国主義国家の侵略および不平等条約の締結により起こった財政危機を解決するために、清朝政府は従来の蒙地開墾禁止政策を転換して、漢民族農民を内モンゴルに大規模に移住させて放牧地を開墾させ、開墾税と土地税を徴収した。内モンゴルにおける「移民実辺」政策の詳細は鉄山博『清代農業経済史研究──構造と周辺の視角から』（御茶の水書房、1999年）を参照されたい。

11　郝維民主編『内蒙古近代簡史』内蒙古大学出版社、1990年、23–26頁。

12　同上書、92–94頁。

開墾が禁止された[13]。

　内モンゴル自治政府樹立（1947年5月1日）後にも放牧地開墾は進んだ。国共内戦がつづいていたことにより、自治政府管轄地域内の軍隊への食料供給と、内戦下の中国全体に必要とされる食料支援が、自治政府のひとつの重要な任務として与えられた。それゆえ自治政府が「農業生産を大いに営もう」と呼びかけた結果、放牧地開墾気運の高まりが訪れた。実際の数字をあげてみると、1947〜49年には内モンゴル東部地域の5つの盟だけで390万ムーの草原が耕地として開墾された[14]。

　一方、近代以降の放牧地の開墾過程はモンゴル人の開墾反対闘争の過程ともいえる。放牧地の開墾とは家畜から土地を奪うことであり、また食を奪うことでもある。それはモンゴル人の生存をおびやかすものであった。内モンゴル西部地域では、ドゴイランと呼ばれる開墾反対運動、内モンゴル東部地域ではガーダー・メイレンの率いた開墾反対闘争など、放牧地を保護する闘争が数多くおこなわれた[15]。

　このプロセスにおいては、多数を占めるモンゴル族王公は、モンゴル人農牧民と一同に放牧地開墾反対運動に参加した。一方では、一部のモンゴル族の王公は自己利益のため、放牧地を開墾し、開墾反対の闘争を鎮圧した。他方では、一部のラマ（僧侶）は放牧開墾反対闘争に参加し指導したのである。例えば、活佛ワンダンニマは、イフジョー盟ジャサク旗のドゴイラン運動の主要指導者であった。

1–1–2 「旗県並存、蒙漢分割」状態の形成

　内モンゴルへの漢人の入植は、放牧地の開墾にともない、同じく清朝中期から始まった。中原地域（中国黄河中流から下流にかけての漢人居住地域を指す）の漢人農民の自発的な入植自体は、すでに清朝初期からさまざまな形でおこなわれていた。たとえば、「走西口」（中原地域の漢人農民が万里の長

13　広川佐保「蒙疆政権の対モンゴル政策──満州国との比較を通じて」内田知行・柴田善雅編『日本の蒙疆占領　1937-1945』研文出版、2007年、73-89頁。

14　菅光耀・李暁峰主編『穿越風沙線──内蒙古生態備忘録』中国檔案出版社、2001年、132頁。

15　統計によれば、1901年から1943年にかけて21回にわたり各種の放牧地開墾反対闘争がおこなわれている（林麗容「晩清漢人在内蒙古的開墾　1858〜1911年」国立政治大学民族研究所修士論文、1996年6月）。

城の殺虎口などの諸関所を越え、長城北側の包頭など内モンゴル西部地域へ行くこと）、「闖関東」（中原地域の漢人農民が古北口、山海関などの要塞を越え、内モンゴル東部地域や東北地域に行くこと）などである。ただし、その人数は少なく、農業耕作期間である春に内モンゴル地域へ行き、秋の収穫後に本籍地へ戻る「燕行」（春季が始まると大陸の北部へ行き、秋季が終わると大陸の南方へ戻るツバメの動きに、漢人農民の動きをなぞらえた表現）という形がとられていた。また、「蒙禁政策」の実施は、旗への漢人の入植を阻止していた。

　しかし、「借地養民」政策の実施により、漢人の内モンゴルへの公式入植が始まり、19世紀初期、内モンゴルの漢人人口は100万人にも達した（人口は表1–1を参照、以下同じ）。その後の「移民実辺」政策の推進に従い、内モンゴルの漢人人口は一層急増して1912年には155万人を超え、総人口（240.3万人）の絶対多数（64.5％）を占めるようになった。

表1–1　19世紀初期〜1963年の内モンゴル全人口に占める蒙・漢人口比率

(単位：万人)

時期	全国人口	モンゴル人人口、比率（％）	漢人人口、比率（％）
19世紀初期	215.0	103.0（47.9）	100.0（46.5）
1912年	240.3	82.9（34.5）	155.0（64.5）
1937年	463.0	86.4（18.7）	371.9（80.3）
1947年	561.7	83.2（14.8）	469.5（83.6）
1949年	608.1	83.5（13.7）	515.4（84.8）
1953年	758.4	98.5（12.9）	649.3（85.6）
1957年	936.0	111.6（11.9）	811.2（86.7）
1960年	1,191.1	121.4（10.2）	1,049.8（88.1）
1963年	1,215.4	134.6（11.1）	1,061.1（87.3）

出所：宋迺工主編『中国人口——内蒙古分冊』（中国財政経済出版社、1987年）50–68頁；
　　　内蒙古統計局『輝煌的五十年　1947〜1997』（中国統計出版社、1997年）100–101頁；同
　　　『輝煌的内蒙古　1947〜1999』（中国統計出版社、1999年）25–257頁をもとに筆者作成。

　そして中華民国期、北洋軍閥や国民党政府が実施した「屯墾」「軍墾」にともなう漢人農民の入植によって、内モンゴルの漢人人口はいっそう増え、1937年の時点で371.9万人（内モンゴル総人口の80.3％）になった。

1937年以降の日本統治期について、同じく蒙疆政権を例にすれば、蒙疆地域では、高度の「防共自治」地域として、対ソ、対中戦争に備えるために、蒙古聯合自治政府が設立された。この日本の傀儡政権は「防共、協和、厚生」を掲げ、モンゴルの名を冠したが、当初考えられたモンゴル人主体の自治政府から一地方組織へと格下げされた。さらに、1940年代に入り、抗日運動の激化や太平洋戦争の開始といった事情により、蒙疆政権は防御地域として内モンゴル地域を重視していく[16]。

　これらの結果、内モンゴルの放牧地が大幅に開墾され農地化されるとともに、モンゴル人が古来、牧畜業を営んできた地域である内モンゴルで、おもに農業に従事する漢人が人口の絶対多数を占めるようになった。民主改革以前の1947年に内モンゴルの漢人は469.5万人に達し、地域総人口の83.6％を占めるようになった[17]。

　他方、入植者である漢人の人口が先住民であるモンゴル人を上回るにつれて、内モンゴル地域でも、中国内地と同じように漢人住民を支配する州、県などの行政機構が設置されていった。そのため、内モンゴルでは「中国内地化」と、モンゴル人の「マイノリティ化」が進行していく[18]。

　漢人を管理する行政機関の設置は、雍正二年（1724）、張家口（現在の張家口市）に張家口直隷庁が設けられたことから始まった[19]。そして、1911年までの187年間に、内モンゴル地域には52の府、州、庁が設置された[20]。これらの機構の設置は、内モンゴルにおける「旗県並存、蒙漢分割」[21]という行政制度の由来ともなった。そののち、北洋軍閥、国民党政府は、モンゴル人に対する大漢民族主義的な民族圧迫政策のもとで、内モンゴル地域に数多くの県を設置し、行政上の漢化を進めた。内モンゴル西部地域を例にすれば、1912年から1942年にかけて、表1–2で示したように綏遠省に帰綏、薩拉斎、托克托など22の県・鎮が設置された。その結果、綏遠地域は完全に「旗

16　前掲「蒙疆政権の対モンゴル政策——満州国との比較を通じて」77–85頁。
17　前掲『中国人口——内蒙古分冊』56–57頁。
18　前掲「モンゴルの独立と国際関係」82頁。
19　前掲『内蒙古歴史地理』224頁。
20　詳しくは、前掲「晩清漢人在内蒙古的開墾　1858～1911年」を参照。
21　「旗県並存、蒙漢分割」とは、居住民を、行政地域の区分によって統一管理するのではなく、民族構成によって民族別に管理することを指す。同一地域の居住民であってもモンゴル人は蒙旗政府に管轄され、漢人は県政府に管轄されていた。

県並存、蒙漢分割」の状態になった。

表1-2　綏遠省地域に設置された県、鎮（1912〜1942年）

設置された地域	設置された県・鎮
綏遠省東部地域（正黄旗、正紅旗、鑲紅旗、鑲藍旗）	豊鎮県、興和県、涼城県、陶林県、武東県、卓資県、集寧県と平地泉鎮
綏遠省中部地域（トゥメド旗）	帰綏県、和林格爾県、托克托県、薩拉斎県、清水河県、武川県、包頭県
綏遠省西部地域（東公旗、中公旗、西公旗、ハンギン旗、ダラト旗）	五原県、安北県、臨河県、狼山県、米倉県、晏江県、陝壩鎮

出所：周清澍主編『内蒙古歴史地理』内蒙古大学出版社、1993年、273-280頁。

このように、内モンゴル人居住地の旗領域内に漢人を支配する県などの行政機関が設置されため、旗の領域が縮小された。さらに、二重の行政が並存することにより、モンゴル人と漢人の間の土地をめぐる衝突が生じ、かつ蒙旗の放牧地が漸次、侵食されていったのである。

1-1-3　地域産業形態の多様化とモンゴル人の農業への転業

上述のように放牧地の開墾と農業に従事する漢人農民が大量に入植するにつれて、内モンゴル地域に広範な農業地域が形成された。また、牧畜業と農業が混ざった半農半牧地域も形成された。すなわち、牧畜地域のみから成っていた内モンゴルに、農業地域、半農半牧地域、牧畜地域が並存するようになった。1940年代末には、表1-3に表示したようにモンゴル人が集中的に居住する内モンゴルの49旗の中で、純粋な牧畜業を営む牧畜地域としてはスニト右旗、ハンギン旗など22の旗が残されるのみとなった。

また、漢人地域に近い南の地域から北の地域へ向かって農業が浸透していくのにともない、各産業形態の分布状況は、一般的に見て、南から北へ向かって、農業地域、半農半牧地域、牧畜地域の順に並ぶこととなった。すなわち、地理的に、南の漢人地域と接近したところに農業地域が、北のモンゴルやソ連との隣接地域に牧畜地域が、そしてこの両地域の間に半農半牧地域が位置することとなったのである。

綏遠省の場合、漢人が入植したのは次の三つの地域、すなわち第一に、当

表1-3　1940年代末の内モンゴルの農業・半農半牧・牧畜地域

農業地域（32の旗・県・市）	
フルンボイル盟	突泉県、エルグナ旗（現在のエルグナ市）、ブトハ旗、アルン旗、モリンダワ・ダウール族自治旗、オロチョン自治旗、シグイト旗（現在の牙克石市）
ジョーオダ盟	林西県、寧城県、ハラチン旗、赤峰市
ジリム盟	通遼市、開魯県
シリンゴル盟	多倫県
オラーンチャブ盟	豊鎮市、涼城県、興和県、和林格尓県、清水河県、托克托県、武川県、卓資山県、チャハル右翼前旗、商都県
イフジョー盟	ジュンガル旗、ダラト旗、東勝県
バヤンノール盟	臨河県、五原県、ハンギン後旗
フフホト市	トゥメド旗
包頭市	固陽県
半農半牧地域（20の旗）	
フルンボイル盟	ホルチン右翼前旗、ホルチン右翼中旗、ジャライド旗
ジョーオダ盟	バーリン右旗、バーリン左旗、アルホルチン旗、ケシクテン旗、オンニュード旗、オーハン旗
ジリム盟	フレー旗、ホルチン左翼中旗、ホルチン右翼後旗、ジャロード旗、ナイマン旗
シリンゴル盟	タイブス旗、フブートシャル旗
オラーンチャブ盟	チャハル右翼中旗、チャハル右翼後旗、ドルベド旗
包頭市	オラド前旗
牧畜地域（22の旗、ホト）	
フルンボイル盟	新バルガ左旗、新バルガ右旗、ホーチンバルガ旗、エベンキ族自治旗
シリンゴル盟	東ウジュムチン旗、西ウジュムチン旗、アバガ旗、ソニト右旗、スニト左旗、正藍旗、フブートシャル旗、フブートチャガーン旗、シリンホト、エレーンホト
オラーンチャブ盟	ダルハン・モーミンガン連合旗
イフジョー盟	オトグ旗、ハンギン旗、ウーシン旗
バヤンノール盟	アラシャン左旗、アラシャン右旗、エジナ旗、オラド中後連合旗

出所：内蒙古農牧業資源編委会編『内蒙古農牧業資源』内蒙古人民出版社、1965年、296-306頁より筆者作成。

該地域内を走る鉄道の北京―包頭線沿線の河川流域および段丘地域、第二に、それらの地方の北側に直接つながる地域、第三に、黄河屈曲部の北部のいわゆる河套地域であった。つまり、綏遠省のトゥメド旗、綏東四旗、オラーンチャブ盟のオラド前・後旗、烏蘭花直属区、イフジョー盟の東勝県、ジュンガル旗、ダラト旗、イフジョー、オラーンチャブ両盟の後套部分といった地区は完全な農業地域となってしまったのである。

　要するに、清朝中期以降の内モンゴルにおいては、歴代政権が放牧地開墾を中心にした経済的略奪をおこなったことにより、優良な放牧地は開墾され、先住民モンゴル人は遊牧に最適な放牧地を追われて、砂漠や山岳地帯へ移り住まざるをえなくなった。山田武彦・関谷陽一『蒙疆農業経済論』(1943年) は内モンゴル西部地域を例に、次のように述べている。「これらの地域 (蒙疆地域) においては現在では人口は圧倒的に漢人であり、蒙古人は殆んど見られない。漢人が農具を携えてやってくると蒙古人は畜群を率えて後退し、漢人と蒙古人との間にほとんど混交が行なわれなかったのである」[22]。

　これは、漢人の内モンゴル地域への侵食の物語である。生産手段である放牧地が奪われたことによって、牧畜業生産は日増しに衰退し、牧民の生活の保障は失われ、正常な生活も維持することができなくなった。こうした背景のもとで、地域の先住民であるモンゴル人は、農業に従事しなければ生産手段である土地を失うことになるため、長い歴史をもつ伝統的な牧畜業から農業へと転業を余儀なくされた[23]。この転業は、内モンゴル社会内部の経済法則にしたがっておこなわれたのではなく、大規模な放牧地開墾と漢人農民の入植により強いられたことであるといえる。こうして、1940年代末には、内モンゴルのモンゴル人総数の 3 分の 2 が農業に従事するようになっていった[24]。

　上述の歴史的過程について、オラーンフーは1947年 4 月24日の内モンゴル人民代表大会の政治報告において、次のように述べた。

　「モンゴル人は勇猛で偉大な民族であり、強大な革命史をもつのである。

22　山田武彦・関谷陽一『蒙疆農業経済論』、日光書院、1943年、49頁。

23　モンゴル人の農業への転業について詳しくは、前掲『清代農業経済史研究――構造と周辺の視点から』；閻天霊『漢族移民与近代内蒙古社会変遷研究』民族出版社、2004年などを参照。

24　前掲『中国人口――内蒙古分冊』59頁。

チンギス・ハーン以降のモンゴル人は清朝の民族圧迫を受け、悲惨な運命に遭った。明朝末期と清朝初期のモンゴル地域は、牧畜業を中心とする経済形態であった。清朝の「移民実辺」「借地養民」の実施により、モンゴルの政治、経済形態に大きな変化がもたされた。そののちの北洋軍閥、国民党、日本統治時期の統治形式が異なるものの、モンゴル人に対する圧迫政策は同様であった。清朝時期から"八一五"まで内モンゴル地域社会は大きく変動した。モンゴル人は未開墾の非農地化の地域において牧畜業を営むことになり、大部分のモンゴル地域では漢人の同胞が居住することとなった。モンゴル人が牧畜業から農業に転換したのは、モンゴル地域社会自体の変遷ではなく、大漢族主義の放牧地開墾の結果、農業地域が形成され、農耕経済形態が形成されたことにより、大部分のモンゴル人が農業を営むようになったのである。」[25]

1-2　内モンゴル地域社会の特徴と社会制度

1-2-1　牧畜地域における社会制度

　産業形態の視点からみれば、民主改革以前の内モンゴルの牧畜地域の大部分は、モンゴル人などの少数民族が集中的に居住し、基本的に単一の牧畜業経済であり、そのほか、少規模の狩猟業、家庭手工業と一部地域では少規模の塩業や栽培業を営んでいた。社会制度は、封建社会制度であった。封建主君である王公、貴族、ラマ（僧侶）らは、政治、経済上において封建的特権をもっていた。

(1)　王公の特権

　王公は牧民に対する行政、司法、兵役、無償労役と課税などの権利をもっていた。以下具体的には、無償労役と税金の事例を挙げてみてみたい。

　まず、無償労役の事例。民主改革以前のシリンゴル盟西ウジュムチン旗の総人口は 1 万6,000人であり、毎年王公、旗役所に無償服役する牧民は、2,000人であった[26]。この人数は、旗総人口の 8 分の 1 を占める。シリンゴル盟西ウジュムチン旗のドンブゴル・ソム（ソムは、漢人地域の人民公社と

25　《4月24日在人民代表大会上烏蘭夫主席作政治報告》（1947年）内蒙古檔案館11-1-32。

26　趙真北「総結内蒙古牧区民民主改革経験」内蒙古自治区政協文史資料委員会『「三不両利」与「穏寛長」回憶与思考』（『内蒙古文史資料』第56輯）、2005年、89頁。

同レベルの行政単位である）の総戸数は90戸であったが、毎年王公、旗役所に無償服役する牧民は、65人であった。この90戸のなかで、牧場主3戸、官僚10戸とラマ22人は、無償服役を負担しない。したがって、すべての無償服役は、牧民が負担することになり、無償服役者は平均すれば1戸につき1人が当たる[27]。

　次に、税金の事例。同じくシリンゴル盟西ウジュムチン旗のドンブゴル・ソムを例にすれば、毎年税金として銀洋3,600元、大家畜300頭（そのうちの200頭は旗役所、100頭はソム役所）、小家畜1,000頭（そのうちの700頭は旗役所、300頭はソム役所）、フェルト10～50個、バター75kg、干牛糞300車を上納しなければならない。1943年、牧民ウリジズレンは、馬10匹、牛30頭を持っていたが、税金として、3頭の牛、13の羊を上納した[28]。この3頭の牛は、当年度の増加した牛の2分の1を占めた。

⑵　ラマの特権

　ラマは、モンゴル人地域社会、とくに牧畜地域においては特殊な階級である。チベット仏教は、封建制度の精神的な柱であり、上層ラマは封建制度の政治的な基礎でもある。歴史的にみれば、チベット仏教をモンゴル地域で推進し奨励することは清朝政府によるモンゴル人の勢力を衰弱させる政策のひとつであった。シリンゴル盟、オラーンチャブ盟の統計によれば、民主改革以前には上層ラマだけで200人余りが存在し、約2分の1は男性ラマであった[29]。牧畜地域の人口は少なく、労働力が少ないため、経済的文化的に遅れていて、生活は困難であった。ラマになった者は結婚が禁止されていたため、そもそも人口が少ないモンゴル人の正常な人口増加に深刻な悪影響をもたらした。なお、当時モンゴル人のラマになることは、強制的であった。例えば、モンゴル人1戸に3～5人の男の子がいる場合、そのうちの2～3人が必ずラマにならないといけないことであった。

　ラマは労働生産に従事せず、各種の無償服役も負担しないことにより、一般の牧民大衆の負担を加重させたのである。さらに、ラマは大量に資金を使用して、チベット仏教寺院の建設、修理と宗教活動をおこなった。例えば、

27　同上。
28　同上、90頁。
29　同上。

シリンゴル盟西ウジュムチンのハラガ廟のラマは700人余りであり、1940年の供物は3.1万頭の羊であった。そのうちの2.77万頭は支出され、これは平均すればラマ1人につき約40頭が支出されることになる[30]。このなかには、ラマ個人の収入は含まれていない。このようなすべての支出は、牧民大衆が負担することにより、社会経済の発展が制約されたのである。

　ラマ寺院は、大量の家畜を所有していた。実例を挙げれば、民主改革前のオラーンチャブ盟の百霊廟の所有する家畜は、7万頭に達していた。バヤンノール盟のオラド前旗の寺院が所有する家畜は、旗全体家畜総数の23％を占めていた[31]。

(3)　草原使用権の変化

　牧畜業生産の基本的基盤の一つである草原は、王公に管轄され、牧民と共用されていた。モンゴル人は封建社会に入った後、分封制がおこなわれ、封建領主は牧民の生業に依拠して放牧地を管轄することになった。清朝時代、政府はモンゴルに対し、盟旗制度によって分割した旗と旗の間や旗と漢人地域の間の経済的・文化的往来を様々に制限する「蒙禁政策」を実施したため、牧民は旗の領域を跨ぐ放牧は禁止されていた。このような状況は、民主改革前になって以下のように大きく変わった。

　第一に、牧民は旗の管轄領域を超えての放牧が制限されなくなり、内モンゴル以外の漢人もモンゴル旗に入って放牧するようになった。

　第二に、各ソムの牧民は、旗領域内に自由に移動し居住するようになった。

　第三に、牧畜地域の人口が少なくなり、牧畜業生産も後退した。放牧地は、1人あたり平均4,000ムー、羊1頭につき100ムーになった。すなわち、放牧者と家畜がともに減少したということである。

　第四に、すでに述べてきたように、大量の放牧地が開墾され農地化された。

1-2-2　内モンゴル地域社会の特徴

　民主改革以前である1947年の内モンゴル地域社会の性質は、中国のほか

30　同上。
31　同上。

の地域と同様に半植民地半封建社会であった。しかし、内モンゴルの独特の地域的、民族的、歴史的背景により、内モンゴル地域社会は独自の特徴をもつのである。その特徴を以下のようにまとめることができる。

第一に、内モンゴル地域社会において、経済的に農業は優勢産業であり、農民人口は150万人に達し、当時の地域総人口（200万人）の4分の3を占めた。牧畜業は、地域経済のなかで重要な位置にあり、牧民人口は約40万人で、地域総人口の5分の1を占めた[32]。工業人口は、極めて少なかった。

第二に、内モンゴルのモンゴル人農業経営の歴史は短く、その農業生産も比較的遅れており、とくに農業副産業が少なかった。土地は封建所有制であり、農民が封建勢力の圧迫と搾取を受けたことは、一般の漢人地域と同様であった。

第三に、牧畜業は、各旗の領域内でおこなわれ、放牧地は旗内のモンゴル人全員の共有である。しかし、牧畜業経済の主要な生産手段と生産品である家畜および畜産品は、封建牧場主の所有制であった。牧民は、牧場主に搾取されるのみならず、王公、貴族、ラマにも隷属する地位に置かれていた。

第四に、モンゴル人の中には、資本主義的工業資本家は極めて少ないが、産業労働者は数千人いた。これらの産業労働者は、外国資本と漢人資本により建設された工場、炭鉱で働いていた。綿毛織物の手工工場主は少ないが、手工労働者は少なくなかった。産業労働者と手工労働者は、資本家、工場主などの搾取を受けていた[33]。

要するに、農業、牧畜業と工業のいずれも私有制であり、封建主君である地主、牧場主は、耕地、家畜の所有面において、絶対的に優勢であったことが、内モンゴル地域社会の本質であった。

なお、内モンゴルの農業地域においては、モンゴル人人口は少ないものの、綏遠省の土地の大部分はモンゴル人に所有される一方、漢人人口は多い

32　「内蒙古蒙古人中有没有階級」（1947年6月）内蒙古党委政策研究室・内蒙古自治区農業委員会編印『内蒙古畜牧業文献資料選編』第二巻（上冊）、呼和浩特、1987年、6頁。
33　「雲澤在内蒙古幹部会議上的総結報告提綱」（1948年7月30日）内蒙古自治区檔案館編『中国第一個民族自治区誕生檔案資料選編』遠方出版社、1997年、115頁。

が、漢人の所有する土地は少ないという状況であった[34]。モンゴル人の所有する土地は、「租銀地」、「戸口地」などの形態で土地改革開始の時期まで維持されてきた[35]。農業へ転業せざるをえなかったモンゴル人は、農業生産に不慣れで、農業技術は低水準であり、経験不足のうえ、労働力が不足したため（農業は牧畜業より多くの労働者を必要とする）、数多くのモンゴル人は、土地の多少、所有形態にかかわりなく、漢人農民に土地を貸し出していた[36]。しかし、他方、モンゴル人土地賃貸者が土地報酬をほとんど得られず、

---

34 綏遠省を例にすれば、土地改革が始まる1951年以前の総人口は300万人のうち、モンゴル人は15万人（総人口の5％）、残り285万人（総人口の95％）は少数のマンジュ人、回人を除けば、ほぼ漢人であったが、モンゴル人が集中的に居住する蒙旗は、省耕地総面積3,000ムーの3分の1に当たる1,000ムーを占めていた。それに山林、鉱山、湖およびイフジョー盟、綏東4旗、トゥムド旗の放牧地などを加えれば、蒙旗の占める土地は全省総面積の3分の2であった（奎璧「関於"蒙旗土地改革実施辦法"的報告」綏遠省農民協会編印『土地改革工作手冊』（出版年代不明）、49頁）。

35 「租銀地」――小作料を貨幣で納める土地。内モンゴル西部地域のモンゴル人土地所有者は、土地を漢人地主、商人、「二地主」あるいは農民に貸し出して、小作料を穀物あるいは貨幣で納めさせる。習慣的に小作料を穀物で納める土地を租糧地と称し、貨幣で納める土地を租銀地と称する。「戸口地」――清朝政府がモンゴル人兵士に与えた生計地。のち、北洋軍が蒙地開墾をおこなった時に、各旗の王公もモンゴル人に「戸口地」を与えた。「養善地」――清朝政府とモンゴル王公が貧民に与えた生計地。「随缺地」――清朝政府が蒙旗兵士に給料、俸給のかわりに与えた、耕地あるいは放牧地を随缺地と称する。使用権をもつが、兵役がおわると回収された。「召廟地」――清朝政府やモンゴル王公貴族が寺廟にあたえた土地。「内倉地」――王府に属する土地。一般的には旗長であるジャサクが旗内の一部の土地を指定し帰属せしめたもの。「内倉地」の成立は「借地養民」政策が実施された清朝雍正年代以降である。その収入は王府の費用になった。「外倉地」――旗公署に属する土地。蒙旗全域内の山、河、湖、沼および荒地、熟地は旗公署に所属。「内倉地」と同様、清朝雍正年代の「借地養民」政策の実施と「招墾」により誕生したもの。「閑散王公私有地」――閑散王公とは清朝時代の非ジャサク貴族を指すもので世襲である。これらの貴族はジャサクの一族で、宗家ジャサク家より分家した。分家に際し、ジャサクは一定の地域をあたえた。「タイジ、タボナンなど貴族の私有地」――これらの貴族も閑散王公と同じように、ジャサク家から分家。その私有地の形成プロセスは閑散王公とほぼ同様である。「駅站地」――駅站業務に従事するモンゴル人が、馬放牧地として使用を認められた土地。なお、モンゴル人の土地所有形態に関する解釈は資料によって異なるが、ここでは、綏遠省人民政府弁公庁編『法令彙編』第一集（1950年4月）と烏蘭夫『烏蘭夫文選』（上）（中央文献出版社、1999年）および山田武彦・関谷陽一『蒙疆農業経済論』（日光書院、1943年）にしたがった。

36 実例をあげると、綏東4旗の絶対多数（90％以上）であったモンゴル人は、耕地を漢人農民に貸し出し、それによって得た収入で生活を維持していた（「雲沢関於綏蒙蒙古工作意見給高、姚等同志的信」（1946年8月9日）内蒙古自治区档案館編『内蒙古自治運動聯合会――档案史料選編』档案出版社、1989年、107頁）。同様に、ジュンガル旗のモンゴル人の戸数の90％は土地を貸し出していた（内蒙古党委党史資料征集研究会弁公室『内蒙古党史資料』第二輯、内蒙古人民出版社、1989年、114-116頁）。

土地を経営する漢人の「二東家」によって地代の大部分あるいは全額を奪われる場合もあった[37]。このような実情により、大量の耕地を持ち土地収入が多く得られるきわめて少数の地主などの富裕層を除けば、大部分のモンゴル人土地賃貸者は、土地を貸し出しても地代収入はきわめて低かったのである。

　要するに、人口の点ではモンゴル人人口は少なく漢人人口は絶対的多数を占める一方で、人口の少ないモンゴル人が多くの土地を所有するのに対し、人口の多い漢人の所有する土地は少なかった。また、従来従事してきた牧畜業からやむをえず農業に転業せざるえない状況におかれたモンゴル人は、農業に不慣れなため、所有する土地を漢人に貸し出すものの、地代は低いものであった。この点において一般の漢人地域の地主の土地経営とは性格が大きく異なる。モンゴル地域の実際の土地経営による搾取者は漢人の「二東家」であった。

　半農半牧地域の場合、封建的搾取階級である漢人官僚、地主、商人は大量の土地を占有していたほか、一部のモンゴル人王公、貴族、大牧場主も放牧地開墾の過程において牧場主兼地主となったが、モンゴル人地主の経済能力は低い水準であった。一部のモンゴル人牧民はやむをえず農業に転業したり、牧畜業と農業をともに営むようになった。しかし、モンゴル人の農業技術が遅れていたことにより、農業は発達しなかった。そのため、数多くのモンゴル人は放牧地の農地化に抵抗し、依然として牧畜業を中心に生業を維持していた。漢人農民は、古来より農業耕作を営んできたため、農業生産に慣れていて技術も高く、ゆえに牧畜業を重視せず転業しなかった。したがって、半農半牧地域においては、モンゴル人、漢人の封建階級とモンゴル人、漢人農牧民の間の矛盾、農業と牧畜業の間の矛盾がそれぞれ存在し、また両業種の対抗関係によるモンゴル人と漢人の間の矛盾も生じていた。

37　「二東家」とは、所有する土地がごく少ない、あるいはまったくない漢人で、モンゴル人から土地を借りて別の漢人にまた貸しする者をいう。かれらは、漢人農民にとっては直接の搾取者であり、モンゴル人にとっては「殖民分子」である。かれらは搾取量、生活水準などの面において一般の漢人地域の大地主と変わりない。したがって、これらの「二東家」は地域の農業における搾取者になる。地域によっては「二地主」あるいは「地商人」とも称された。

1-3　牧畜地域における搾取形式と主要矛盾

1-3-1　民主改革までの牧畜地域における搾取形式

　民主改革まで、内モンゴルの牧畜地域においては、以下のような搾取形式があった。

　第一に、雇用サーリチン（搾乳者）。大牧場主（ラマ寺院を含む）は数多くの家畜をもち、数戸ないし数十戸のサーリチンを雇用していた。雇用されたサーリチンは、家畜の群れと共に移動し、雇用主のために家畜の乳を搾り、羊毛刈りなどの作業をおこなう。雇用主は、サーリチンに乳製品のみを提供し、食肉と食料はサーリチンが自己負担する。

　第二に、スルク制度。調査資料によれは、ジョーオダ盟バーリン左旗烏蘇伊南村の場合、以下のような搾取があった[38]。

　　①乳牛1頭あたり、放牧者は毎年牧場主に1.5〜2.5kgのバター、3〜6枚のチーズを納入する。

　　②役牛の場合、放牧者は無償で使用できるが、牧場主は随時役牛を取り戻して、漢人などの他人に有料で貸し出す。

　　③放牧中に生まれた子牛は一律に牧場主に所有され、放牧者が飼育する。乳牛の場合、5年目からその分のバターとチーズを牧場主に献上する。

　　④羊皮は、牧場主と放牧者の間で70％と30％の割合で分配する。双子の場合は、その羊皮は、牧場主と放牧者は各1枚分配する。

　第三に、雇用放牧者。雇用者は、被雇用者の放牧者一人に100頭の牛または200〜300頭の羊を放牧させ、食と衣服を提供するほか、一年間の給料として、1頭の牛（4歳）しか与えない。同様に、牛車の貸し出し時にも深刻な搾取があった。実例を挙げれば、ジョーオダ盟オンユーダ左旗のバインハン・ソムの牧民は、牧場主の牛車を借りて副産業を経営して、1カ月間に4〜4.5万元（当時）を得られるが、その半分を牧場主に牛車の借り代として払わないといけない[39]。すなわち、経営利益の半分は牧場主に搾取されてい

38　「内蒙古蒙古人中有没有階級」（1947年6月）前掲『内蒙古畜牧業文献資料選編』第二巻（上冊）、8頁。

39　「内蒙古蒙古人中有没有階級」（1947年6月）前掲『内蒙古畜牧業文献資料選編』第二巻（上冊）、9頁。

たのであった。

　上記のような搾取制度のもとで、歴史的、社会的、宗教的、政治的な原因
により、王公、貴族、大ラマらは大量の家畜などの財産を所有する一方、牧
民労働者の生活は極めて困難であったとともに、政治的地位も全くなかっ
た。

　上述のような背景のもとで「内モンゴル自治政府施政綱要」（1947年 4 月
27日、内モンゴル人民代表大会において採択された）の第十条においては、
「モンゴル民族の土地所有権を保護する。放牧地を保護し、自治区領域内の
そのほかの民族の現在所有の土地所有権を保護する。罪悪の蒙奸、地主の土
地財産を没収し、土地のない農民および貧農に分配し、蒙漢間の土地関係を
合理的に解決し、地租を減少させる運動と互助運動を推進し、人民の経済生
活を改善させる」と明記された[40]。

1-3-2　牧畜地域の主要矛盾

　すでに述べたように、王公、商人（旅蒙商）[41]、宗教勢力、牧場主は、牧畜
地域における搾取者であり、搾取をおこなう方法、形式だけが異なるにすぎ
ない。王公は主に封建特権を利用して搾取をおこない、旅蒙商は主に商業資
本を通じて不等価交換をおこない、宗教上層は主に大衆の宗教迷信による献
上品および家畜を占有し、牧場主は数多くの家畜を所有し、スルク制度を通
じて牧民に対する搾取をおこなった。

　これら王公、宗教上層、旅蒙商の搾取は、牧民の貧困の社会的根源であっ
た。また、これらの搾取は、牧場主を除き、牧民の労働成果である家畜を
搾取するものであり、その一部分は牧民の労働が対象である。牧場主の搾取
は、封建特権、寺院、旅蒙商の搾取と異なる。牧場主は牧畜業生産を発展さ
せる必要があるため、搾取量も王公、寺院、旅蒙商の搾取より少ない。牧場
主の搾取は、牧民の貧困の主要根源ではない。搾取階級の中では、王公が牧
畜地域おける搾取階級の総合的な代表者である。

40　「内蒙古自治政府施政綱領」（1947年 4 月27日、内蒙古人民代表会議通過）前掲『中国第一個
　　民族自治区誕生檔案資料選編』53頁。
41　「旅蒙商」とは、清朝時代から中華民国時代までに政府が支給した票照をもち、中原などの漢
　　人地域とモンゴル草原を往来して商売貿易をおこなった、漢人と回人の商人と商家を指す。商
　　売人、辺商、羊商とも称す。

王公の封建特権を利用した搾取は、牧民大衆の強い不満と反発を引き起こした。例えば、「独貴龍」運動は、王公の統治に反対した運動である。政治的、経済的に特権を利用した搾取は、牧畜業生産力の発展を阻害するものである。したがって、封建特権を廃止することは、牧畜地域の民主改革において解消されるべき主要矛盾であった。

　他方では、王公は自分自身の利益を保護する一面があるとともに、帝国主義、大漢民族主義と闘争する一面もあった。そのため、当時、「王公らが、伝統的封建特権を廃棄し、民族平等と民主自治の原則に賛成すれば、彼らを団結させて共同して新民主主義の内モンゴルを建設すべきである」という方針だった[42]。

　しかし、興安盟ホルチン右翼前旗とジョーオダ盟の牧畜地域における試験的な民主改革においては、封建上層と牧場主に対する闘争ないし殺害事件がおこるなどの「左」の間違いが生じて、牧畜業生産が後退したのである。このような状態を背景に、1948年2月、内モンゴル中国共産党工作委員会と内モンゴル自治政府により、下記のような政策が打ち出された。

　(1)王公政権を改革し、民主選挙で民主政権をつくる。政権性質の変更は、封建特権を根本的に廃止することになる。

　(2)すべての公民は、平民、貴族、ラマなどと区別せず、一律平等であることを実施する。王公と寺院の牧民大衆を服役させる権力とラマの公民義務の無負担の特権を廃止し、各種の無償労役と税金を取り消す。特権を失った王公などの封建上層の労働者雇用を許可する。

　これらの内容は、党の政策は主に封建制度に反対するものであり、資本主義式の経営に反対するものでない、ということを示している。このような政治改革によって、牧畜地域の封建主君の経済所有制を変更せず、牧民大衆に公民平等の権利と労働生産の自由を与え、各種の不合理な負担を取り消したことにより、生産力の発展の障害が取り除かれた。

　1948年7月2日から8月初めまで、中共中央東北局はハルビンにおいて内モンゴル幹部会を開催した。会議においては、自治政府樹立以来の一年間の活動をまとめ、その後の牧畜地域と農村地域における政策、方針が討論さ

42　前掲、趙真北「総結内蒙古牧区民主改革経験」96頁。

れ、確定された。

　まず、一部の地域における土地改革における誤りの要因について、次のように指摘された。「これらの欠点と誤りの要因は、内モンゴルの実状を理解できず、そのうえほかの一部の地域においては一般の漢人地域のやり方をそのまま内モンゴルの土地改革の運動に機械的に移してきたことにより、民族政策が有効に実施されず、実際の状況に適応できなかったことにある」[43]。

　さらに、諸問題の根源については、次のように述べられた。「内モンゴル党委が民族政策を充分に研究できなかったことと、実際の状況を充分に把握できなかったこと、一部の党員は党の政策とくに民族政策に対する理解が不足していた」[44]。その結果、活動上における盲目的、急進的過ちが起こったのである。

　会議においては、内モンゴル地域における封建的搾取を消滅させることの基本内容が定められた。

　①内モンゴル領域内の土地は、モンゴル民族に所有される。

　②内モンゴルの封建的土地所有制度を廃止する。

　③一切の封建階級および寺院の土地所有権を廃止する。

　④一切の封建的特権（政治特権、公民義務の無負担、強制懲役、無償労働など）を廃止する。

　⑤モンゴル族人民の信仰の自由を保障し、ラマの公民以外の特権を廃止する。

　⑥奴隷制度を廃止し、すべての奴隷の解放を宣言し、平等の公民権を享有させる。

　⑦土地改革以前のすべての借金などを廃止させるが、貧農、雇農、中農と商業商売者間との借金は廃止する範囲に入っていない。

　⑧牧畜地域には放牧自由を実施し、盟旗の行政区域内の草原牧場では、牧民全員の放牧が自由である。

　⑨農業地域においては、耕す者に耕地を与え、従来の一切の封建地主の所有する土地を公有のものにし、そのほかの土地と共に地域全人口に

43　「雲澤在内蒙古幹部会議上的開幕詞」（1948年7月2日）前掲『中国第一個民族自治区誕生檔案資料選編』103頁。
44　同上、103–104頁。

　　　　分配する。
　　⑩すべての農村のモンゴル族、漢族とそのほかの民族の人民は、同等の
　　　土地を得られ、土地の所有権も得られ、モンゴル族の土地所有権は確
　　　保する。土地改革ののちにそのほかの民族は「蒙租」[45]は納めないが、
　　　モンゴル族と同様に公民の義務を負担する[46]。

　続いて、1948年に牧畜地域においても封建性を消滅させる方針は間違っ
ていたと指摘された。さらに、この方針が「左」の活動傾向を助長し、一部
の牧畜地域において家畜平分が実施されたため、牧畜地域の経済基礎を破壊
したと批判した。そのうえで、牧畜地域において以下のような政策が打ち出
された。

　　①封建特権を廃止し、牧畜労働者の給料を適切に増し、放牧制度を改善
　　　する。
　　②罪悪を犯した蒙奸に対し、盟以上の政府の批准を経て、その家畜、財
　　　産を没収するほか、一般の大牧場主に対しては、その家畜を分配せ
　　　ず、闘争させない。
　　③民主改革を実施し、民主政権を樹立し、牧畜地域の経済を発展させ
　　　る[47]。

　また、会議では、半農半牧地域の土地改革において、農業地域と同様な土
地均分のやり方も間違っていたことが認められた。なぜならば、半農半牧地
域における農業経営の期間は短く、多くの地域の地主が富農になった期間も
短かったという地域社会の農業発展の実状を考慮しなかったためである。そ
の後の半農半牧地域における下記のような政策も打ち出された。

45　近代以降、漢人農民の入植と農地化に伴って、モンゴル人遊牧民は農業へ転業せざるをえな
　　かった。しかし、モンゴル人の多くは、耕作するための十分な能力を有していなかった。すな
　　わち、農業生産に不慣れで、農業技術は低水準であり、経験も不足していた。そのため、農業
　　は牧畜業より多くの労働者を必要とするが、労働力が不足したため、数多くのモンゴル人は、
　　土地の多少、所有形態にかかわらず、漢人農民に土地を貸し出してそれによって得た収入で
　　生活を維持するようになった。その貸し出しの際の方式にも「租佃」（小作）、「転租」「転譲」
　　などの形が出現した。これらの方式では、いずれの場合も、土地所有者は契約書などにより、
　　「契約費」と「小作料」（毎年）を徴収した。その小作料は民国以降に「蒙租」と呼ばれるよう
　　になった。
46　「雲澤在内蒙古幹部会議上的総結報告提綱」（1948年7月30日）前掲『中国第一個民族自治区
　　誕生檔案資料選編』112–113頁。
47　同上、113頁。

①農業が優勢である地域では、大中地主の所有する耕地、耕畜を貧困農
　　民に分配し、小地主と富農の場合、原状維持。

②牧畜業が優勢である地域では、大牧場主の役畜を貧困牧民に分配し、
　　その家畜群は分配しない。

③個別の罪悪を犯した蒙奸の耕地、家畜、財産は、政府の批准を経て、
　　貧困農民牧民に分配する。

④半農半牧地域の経済発展の方向は、大衆の志願と自然状況にしたがっ
　　て農牧生産を発展させ、必ず放牧地を保護する[48]。

2　牧場主経営の特性と民主改革の目的

「牧場主」という名詞は、農業地域の「地主」という名詞を牧畜地域に移
してきたものである。いわゆる「牧場主」とは、数多くの家畜を所有する者
を指す。農業地域の富農と類似するが、性質上においては「地主」と異なっ
ている。例えば、牧場主が所有する家畜の割合は多くないし、牧場主の牧民
に対する搾取の比率も多くない。

シリンゴル盟アバガ旗北部における1948年の階級区分を実例とすれば、
牧場主28戸で全体戸数の2.6％を占め、家畜（羊、以下同）総数の17.6％を
所有し、1戸の所有する家畜は平均969頭である。富牧は27戸で全体戸数の
2.5％を占め、家畜総数の9.9％所有し、1戸の所有する家畜は平均567頭で
ある。中牧は268戸で全体戸数の60.9％を占め、家畜総数の21.1％を所有し、
1戸の所有する家畜は平均50頭である[49]。これは、完全に農業地域の階級、
階層区分のやり方で牧畜地域の階級階層を区分したものである。牧場主と富
牧は、全体戸数の5.1％を占め、農業地域の地主と富農の全体戸数の占める
割合とほぼ同様である。しかし、牧場主と富牧が占める家畜総数の27.5％と
いう数字は、農業地域の地主が土地総数に占めた割合（70〜80％）を大きく
下回る。

1956年の内モンゴル自治区の内部鑑定によれば、自治区全体の牧場主は
463戸であり、牧畜業全体総数の0.54％を占めていた。牧場主の所有する

48　同上、115頁。
49　前掲、趙真北「総結内蒙古牧区民主改革経験」101頁。

家畜数は、牧畜地域家畜総数の8.8％を占めていた。雇用労働者は1,454人であり、「スルク」労働者は1,586人であり、合計3,040人で牧畜業戸数の3％を占めていた。1958年の社会主義的改造において、牧場主としてみなされたのは704戸であり、牧畜業全体総戸数の0.7％を占めていた。かれらの所有する家畜数は、牧畜地域の家畜総数の10％を占めた。1965年の「四清運動」のなかで、牧畜地域の30の人民公社において試験的階級区分がおこなわれ、牧場主とされた者は、牧畜業総戸数の2.94％を占めた[50]。

　上記の数字からわかるように、牧場主に搾取される戸数は、全体総戸数の5％を超えていなかった。その上にラマ寺院の「スルク」労働者を加えても、搾取される戸数は牧民全体総戸数の10％を超えていなかった。また、牧畜業の不安定的な経済的特徴により、各経営者の家畜などの所有量も不安定である。いいかえれば、数多くの家畜をもつ牧場主も、大きな自然災害に遭った場合、一般の牧民になることもありえた。

　牧場主の搾取の資本は家畜であり、草原と土地ではない。牧場主の家畜は、主に自己の生産経営に依拠し増したものであり、封建所有制と封建分封によってではない。一般的に牧場主は高利貸はせず、そのスルク制度においても、雇用される者は地租の責務と賠償制はない。したがって、地主のように強制的に地租や借金を強いる方法で農民の耕地を占有するように牧民の家畜を奪うことはない。また、牧場主は牧民の家畜を搾取しないし、一般的に雇用している牧民以外の者に対する搾取もない。

　牧場主の主な搾取対象は雇用労働者であり、「スルク」制度の方法も用いる。牧場主と雇用される牧民労働者との間の関係は、基本的にみずからの意志による雇用関係である。この雇用関係は、資本主義的性格を持つとともに一定の封建性搾取の性格ももつ。したがって、民主改革においては、その所有制を改革することではなく、その搾取方法を改革することになる。

　第一に、民主改革の目的は、封建性と封建的搾取に反対することであり、資本主義的搾取に反対することではない。封建特権を廃止し、自由放牧を実施すれば、牧民の草原の使用権を保障し、各階層の牧民の牧畜業生産を発展させる最も基本的な物質的保障が与えられるのである。牧民が生産、労働の

50　同上、101–102頁。

自由を得れば、牧畜地域の生産力は基本的に解放されることになる。封建主君の牧民に対する搾取の目的は、贅沢な生活のためであり、搾取した家畜の大部分も消耗され、生産手段になれない。

　第二に、封建制度が廃止されたあと、資本主義的性質をもつ牧場主経営は、その家畜と生産道具を資本として生産に投入する。牧場主と雇用労働者との労資関係は、当時の生産力のレベルに適応し、牧畜業生産の発展に有益であった。仮に、牧場主に対し、地主のようにその所有制を変更し、その家畜を没収して牧民に分配することは、民主改革の目的ではない。なぜならば、それは、次のような理由からである。

　①牧場主の所有する家畜が、人口の60〜70％を占める多重搾取による貧困牧民の需要を満たすことは、不可能である。貧困地域も、豊かな地域も同様である。また、たとえ牧場主が所有する家畜（家畜総数の１％）の中から、牧場主に適当な数の家畜を与え、残りの家畜を牧民に分配しても、牧民にとってはきわめて少ない数の家畜にすぎない。

　②牧畜業生産への悪影響もある。牧場主は、闘争を受け、家畜が分配されることを恐れて、牧畜業経営の意欲を失い、大量の家畜の損失や消耗あるいは家畜の増加の抑制をもたらす。一般の牧民も牧場主になると闘争を受け、家畜が分配されることを恐れて家畜を増やさずまた消耗を拡大する。これらは、家畜数減少の原因になるのである。闘争と分配は、牧場主の貧困牧民に対する搾取の手段を剥奪する一方で、一部の貧困牧民も労働の場を失うことになる。その結果、牧場主が所有する家畜（家畜総数の10％）に損失をもたらすのみならず、牧民大衆の生産を発展させる意欲にも悪影響を与えるのである。

3　牧畜地域における民主改革の「三不両利」政策の形成

　1947年10月10日、『中国土地法大綱』が公布され、「封建性、半封建性の搾取の土地制度を廃止し、耕す者に耕地を与える土地制度」が実施された。

内モンゴル党委[51]と内モンゴル自治政府（1947年5月1日成立）は、中国共産党の農村土地改革の総路線、総政策などを内モンゴルの民族的特徴、社会経済特徴、階級関係と結合して、農業地域、半農半牧地域、牧畜地域におけるそれぞれの民主改革の政策を制定し、実施した[52]。

　牧畜地域における民主改革初期においては、農業地域の土地改革の方法がそのまま牧畜地域に移された。すなわち、農業地域における土地改革の「耕す者に耕地を与える」方針に依拠し、牧畜地域における民主改革として「放牧する者に家畜を与える」、「黒黄封建（王公、貴族とラマ）を一切消滅する」、「封建を徹底的に消滅する」などの間違ったスローガンが提起された。牧畜地域にも階級区分と牧場主に対する闘争がおこなわれ、牧場主の家畜を均分する運動が進められた。実例としては、ジリム盟においては、「封建を徹底的に消滅させ、地主と牧場主を打倒し、耕地と家畜を均分する」というスローガン、チャハル盟においては、「牧場主の家畜を一律に没収する」、「寺院の財産を没収し清算する」などのスローガンが提起された[53]。ジョーオダ盟の場合、一部の旗県の牧畜地域においては、階級区分と牧場主に対する闘争がおこなわれ、牧場主の家畜の分配がおこなわれた[54]。

　さらに、階級区分もこの際に拡大化された。例えば、チャハル盟の場合、所有する家畜数を基準として、5頭の牛を所有する者は中牧、1人の放牧者を雇用する者は富牧と「判定」された。同様に、ジリム盟の場合、3歳の牛或いは10頭の羊を1頭の基準家畜とし、一人平均1頭の家畜を所有する者は貧雇牧民、一人平均2～3頭の家畜を所有する者は中牧、一人平均4頭の家畜を所有する者は富牧、一人平均5頭以上の家畜を所有する者は牧場主と「判定」された[55]。

51　内モンゴル中国共産党工作委員会は、1947年7月に設立され、その後1949年12月に中共中央内モンゴル分局と改名され、1955年6月に中国共産党内モンゴル自治区委員会と改名されて、現在に至る。

52　内モンゴル自治政府の管轄する5つの盟のうち、フルンボイル盟、シリンゴル盟とチャハル盟の全部または大部分は牧畜地域であり、興安盟、ノンムレン盟の一部は牧畜地域であり、ジリム盟、ジョーオダ盟の一部は牧畜業を中心する半農半牧地域であった。

53　浩帆『内蒙古蒙古民族的社会主義過渡』内蒙古人民出版社、1987年、122頁；銭占元「内蒙古牧区実行"三不両利"政策与"穏寛長"方針歴程與経験」内蒙古自治区政協文史資料委員会『「三不両利」与「穏寛長」回憶与思考』（『内蒙古文史資料』第56輯）、2005年、195頁。

54　郝維民主編『内蒙古自治区史』内蒙古大学出版社、1991年、40頁。

55　前掲、銭占元「内蒙古牧区実行"三不両利"政策与"穏寛長"方針歴程與経験」、195頁。

　こういった「判定」の結果、牧畜地域の総人口の中で牧場主と富牧の占める割合は、ジョーオダ盟においては20％以上にまで拡大し、ジリム盟ホルチン右翼左旗においては23％以上にまで拡大した[56]。表1–4で示しているように、チャハル盟においては、牧畜地域の牧場主と富牧の総戸数、総人口の中で占める割合が21.20％、25.20％まで拡大した。

表1–4　チャハル盟における総戸数、総人口の中で占める牧場主と富牧の割合

地　　域	正白旗	鑲白旗	明安旗	正藍旗
総戸数の中で牧場主と富牧の占める割合	21.20％	14.80％	15.80％	19.50％
総人口の中で牧場主と富牧の占める割合	25.20％	15.50％	20.60％	21.70％

出所：浩帆『内蒙古蒙古民族的社会主義過渡』内蒙古人民出版社、1987年、122頁。

　これは、農業地域の階級区分の方法をそのまま農業地域の階級状況と異なる牧畜地域に移してきたものであった。その結果、政治的、経済的に悪影響がもたらされた。

　まず、政治的には、思想上の混乱が起こり、一部の牧民大衆は封建的搾取階級に「判定」されたことにより、大衆は自治政府と党に対する懐疑が生じ、民主改革の進展に深刻な影響がもたされた。

　次に、経済的には、家畜の均分により牧畜業生産に大きな損失がもたらされた。牧場主と富牧は、家畜を故意に大量に屠殺し、各階層の者も家畜が均分されることを恐れて、牧畜業生産を発展させる意欲が失われ、生産に消極的となった。一部の牧民も同様に、家畜を故意に売り出して、ほかの財産を購入するようになったことにより、家畜の繁殖に直接的な悪影響をもたらした。

　その結果、牧畜地域の牧畜業生産に大きな損失がもたらされた。実例をあげれば、①チャハル盟の1946年の家畜総数は143万頭であったが、1948年には93万頭にまで減少した。この減少した50万頭の家畜は、1946年時点の家畜総数の3分の1を占める。②1947年のジョーオダ盟林西県の羊は800頭であったが、家畜均分の影響を受け屠殺されたことにより、1948年には0頭となった。③ジョーオダ盟の12の村の統計によれば、家畜の分配がおこな

56　同上。

われる以前は、所有する羊は9,250頭であったが、家畜の分配がおこなわれたあと、所有する羊は2,770頭しか残らなかった。すなわち、所有する家畜の70.1％が損失を受けた[57]。

　上述のような背景の下で、内モンゴル党委と政府は、内モンゴルの牧畜地域の経済的特徴と地域的特徴に鑑みて、牧畜地域の民主改革として「三不両利」政策を打ち出した。1947年7月、ハルビンにおいて内モンゴル幹部会議が開催され、牧畜地域における民主改革において生じた階級区分、牧場主に対する闘争、牧場主の家畜の均分などの問題についての検討がおこなわれた。会議では、内モンゴル党政機関の第一人者であったオラーンフーは「三不両利」政策を提起し、各級党政幹部に内モンゴルの牧畜地域の階級構造、牧畜業経済の特徴と生産状況についての調査、研究をおこなうように要求した。そののちの各級幹部の調査、研究を経て、経験と教訓が総括されたうえ、「労働牧民に依拠し、団結できるすべての力を結集し、上から下への平和的な改造と下から上への大衆動員を通じて、封建特権を廃止し、牧場主経済を含む牧畜業生産を発展させる」方針が確定された。同時に、牧畜地域における民主改革において「放牧地公有、自由放牧」、「牧場主の家畜分配をせず、牧場主に対し階級区分をせず、階級闘争をせず、牧場主と牧畜労働者の両方の利益になる」（すなわち、「三不両利」）政策が規定された。

　これらの方針と政策は、内モンゴルの牧畜業経済の発展の歴史と特徴に関する分析がおこなわれたうえで確定されたものであり、内モンゴルの牧畜地域の実状と牧畜業経済の発展の規律に適応したものであった。これらの方針と政策は、内モンゴル牧畜地域における民主改革の実現のみならず、そのほかの少数民族地域における社会改革にも重要な役割を果たしたことにより、中央からも高評価が与えられた。

57　前掲『内蒙古蒙古民族的社会主義過渡』、123-124頁；王鐸「回顧牧区民主改革與"三不両利"政策」内蒙古自治区政協文史史料委員会『"三不両利"與"穏寛長"──回憶與思考』（『内蒙古文史資料』第56輯）、2005年、4頁。

4　牧畜地域における民主改革の実施
──フルンボイル盟牧畜業 4 旗を中心に──

　内モンゴルのなかでも、フルンボイル盟は伝統的な牧畜地域である。その総面積は25.3万km²であり、内モンゴルの総面積の22.2％を占める。とくに、フルンボイル盟牧畜地域 4 旗（新バルガ右旗、新バルガ左旗、陳バルガ旗、エベンキ旗）の面積は8.07万km²であり、フルンボイル盟全体総面積の31.9％を占め、フルンボイル盟牧畜業の主体であった。総人口は2.67万人（1949年）であり、主に牧畜業に従事するモンゴル人、ダウール人、エベンキ人より構成される。

4-1　民主改革以前のフルンボイル盟牧畜地域 4 旗の社会経済状況

　フルンボイル盟牧畜地域 4 旗における民主改革は、1948〜1956年の間におこなわれた。当該 4 旗における民主改革を検討する際に、その牧畜地域の社会構造、社会状況と経済経営状況を考察することが不可欠である。

　まず、民主改革以前の牧畜地域の社会構造と社会状況をみてみよう。牧畜地域においては、家畜と放牧地は牧畜業生産の主な生産基盤である。民主改革がおこなわれる以前の牧畜地域においては、人口の少数を占める王公、貴族、牧場主と上層ラマなどは封建統治階級であり、封建特権を利用して大量の家畜を所有し、大量の優良な放牧地を占有していた。放牧地と森林、河などの自然資源は、名義上ではモンゴル人全体に所有されることとなっていた。しかし、実際の自然資源の使用権と支配権は、王公、貴族、牧場主などに握られていた。

　少数の王公、貴族、牧場主が大量の家畜を所有することは、牧畜地域の封建所有制の生産関係の主な象徴である。民主改革が進められる前の1946年の調査によれば、新バルガ左旗総戸数の 1 ％を占める牧場主は、 1 戸平均で数千頭の家畜を所有し、総戸数の 4 分の 1 を占める貧困牧民は、 1 戸平均で 5 頭にも至らなかった。また、エベンキ旗、新バルガ左旗、新バルガ右旗の総戸数の71％を占める牧民は、旗の羊の総数の2.1％しか占めなかった。さらに、小さい単位でみれば、新バルガ左旗のガラブル・ソムの総戸数の2.4％

を占める牧場主は、旗全体家畜総数の86.6％の家畜を所有していた[58]。これに比べて、1948年の調査によれば、シリンゴル盟アバガ旗総戸数（538戸）の5.9％を占める32戸の牧場主は、旗の家畜総数の47.9％を所有していた。旗全体総戸数の86％を占める中等以下の牧民464戸は、旗の家畜総数の36.7％しか占めなかった[59]。

牧場主は、牧畜地域の主な統治階級と搾取階級であった。フルンボイル盟牧畜地域4旗の牧場主階層は次のように形成された。その一部の牧場主は世襲した佐領[60]であり、封建統治と牧民に対する搾取を経て牧場主になった者である。もう一部の牧場主は、自己の労働に依拠し、牧畜業生産を発展させ、家畜を増加させて牧場主になった者である。

牧場主は、数多くの家畜と生産基盤を所有する。その所有する家畜の数は一般的に2,000頭以上である。例えば、1948年の調査によれば、新バルガ左旗ボラグ・ソム（宝力高蘇木）の牧民384戸のうち、2,000頭以上の家畜を所有する牧場主は17戸であり、所有する家畜は8万頭余りでソム全体家畜総数の50％以上を占める[61]。

牧場主は、経済的に支配的地位を占めることのみならず、放牧地を占有し、様々な形で労働牧民に対する搾取をおこなった。そのなかで、最も主な形は、旧スルク制度を通じての搾取である。

スルクとは、モンゴル語 sürüg の音訳であり、本来の意味は「群」であり、ここでは「家畜の群」を意味する。漢語の音訳では「蘇魯克」と表記される。そもそもは、封建統治者が労役者を調達する方法であった。近代以降、王公、牧場主、寺院と「旅蒙商」に継承、採用されるようになった。その主な内容は、家畜主は家畜群を牧民に請け負わせて放牧させ、家畜主はその請け負う期間を決定し、収益の分配を規定する。家畜主の家畜群を請け負う方の多くは、家畜を所有していない牧民またはごく少ない家畜を所有しているだけの貧困牧民である。これらの貧困牧民は、家畜主の家畜群を請け負う期間に家畜を管理し増加させることの確保を前提に一定数量の乳製品とそのほ

58　前掲『内蒙古蒙古民族的社会主義過渡』112頁。

59　郝維民主編『内蒙古自治区史』内蒙古大学出版社、1991年、38頁。

60　「佐領」とは、清朝時代以降、八旗制度の基礎行政単位である「牛録」（300人の組織）の長の名称である。

61　呼倫貝爾盟史志編輯弁公室編『呼倫貝爾盟牧区民主改革』内蒙古文化出版社、1994年、5頁。

かの畜産品をもらえる。具体的には、(a)羊毛の場合、一般的に収穫した羊毛は、家畜主と請け負う方はそれぞれ70％と30％で分配すること。(b)乳製品の場合、家畜主と請け負う方はそれぞれ50％ずつ分配すること。(c)仔家畜の場合、"双子"の時に請け負う方はそのうちの一頭をもらい、そのほかすべては家畜主のものになること。(d)請け負う期間に家畜が自然災害や疫病などにより損失した場合でも、請け負う方が賠償すること。

　旧スルク制度の一つの形は、牧場主による雇用関係を通じての牧民労働者に対する搾取である。雇用される牧民労働者には、長期雇用労働者と短期雇用労働者がある。雇用労働者は、主に家畜の放牧、運輸、井戸掘りなどの労働に従事する。雇用労働者は、形式上は雇用主を選択する権利をもつが、実際は数多くの牧民が長期的に同じ牧場主に雇用されることになる。そもそも牧場主の労働牧民に対する雇用搾取は半封建性をもつものであった。近代以降、漢人地域から牧畜地域に流れ込み、被雇用者の人数が増えたことにより、労働牧民の得られる賃金はさらに少なくなっていた。また、賃金は一般的に貨幣でなく現物である。通常、次のような方法がとられた。①1人の雇用労働者は100頭の牛あるいは300頭以上の羊を1年間放牧して、6頭の羊しかもらえない。②家畜主は、雇用労働者の居住地と食を提供し、1年間の賃金として、雇用労働者に1頭の4歳の牛を与える。③一般的には、雌家畜が家畜総数の40％を占める家畜群の場合、繁殖率を80％で計算し、繁殖した家畜の6％が雇用労働者のものになり、残りのすべては家畜主のものになる。

　牧民には、貧困牧民、非富裕牧民、富裕牧民が含まれる。貧困牧民は、基本的には家畜を所有せず、またはごく少量の家畜を所有し、労働力を売ることに依拠し、生活を維持する。非富裕牧民は、一定数の家畜を所有し、自己の労働に依拠し、生活は基本的に自給自足である。富裕牧民は、比較的数多くの家畜を所有し、自己の労働に依拠し、1〜2人を雇用する時もあり、自給助足の生活を送る。新バルガ左旗ガラブル・ソム（嘎拉布尔蘇木）の牧民の家畜所有の状況はその代表的事例である。当該ソムの52戸の牧民は合計6万頭余りの家畜を所有していた。そのうち、24戸の非富裕牧民は9,800頭余りの家畜を所有し、1戸平均で350頭余りの家畜を所有する。19戸の貧困牧民は700頭余りの家畜を所有し、1戸平均で30頭余りの家畜を所有す

る[62]。すなわち、貧困牧民と非富裕牧民は合計43戸であり、牧民全体戸数の82.8％を占めるが、家畜総数の面からは17.2％しか占めない。

　また、フルンボイル盟牧畜地域4旗は、チベット仏教を信仰する地域であり、チベット仏教の寺院は数多く建てられた。民主改革までは、チベット仏教の寺院は新バルガ左旗・新バルガ右旗に集中していた。フルンボイル盟牧畜地域4旗の合計22のチベット仏教の寺院のうち、18の寺院は新バルガ左旗・新バルガ右旗に建てられ、合計4,000人余りのラマのうち、3,037人は新バルガ左旗・新バルガ右旗の寺院にいた[63]。

　寺院は、家畜とそのほかの財産を所有し、寺院経済が形成された。宗教的複雑性を有する寺院経営の存在が、内モンゴルの牧畜業経済の多様性、特殊性を示していると考えられる。チベット仏教の牧畜地域の社会、経済および牧民に与える影響は大きいものがある。チベット仏教を信仰することにより、一般的に牧民は一番優れた男子を寺院に送り、ラマとして育成させる。チベット仏教では、ラマの結婚は禁止される。そのため、牧畜地域の労働力が減少するとともに人口も減少することになる。また、寺院は、恒例として毎年廟会を開催する。新バルガ左旗の甘珠爾廟を例にすれば、当時、一年間で定期的な廟会を開催する日にちは200日にも達し、そのほかの寺院の廟会の開催期間は少なくとも50日であった。廟会を開催する際に、習慣的に寺院周辺の牧民は廟会に参加し、家畜やそのほかのものを寺院に捧げることにより、牧民の牧畜業生産が影響を受けるだけではなく、経済的な負担も加重されていた。そのほか、寺院もスルクのかたちで所有する家畜を牧民に請け負わせて放牧させていた。

　次に、フルンボイル盟牧畜地域4旗の経済経営方式をみれば、1940年代当時は単一の遊牧牧畜業であった。その主な特徴は、家畜は水と草を追って移動し（畜"逐水草原而移動"）、人は家畜群とともに移動する（人"随畜群而走動"）。冬季には3〜7日ごとに一回移動し、夏季には15〜20日ごとに一回移動する[64]。そのため、遊牧業は戦争や自然災害に強く影響される。フルンボイル盟牧畜地域の家畜は、1930年に130万頭余りであったが、日中戦

62　前掲『呼倫貝爾盟牧区民主改革』6頁。
63　同上、19頁。
64　暖季期間：旧暦4月1日〜9月30日；寒季期間：旧暦10月1日〜3月31日。

争が終了した1945年には70万頭余りにまで減少した。その後、当該地域の遊牧業が回復し、1948年の民主改革までには59万頭余りに増加した。そのうち、新バルガ左旗の家畜は30万5,473頭、新バルガ右旗の家畜は25万1,899頭、陳バルガ旗の家畜は1万2,449頭、ソロン旗の家畜は2万9,909頭であった[65]。

　フルンボイル盟牧畜地域4旗の経済経営方式は、上述のような単一の遊牧業である。旗政府所在地において小型の毛皮加工の手工業が存在するほかには、大型工業は建設されていなかった。したがって、牧民の日常生活品は主に牧畜業に依拠し、家畜は牧民の生産基盤になるとともに生活手段ともなっていた。また、布、食糧、茶などの供給と畜産品の買い付けは「旅蒙商」に依頼する。「旅蒙商」は、牧畜地域の交通、商業の遅れなどを利用し、低価格で家畜と畜産品を買い付け、高価格で日用品を商売する不公平な方法で牧民に対する搾取をおこなっていた。資料によれば、1920〜30年代の陳バルガ旗における物々交換では、「旅蒙商」は1足の靴で1頭の牛、25kgの小麦粉で2頭の羊と交換していた。貨幣交換では、「旅蒙商」は0.35元（旧人民元、以下同）で購入した白酒（0.5kg）を1.5元、0.9元で購入した小麦粉（25kg）を16元で牧民に販売していた[66]。この内容からは、牧民がいかに「旅蒙商」に搾取されていたかが明らかである。

　上述のような社会経済背景のもとで、当時、フルンボイル盟牧畜地域4旗に学校が少ないうえ、貧困により学校に通うことができないため、非識字になる子供は少なくなかった。衛生条件も整っておらず、衛生保健施設も建設されておらず、医薬品が足りないなどの原因により各種の疫病、とくに性病（梅毒）が蔓延した。その結果、牧民の心身の健康に大きな影響を及ぼしただけではなく、牧畜地域の人口も減少しつつあった。

4-2　フルンボイル盟牧畜地域4旗における民主改革の展開
4-2-1　中国共産党組織の設立とその拡大
　牧畜地域における民主改革のプロセスからみれば、民主政権が確立され、封建的搾取階級の封建特権を廃止したのちに封建所有制度に対する改革がお

65　前掲『呼倫貝爾盟牧区民主改革』7頁。
66　同上、22頁。

こなわれる。内モンゴル自治政府が樹立したあと、旧王公政権はすでに崩壊した。しかし、旧政権は王公の世襲制度であったため、人民を動員し、民主的な選挙の方法で旧王公世襲政権を旗長制の人民政権に変えるなどの作業がおこなわれた。

　当該地域ではまず、旧政府の廃止と新政府の設立から始まった。1947年11月からモンゴル人幹部の育成活動が始まり、民主政権の設立は、翌1948年初め牧畜業4旗における旗長が盟党委より任命されることから始まった。1948年4月、朋斯克達喜孟は新バルガ左旗長に任命された。同5月、孟和那蘇はエベンキ旗長に任命された。同8月、都嘎日扎布は新バルガ右旗長に任命され、莆尓格騰は陳バルガ旗長に任命された。牧畜地域4旗における新政権の設立の第一歩が基本的に完了したのである。

　その前年の1947年に大衆運動を通じて、末端機構であるソム章蓋制度が廃止され、ソム達制度が実施された。旗政府が樹立された後、ソムへの指導を強化するとともにソム制度に対する調整がおこなわれた。すなわち、24のソムが設立された（そのうち、新バルガ左旗に7のソム、新バルガ右旗に5のソム、陳バルガ旗に7のソム、エベンキ旗に5のソム）。

　同時に、1953年にフルンボイル盟牧畜地域史上初の旗長を選挙で選出する選挙運動がおこなわれた。牧民大衆の選挙で当選した旗長は次の通りである。朋斯克達喜孟、孟和那蘇、都嘎日扎布、莆爾格騰はそれぞれ新バルガ左旗、エベンキ旗、新バルガ右旗、陳バルガ旗の旗長に当選した。このように、旗、ソム両級政権が樹立されたことは、民主運動の展開に有利な基礎を構築したと考えられる。

　次に、党（中国共産党、以下同）組織の建設と拡大が進められた。フルンボイル盟党委は、民主政権を建設するとともに党組織の拡大に力を入れた。民主改革が始まった1948年、フルンボイル盟牧畜地域4旗の党員は7人しかいなかった。その後、1949年には64人になり、増加しつつあった（詳しくは、表1–5を参照）。

　それとともに、牧畜地域4旗にそれぞれ臨時党支部委員会が設立された。さらに、同年7月、ハイラル市に牧畜地域党総支部委員会が設立され、陳炳宇（フルンボイル盟副盟長）は書記、徳扎格尓（フルンボイル盟公安局長）は副書記を兼任した。また、1949～1950年の間に牧畜地域4旗すべてに党

表1-5　フルンボイル盟牧畜地域4旗党員人数表（1949～1956年）

年	1949	1950	1951	1954	1956
新バルガ右旗	14人	18人	18人	39人	194人
新バルガ左旗	23人	31人	32人	88人	273人
陳バルガ旗	11人	22人	21人	33人	260人
エベンキ旗	14人	28人	29人	84人	149人
合計	64人	99人	100人	244人	876人

出所：呼倫貝爾盟史志編輯弁公室編『呼倫貝爾盟牧区民主改革』内蒙古
　　　文化出版社、1994年、367頁。

支部委員会が設置され、朋斯克達喜は新バルガ左旗党委部委員会書記、珠儒木図は陳バルガ旗党委部委員会書記、孟和那蘇はエベンキ旗党委部委員会書記、都嘎日扎布新バルガ右旗党委部委員会書記を担当することとなった。

　1953年7月、フルンボイル盟牧畜地域4旗ごとに中国共産党工作委員会が設立され、朋斯克達喜はバルガ左旗工作委員会書記、阿木古郎は新バルガ右旗工作委員会書記、孟和那蘇はエベンキ旗工作委員会書記、宝力根扎布は陳バルガ旗工作委員会書記を担当した。

　1956年7月、フルンボイル盟牧畜地域4旗各旗に党委員会（中国共産党委員会）が設立され、郭文泰、白斯古郎、朋斯克達喜、孟和那蘇はそれぞれエベンキ旗、陳バルガ旗、新バルガ左旗、新バルガ右旗党委員会の第一期書記を担当した。

　そのほか、大衆組織の建設と整備がおこなわれた。1949～1950年の間、フルンボイル盟牧畜地域4旗に旗、ソム両級の婦女聯合会、青年団（中国共産主義青年団）、民兵組織などが組織された。これらの組織は、各種の政治運動と生産建設に積極的に参加し、党委員会に協力する役割を果たした。

　上述のような各種の組織、とくに旗に党員会が設置されたことは、中国共産党の組織がフルンボイル盟牧畜地域4旗においてより完全に確立され、強化されたことを示している。こうしたうえで、「家畜分配をせず、階級区分をせず、階級闘争をせず、家畜主と牧畜労働者の両方の利益になる」（「不分不闘、不劃階級、牧工牧場主両利」）政策が実施されたのである。

4-2-2 民主改革における「新スルク」制度の実施

　まず、「家畜分配をせず、階級区分をせず、階級闘争をせず、家畜主と牧畜労働者の両方の利益になる」政策がいかに誕生したのかということについて考察してみたい。

　内モンゴルのジョーダ盟、シリンゴル盟などの牧畜地域における民主改革は1947年の土地改革運動と同時に進められた。民主改革の初期段階には、牧畜地域の民族的特徴と牧畜業生産の特殊性が無視され、盲目的に農業地域のやり方がそのまま牧畜地域に持ち込まれた。すなわち、農業地域の「耕す者がその耕地を所有する」（"耕者有其田"）といったスローガンに従って、牧畜地域に「放牧者がその家畜を所有する」（"牧者有其畜"）、「牧場主の一切の財産を没収する」「牧場主を打倒し、その家畜を分配する」などのスローガンが提起され、実施された。牧畜地域に階級区分がおこなわれ、牧場主に対する闘争がおこなわれ、牧場主の家畜が分配された。牧場主は、家畜を大量に屠殺し、そのほかの各階層の人も家畜が多くなると再分配されることを懸念して、家畜を殖やすことに無関心になった。その結果、牧畜業生産に大きな損失がもたされた。

　実例を挙げれば、ジョーオダ盟の家畜数は1946年に143万頭であったが、1948年には93万頭にまで減った[67]。この損失した50万頭は、もとの家畜総数の3分の1を占める。同様に、表1-6に示しているようにシリンゴル盟（当時のチャハル盟）の1948年11月の家畜数は、1947年7月の家畜数と比べて大幅に減少した。

　1948年7月、内モンゴル党委（当時の内モンゴル工作委員会）はハルビンに高級幹部会議を開催し、内モンゴルの牧畜地域における民主改革において階級区分がおこなわれたこと、及び牧場主の家畜を分配したことに関する討論がおこなわれた。オラーンフーは、会議では、「封建特権を廃止し、労働牧民の賃金を適切に増やし、放牧制度を改善する。牧民と牧場主の両方の利益になることを前提に、牧畜業生産を発展させ、牧民の生活を改善させる」政策を提起した。そのうえ、牧畜地域の党政指導者に牧畜地域の階級構

67　前掲『内蒙古蒙古民族的社会主義過渡』123頁。

表1-6　シリンゴル盟家畜減少率（1948年11月と1947年7月との比較）

旗	減少率			
正藍旗	36.2%（牛）	44.4%（馬）	42.4%（羊）	15.3%（駱駝）
正白旗	43.2%（牛）	16.9%（馬）	36.2%（羊）	11.5%（駱駝）
鑲白旗	34.0%（牛）	19.9%（馬）	35.5%（羊）	12.0%（駱駝）
鑲黄旗	52.1%（牛）		63.1%（羊）	

出所：前掲『内蒙古蒙古民族的社会主義過渡』124頁。

造、牧畜業経済の特徴と生産発展状況を調査、研究するように要求した[68]。

　その後、各級幹部は調査、研究をおこない、教訓と経験を検討したうえ
で、「労働牧民に依拠し、団結できる一切の力を結集し、平和的改造をおこ
なって封建特権を廃止し、牧場主経営を含む牧畜業生産を発展させる」方針
が確定された。牧畜地域における民主改革において「放牧地を公有化し、自
由放牧させる」（"放場公有、放牧自由"）、「家畜分配をせず、階級区分をせ
ず、階級闘争をせず、家畜主と牧畜労働者の両方の利益になる」（「不分不
闘、不劃階級、牧工牧場主両利」）という政策が明確に規定された。

　「放牧地を公有化し、自由放牧させる」方針は、封建統治階級の放牧地を
独占することに対して規定されたものである。歴史上において、放牧地はモ
ンゴル人全体の所有物であるが、封建特権者が圧倒的多数の優良放牧地を占
有することにより、牧民の自由に放牧する権利が奪われる。「放牧地を公有
化し、自由放牧させる」方針の公布は、封建特権が廃止され、内モンゴル領
域内の放牧地はモンゴル人全体に公有され、牧民の居住地域内での自由放牧
が宣告されたことを示している。

　「家畜分配をせず、階級区分をせず、階級闘争をせず」の政策は、一般農
業地域の土地改革において地主・富農・中農・貧農・雇農という階級区分を
おこなったうえで耕地分配がおこなわれたこととは異なる措置である。すな
わち、牧場主の財産と家畜を分配しない、牧民のなかで階級区分をしない、
牧場主に対し闘争をしない、階級区分をしないことである。

68　烏蘭夫「蒙古民的発展特点与解放道路」（1948年）内蒙古自治区政協文史資料委員会内蒙古自
　　治区政協文史資料委員会『"三不両利"与"穏寛長"文献与史料》〈内蒙古文史資料第56輯〉、
　　2005年、34頁。

「家畜主と牧畜労働者の両方の利益になる」の政策は、「スルク」制度による家畜主と牧民労働者との間の搾取関係を廃止し、牧民労働者の賃金を増やし、待遇を改善させることである。その目的の一つは、労働牧民の政治的権利を保障し、労働牧民の経済面での合理的な報酬を確保し、かれらの生活を改善させることである。もう一つの目的は、牧場主経営を発展させることである。

　牧畜地域における民主改革において、上述のような政策がとられたことには、次のような要因があると考えられる。第一に、牧畜地域においては、歴史上の民族圧迫や経済、文化の後進などの原因により、階級分化はあきらかではなく、牧畜業経済は長期間にわたって停滞し、一般の牧民個人経済が破壊を受けると同様に、牧場主経営も損失に遭っていた。牧畜業を発展させることは、当時の最も中心的で、最も主要な任務であった。第二に、牧場主の搾取には二重性がある。一つは、過剰搾取である。もう一つは、雇用的性格を有していることである。前者は、民主改革において消滅することになる。後者は、牧畜業労働者を保護し、かれらの報酬を増やすことになる。第三に、家畜は牧民の生産基盤になるとともに生活手段にもなる。

　次に、フルンボイル盟牧畜地域4旗における民主改革において「家畜分配をせず、階級区分をせず、階級闘争をせず、家畜主と牧畜労働者の両方の利益になる」政策のもとでの「新スルク」の実施をみてみたい。

　フルンボイル盟牧畜地域4旗における民主改革には、「家畜分配をせず、階級区分をせず、階級闘争をせず」政策を前提に「家畜主と牧畜労働者の両方の利益になる」政策が実施された。具体的には、新しい牧畜地域労働者賃金条例（「牧区牧工工資条例」）と新しいスルク制度が実施された。

　新しい牧畜地域労働者賃金条例は、当時、フルンボイル盟政府副秘書長であった都嘎日扎布が起草し、1948年8月フルンボイル盟政府第二次全体委員会において採択され、実施された。雇用者と被雇用者の両方ともに有利なこと、家畜を増加させることのみならず、牧民大衆の生活を改善させることを目的とした政策である。

　新しい「条例」には、家畜の種類、家畜群の数量および工種、季節などによって各種の詳細な報酬基準が定められた（詳しくは、表1–7を参照）。労働賃金は羊を単位にし、その羊は中等の雌の羊である。これは、民主改革以

前、牧民の月の報酬が1～1.5頭の羊であったことと比べれば、対照的である。

表1-7　フルンボイル盟牧畜業労働者報酬（1948年）

工種	季節	家畜数	月報酬（羊）
放牧者（牛）	暖季、寒季		3頭
放牧者（駱駝）	暖季、寒季	50頭	5頭
除雪者	寒季		4頭
料理人	暖季、寒季		4頭
雑工	暖季、寒季		3頭
夜間警備者	暖季、寒季		3頭
放牧者（羊）	暖季、寒季	500頭前後	2頭
放牧者（羊）	暖季、寒季	1,000頭前後	3頭
放牧者（羊）	暖季、寒季	1,500頭前後	4頭
放牧者（羊）	暖季、寒季	2,000頭前後	5頭
放牧者（馬）	暖季	250匹前後	3頭
夜間警備者（馬群）	寒季	250匹前後	4頭
夜間警備者（馬群）	暖季	250匹前後	3頭

出所：前掲『呼倫貝爾盟牧区民主改革』246頁。

　この制度は、牧畜業労働者の賃金を向上させたことにより、牧民に擁護され、かれらの労働への積極性を発揮させた。その後の統計によれば、牧畜地域の労働力の15％を占める900人の牧民は家畜主に雇用され、数年のちに貧困から脱出し、生活が改善された。そのなかで、貧困牧民から非富裕牧民へ、富裕牧民ないし一部の者は家畜主レベルへと達した[69]。同時に、牧畜業生産が発展したことにより、家畜主（牧場主）の得られる利益も上がり、かれらにも擁護された。各基層行政単位であるバグ（巴嘎)[70]には労資を管理する専門機関としての労資管理委員会（「工資管理委員会」）が設置された。
　民主改革以前、フルンボイル盟牧畜地域には旧スルク制度があった。すな

69　前掲『呼倫貝爾盟牧区民主改革』16頁。
70　バグは、モンゴル語の bag の音訳であり、漢語による音訳では「巴嘎」と表記される。内モンゴルの旧行政単位であり、のちの生産大隊と同等である。

わち、牧場主と寺院は、家畜の放牧を牧民に任せ、牧民は報酬として羊毛あるいは牛乳しか得られない。民主改革が始まった1948年に自由放牧政策が実施され、牧場主の放牧地所有に対する特権が廃止され、バグごとに放牧を分配し、組織的な放牧がおこなわれるようになった。さらに、1952年旧スルク制度が廃止され、新スルク制度が実施された。

　新スルク制度に規定された内容は次の通りである。①2,000頭以上の家畜を所有する家畜主は、新スルクによって放牧者を扱う。労働力があるのに家畜を所有していない者また所有する家畜が少ない者は、新スルクで放牧することを受け入れる。また、互助組織の形で新スルクを受け入れることを奨励する。②スルクの家畜数は、一般的に羊は200〜3,000頭、牛・馬は100〜150頭を単位にする。③契約期間は、2〜3年である。③利益分配の基準は、放牧する牧民は4割、家畜主は6割である。

　この新スルク制度のもとで、家畜を牧民に扱わせる牧場主は86戸であり、スルクを請け負う牧民は303戸であった。スルクの家畜は合計7万80頭であり、牧畜地域の家畜の4.8％を占め、牧場主が所有する家畜中の15.35％を占める[71]。

　牧畜地域労働者賃金条例と新スルク制度を実施するとともに、党と政府は貧困牧民を支援して生産を発展させ、生活を改善させるために様々な措置がとられた。第一に、牧民を組織して井戸を掘り、家畜の疫病の防止と治療などの生産建設の活動がおこなわれた。同時に、牧民を組織して定住遊牧するように提唱し、牧民の居住状況は大きく改善された。第二に、牧民を組織して副産業に従事させ、収入を増加させ、生活を改善させた。第三に、軽税政策を実施し、所有する家畜が少ない貧困牧民に対し免税し、富裕牧民に対しても適切に免税し、牧畜業生産を発展させることを奨励した。第四に、貧困戸に対し羊や資金を貸し出した。例えば、1950年、陳バルガ旗は6,000頭の羊（雌）を貸し出し、5年間の利息は10％であった。すなわち、政府が100頭の羊を牧民に貸し出した場合、牧民は5年後に政府に150頭の羊を返却し、残りのすべては牧民所有になる。また、翌年フルンボイル盟政府は5億元の資金を牧民に貸し出し、返還期間は3年であり、年間利息は1.8％であった[72]。

71　前掲『呼倫貝爾盟牧区民主改革』16頁。
72　同上、17頁。

4-2-3　牧場主経営に対する平和的改造

　民主改革がおこなわれる以前、牧場主は牧畜地域の主要統治者であり搾取者であった。このため民主改革の重点的改造の対象となった。民主改革当時、フルンボイル盟牧畜地域 4 旗において、500 頭以上の家畜を所有し、 2 人以上の牧民を雇用する牧場主と富裕牧民は 221 戸であり、地域の牧民総戸数の 3.2 ％しか占めなかった。しかし、これら牧場主の所有する家畜は 45 万6,488 頭であり、地域家畜総数の 31.2 ％を占めた。そのうち、2,000 頭以上の牧場主は 27 戸であった[73]。

　上記のフルンボイル盟牧畜地域 4 旗の実状に応じて、また牧畜業の民族的特徴、生産的特徴などの特殊性を考慮し、党と政府による牧場主に対する団結、改造の政策がとられた。すなわち、フルンボイル盟牧畜地域における民主改造においては、牧場主に対し農業とは異なるやり方により、慎重かつ着実な民主改革の「家畜分配をせず、階級区分をせず、階級闘争をせず」政策が実施された。この政策の目的は、牧畜経済を発展させたうえで、牧場主に対する平和的改造をおこない、牧場主を自己の労働に依拠する労働者に変更させることにあったと考えられる。

　これらの牧場主経営に対し、「家畜分配をせず、階級区分をせず、階級闘争をせず」政策を実施した結果、牧場主の思想と生産はともに安定した。例えば、1948 年民主改革がおこなわれた時、新バルガ左旗アムグランボリガ・ソムの大牧場主ビリグの家畜は 3,500 頭であったが、民主改革が終了する 1956 年までに 8,467 頭に増加した[74]。

　その一方では、牧畜地域における民主改革が推進されるにつれて、牧畜業生産協同組合の建設も発展し加速した。牧民が積極的に牧畜業生産協同組合に参加し、集団力に依拠し生産を発展させ、生活を改善させることができた。そのため、牧場主は良い労働者を雇うことが難しくなり、生産を発展させるのも困難になった。したがって、牧場主も積極的に牧畜業生産協同組合に参加するようになった。また、一部の牧場主は、政府と共同経営する国営牧場を建設する提議もおこなったのである。

　党と政府は、調査研究をおこない、さらに牧場主との座談会を開催して意

73　同上、17–18 頁。
74　同上。

見を求めたうえで、牧場主に対する平和的改造が進められた。平和的改革は、二段階にわたっておこなわれた。

　第一段階の1953〜55年の間においては、主に牧場主を動員し、牧畜業生産協同組合に参加させる和平的改造が推進された。具体的には、牧場主の家畜に値段を付けて、株基金として割り当てられ、定期固定利息を給付する方法がとられた。フルンボイル盟牧畜地域においては1955年までに194戸の中小牧場主が牧畜業生産協同組合に参加した。

　第二段階の1956年においては、大牧場主に対する改造をおこない、社会主義経済建設の軌道に乗せることを進めた。その一つの方法は、公私共同経営牧場を建設することである。1956年5月、新バルガ左旗にフルンボイル盟における最初の試験的な公私共同経営牧場である五一公私共同経営牧場が設立された。私方の代表は、新バルガ左旗アムグランボリガ・ソムの大牧場主ビリガである。この試験的公私共同経営牧場は成功し、内モンゴル党委に評価された。成功した五一公私共同経営牧場の示範的作用のもとで、1957年までにフルンボイル盟牧畜地域4旗に14の公私共同経営牧場が設立された。さらに1959年までに20の公私共同経営牧場が設立された。公私共同経営牧場にうつされた家畜数は計20万頭であった。また、27人の牧場主は公私共同経営牧場の牧場長、副牧場長を担当することにもなった[75]。

4-2-4　宗教上層およびチベット仏教に対する改造

　民主改革が始まったあと、党と政府はチベット仏教の民族性、大衆性と長期性などの特徴をかんがみて、とくに上層ラマに対する「団結、改造」の政策がとられた。

　具体的には、まず、党と人民政府は、宗教信仰の自由、正常な宗教活動の許可などの宗教政策を公布、宣伝した。この宗教政策は、牧民大衆とラマに擁護された。次に、宗教上層の特権、寺院の中での階級制度、各種の懲罰制度などが廃止された。続いて、中国共産党フルンボイル盟委員会は、1950〜53年の間に三回にわたるラマ座談会を開き、ラマに対する党の宗教方針と宗教政策、愛国主義、社会主義教育をおこなった。1953年にフルンボイル

75　同上。

盟第一次ラマ代表大会が開催され、フルンボイル盟『ラマ愛国公約』7 条が採択された。同時に、新バルガ左旗と新バルガ右旗にラマ学校が設立され、青年ラマに対する文化知識、時事政治の学習がおこなわれるようになった。

　上述の宗教方針や政策が実施された結果、ラマが教育され、思想認識も変化し、数多くの青年ラマは志願して俗人になり、普通の公民の身分で改革運動や建設活動に参加するようになった。ラマの人数も大幅に減少した。実例を挙げれば、民主改革以前、ソロン旗には1,000人のラマがいたが、1956年には117人まで減少した。また、農業地域における土地改革の影響により、一部の地域では寺院の財産を没収し、ラマを強制的に俗人に還俗させる事態が生じたこともあった。

　1956年から党の宗教活動の重点は社会主義的改造におかれるようになった。まず、ラマを組織して学習させて、社会主義的思想、認識を向上させた。次に、そのうえで、ラマ制度に対する改革が進められ、主に牧畜業生産に不利な廟会と宗教信仰自由政策に適さない宗教規定などに対する改革が重点的におこなわれた。具体的には、①定期的廟会は、一年間に30日以内にすることと、牧畜業生産の繁忙期には廟会を開催しないこと、②廟会の規模を縮小し、費用を節約すること、③寺院のラマは、俗人になり結婚したラマを蔑視してはいけないこと、④修行と生産を結合し、牧民の経済的負担を減らすこと、などが規定された[76]。

　1958年の「総路線」「大躍進」「人民公社化」のいわゆる「三面紅旗」のもとでは、内モンゴル党委による寺院経営経済と上層ラマに対するさらなる社会主義的改造がおこなわれた。その内容は次のようにまとめることができる。①ラマを組織して、家畜持参で牧畜業人民公社に加入させ、また大きな寺院には独立したラマ生産隊を設立させて牧畜業人民公社の統一の指導のもとにおくこと。②数多くの家畜を所有する上層ラマに対し、公私共同経営牧場に参加させ、牧場主と同視すること。③寺院の家畜と財産に値段を付けて牧畜業人民公社に入社させ、定期固定利息を給付すること。④寺院に適切な数の自留家畜の所有を許可すること[77]。

　ラマに対するこれらの方針、政策を実施した結果、牧畜地域の1,600人の

76　同上、20頁。
77　同上。

ラマは牧畜業人民公社に参加し、人民公社に移した家畜は12万頭に達した。また、2人の上層ラマは公私共同経営牧場に参加した[78]。

4-2-5　牧畜業生産互助組、協同組合の建設と供給販売会社の設立

　まず、牧畜業生産互助組[79]の建設をみていこう。牧畜地域における民主改革は、牧場主と封建上層の特権を廃止し、「家畜分配をせず、階級区分をせず、階級闘争をせず、家畜主と牧畜労働者の両方の利益になる」政策を実施したことにより、牧民は政治的、経済的な面で保護され、支持されて、生産への意欲も高まった。しかし、牧畜地域の人口が少なく、生産力が低く、労働力や生産用具の不足などの原因により、個人経営の生産において多くの困難に当った。したがって、当時、牧民を組織して困難を乗り越えさせて、牧畜業生産を発展させることは、差し迫っていた。このような状況のもとで、フルンボイル盟党と政府は、中央の「組織して生産を発展させる」「農業生産互助組化・協同組合化に関する決議」という方針にしたがって、大いに互助組化・協同組合化の利点を宣伝し、牧民を組織して互助組、協同組合に参加させることを推進した。

　上述のような背景のもとで、1950年、陳バルガ旗フフノール・ソムの牧民フフルタイは、フルンボイル盟牧畜地域における最初の牧畜業生産互助組——フフルタイ互助組を組織した。当該牧畜業生産互助組には4戸の牧民が参加し、40頭の家畜を所有した。翌年、フフルタイ互助組は、牧畜業生産季節的生産互助組（一定の季節性をもつ組織である）から牧畜業生産通年的互助組（一定の分業と生産計画をもつ通年組織である）に変更された。その後、「積極的に指導し、穏歩的に前進する」という方針のもとで、数多くの互助組が組織された。1953年、フルンボイル盟牧畜地域4旗において861の牧畜業生産互助組が組織され、牧民戸数の73.2％を占める4,813戸の牧民は牧畜業生産互助組に参加した[80]。

　1953年、牧畜地域の特徴に適した「労働牧民に依拠し、団結できる一切

78　同上、20-21頁。
79　本書では、漢語の「互助組」はそのまま「互助組」とし、「合作社」は「協同組合」と表記する。
80　同上、21頁。

の力を結集し、生産を安定させたうえで、漸次に牧畜業の社会主義的改造を実現させる」という戦略方針が内モンゴル党委により提起された。さらに、内モンゴル党委から各級の党委に対し、互助組化・協同組合化に対する指導を強化し、互助組化・協同組合化の典型的モデルケースを育成するように要求した。そのため、同年、フルンボイル盟党委政策研究室の恩和などの幹部をフフルタイ互助組に派遣した。派遣された幹部らは、フフルタイ互助組に長期的「蹲点」（指導幹部が比較的長期間、基層部に留まって活動すること）し全面的な指導をおこなった。1954年にさらなる整備がおこなわれたうえ、フフルタイ互助組は牧畜業生産初級協同組合（初級協同組合とは、生産手段の私有、分配を出資と労働に応じておこなう組織である）に転換された。フフルタイ協同組合の示範的影響のもとで、1955年までにフルンボイル盟牧畜地域4旗に99の牧畜業生産協同組合が組織され、牧民戸数の35.6％を占める2,570戸の牧民が牧畜業生産協同組合に参加した[81]。

　1956年、全国的な農業生産協同組合化の高まりの訪れを背景に、フルンボイル盟牧畜地域において牧畜業生産高級協同組合（高級協同組合とは、生産手段は集団所有、分配は労働に応じておこない、若干の家畜は私的に所有される組織である）が試験的に組織されるようになった。同年7月にフフルタイ牧畜業生産初級協同組合は、牧畜業生産高級協同組合に転換された。フフルタイ牧畜業生産協同組合は、牧畜地域4旗だけではなく、フルンボイル盟および自治区全体の牧畜地域における協同組合化のモデルケースともなった。

　次に、供給販売会社の設立について概観してみる。すでに述べてきた、牧民が日常生活において「旅蒙商」に搾取されていたことを背景に、牧畜地域における民主改革において党と人民政府は、主に牧民に出資させ株主になるかたちで供給販売会社（供銷合作社）を設立させることを決定した。この決定は、各方面の指示と協力を得られ、供給販売会社を設立することが進められた。1949年、ソロン旗に最初の供給販売会社——烏蘭哈日根供給販売会社が設立された。その投資者は472人の牧民であり、投資額は214.21元であった。翌年、陳バルガ旗には投資額1,300元の供給販売会社が設立された。

81　同上、20–22頁。

同年、新バルガ左旗、新バルガ右旗にも供給販売会社の機構が設立された。牧民の生産、生活のために供給販売会社を建設する事業は、牧民からの支持、協力を得られ、発展していった。統計によれば、1954年陳バルガ旗の供給販売会社への投資者は4,750人の牧民からなり、その投資額は4.5万元余りになった。1955年に新バルガ右旗の供給販売会社に5つの支社が設立され、投資者は6,070人になり、投資額も1950年の26倍にまで増えた。同年、ソロン旗の供給販売会社の投資者は4,000人余りになり、投資額は1万元余りになった[82]。

　牧畜地域に設立された供給販売会社は、牧民に大量の生産、生活用品を供給するとともに、牧民の畜産品売り出しの要求をも満たした。統計によれば、ソロン旗の供給販売会社の貿易額は、1951年には9.5万元余りになり、さらに翌年の貿易額は34万元に達した。また、新バルガ右旗の供給販売会社の1954年の貿易額は、旗全体の貿易額の90％以上を占めた[83]。要するに、供給販売会社は、牧畜地域の商業の主体となり、重要な役割を果たしていた。

4-2-6　文化教育、衛生事業の建設

　歴史的要因により、フルンボイル盟牧畜地域の文化教育、衛生事業の発展が遅れて、牧民の文化教育を受ける条件は揃っておらず、衛生環境も改善されていなかった。民主改革運動が推進されるとともに、牧民は文化教育を受けられるようになり、衛生環境も改善されるようになった。

　まず、文化教育をみれば、1950年、内モンゴル東部地域党委より「冬学運動実施法」が公布された。フルンボイル盟党委は、牧畜地域の特徴を鑑みて「冬学運動実施法」を実施する際に、冬学習運動を通年学習運動に変更し、モンゴル語学習運動の高まりが訪れた。この運動は具体的には、バグを単位に牧民を組織し、牧民からの出資によって大きなゲルを建てて学習専用室にした。そのうえで、夜間学校と牧民学校をつくり、旗またはソムから派遣された教員が教師をつとめる。これらの学校で319の学習室が設置され、

82　同上、23頁。
83　同上、23頁。

4,150人が学習に参加した[84]。

　モンゴル語学習運動が推進されることと同時に、数多くの小中学校がつくられた。民主改革運動以前、フルンボイル盟牧畜地域の小学校は10校であり、教員39人、生徒435人であった。1953年に小学校は20校、教員は101人、生徒は2,090人になった。また、1951年ハイラル第一中学校（中学校と高校を含む）がつくられた。これは、ハイラル市で最初のモンゴル語で授業をおこなった中学校である。さらに、1956年までに各ソムにも小学校がつくられた。すなわち、ソムに小学校、旗に中学校、盟に高校といった系列の教育系統が出来上がった。

　次に、衛生保健事業についてみてみよう。民主改革以前、フルンボイル盟牧畜地域には衛生保健機構は存在しなかった。そのうえ、衛生条件改善が遅れ、医薬品が少ないなどの要因により、疫病の治療はできず、牧民の心身の健康に大きな影響をもたらしていた。とくに性病（梅毒）によりもたされた危害は極めて大きかった。牧畜地域の生産労働だけではなく、地域人口の増加にも非常に悪影響を与えていた。実例を挙げれば、性病が主な原因で陳バルガ旗の人口は、7,900人（1930年）から4,072人（1950年）にまで減った。同じく、新バルガ左旗の人口は、1万386人（1933年）から7,570人（1950年）にまで減少した[85]。

　民主改革が始まった1948年にフルンボイル盟牧畜地域4旗に診療所が建設され、医療人員が派遣され、牧民のための医療活動が始まった。1952年に診療所は衛生院（病院）に改められ、医療人員も増加され、規模も拡大した。それとともに、1950年より婦女保健人員育成事業が進められ、1952年までに200人の医療人員が育成された。そうしたうえで、1954年に各旗に婦女保健所が建設された。その一方で伝統的モンゴル医学も重視されるようになり、1948年に新バルガ左旗と新バルガ右旗においてモンゴル医学診療所が建設された。

　1950年より政府指導のもとでの組織的な性病の防止、治療活動が進められた。第一に、盟に巴図巴根（フルンボイル盟党委宣伝部長）を主任委員とする「駆梅委員会」が設置された。さらに、各旗にも同様の機構が設置され

84　同上、24頁。
85　同上、25頁。

た。第二に、59人の医療人員により構成される試験的医療工作隊は、1950年2月4日から陳バルガ旗フフノール・ソムにおける試験的医療活動をおこなった。この活動は、次のような三段階に分けることができる。①宣伝、発動の段階。すなわち、医療工作隊員と盟、旗の幹部により構成された宣伝隊は、各バグにおいて性病の原因及び危険、防止と治療の方法、知識などを宣伝した。②普遍的検査と中間的治療の段階。性病患者の病状を把握するために牧民全体を対象にした血液検査がおこなわれた。そのうえで、120日間の集中的治療が進められ、380人の患者が治療を受けた。③再検査の段階。医療隊による患者に対する再検査がおこなわれ、その後の注意事項と防止方法に関する意見を提起した。

　上述のような試験的医療活動で得られた経験が活かされ、牧畜地域4旗における全面的な性病防止、治療の活動が進められた。1955年までに普遍的な性病治療がおこなわれ、性病の蔓延は基本的に抑えられた。性病患者率は、1950年の40.85％から1955年の9.25％にまで下がった。性病患者の健康と生育力の回復につれて、牧畜地域の人口も増加しつつあった。牧畜地域4旗の人口は、1949年の2万6,237人から1954年の3万2,117人まで増加した。人口の自然増加率も上昇した。新バルガ旗ボラグ・ソム（宝力高蘇木）を実例にすれば、1949年の人口の自然増加率は0％であったが、1956年の人口の自然増加率は26.1％に達した[86]。

5　フルンボイル盟牧畜地域4旗における民主改革の結果

　第一に、階級関係の根本的変化。民主改革において、党と政府は牧畜業の民族的特徴、生産的特徴などの特殊性を考慮し、牧場主に対する団結、改造の政策がとられた。封建特権を廃除する前提で、牧場主、民族上層、宗教上層に対する平和的改造がおこなわれたことにより、労働牧民は政治、経済などの面における権益が確保された。

　第二に、経済的基礎の根本的変化。牧畜業は牧民の生存の主要な経済的基礎である。民主改革運動において、労働牧民に依拠し、団結できる一切の力

86　同上、26頁。

を集結し、牧畜業生産を発展させ、人民の生活を改善させるといった党の方針が貫徹された。個人経営牧畜業経済に対する社会主義的改造がおこなわれ、牧民を組織して牧畜業生産互助組に参加させたうえで、牧畜業生産協同組合を組織した。これらによって、個人的、分散的な牧畜業経済を集団所有経済に変え、「労働に応じて分配をおこなう」原則が実施された。牧場主経営に対する平和的改造の方法がとられ、牧場主経営を国営または集団所有経済に変えた。

　経済基礎の変革は、牧民の牧畜業生産に従事する積極性を発揮させ、牧畜業生産は大きく発展した。フルンボイル盟牧畜地域4旗の家畜数からみれば、1947年の70万6,605頭から1956年の141万978頭にまで増加した[87]。

　第三に、文化衛生事業の発展。民主改革以前、フルンボイル盟牧畜地域の文化教育、衛生状況は非常に遅れて、各種の疫病が蔓延し、人口も減少しつつあった。このような状況に対し、党と政府はモンゴル語学習運動を推進し、教育事業に大きな力を入れ、牧民は「非識字」から脱出した。学校教育も普及し、向上した。学生数は、民主改革以前より5.7倍に増え、2,489人になった。衛生機構が数多く設立され、性病防止、治療の活動も展開され、1956年までに各種の伝染病は基本的に根治された。牧畜地域の人口は増加しつつあった。牧畜地域4旗の総人口は、1948年の2万6,225人から1956年には3万6,897人になり、1万672人増加した[88]。

　第四に、民族工業・商業の発展。民主改革以前、フルンボイル盟牧畜地域には民族工業、民族商業はなかった。民主改革ののち、牧畜業生産の発展につれて、畜産品を原料にした民族工業が建設され、振興産業になって発展していった。例えば、陳バルガ旗フフノール・ソム乳製品工場、毛皮加工工場、被布工場、化工工場などが建設され、労働者は232人であった[89]。フルンボイル盟牧畜地域4旗の工業生産総額は1952年の74万元から1956年の96万元まで増加した。商業面においては、旗、ソムには供給販売会社が設立され、牧畜地域4旗における商品売上額は、1953年に164.4万元であったが、

87　同上、27頁。
88　同上、28頁。
89　同上、35頁。

1956年には463.4万元に達した[90]。

　第五に、牧民の生活は改善された。牧畜業生産の発展につれて、牧畜地域の各階層の人民の生活、とくに貧困牧民の生活の改善は明らかであった。新バルガ右旗における調査によれば、1948〜1955年の間、100頭以下の家畜を所有する牧民は、786戸（総戸数の62.8％を占める）から536戸（同40.3％を占める）まで減少した。その一方では、100〜1,000頭の家畜を所有する牧民は405戸（同32.35％を占める）から669戸（同50.4％を占める）まで増加、1,000〜3,000頭の家畜を所有する牧民は52戸（同4.2％を占める）から115戸（同8.6％を占める）まで増加、3,000頭以上の家畜を所有する牧民は2戸（同0.15％を占める）から8戸（同0.59％を占める）に増加した[91]。所有する家畜頭数増加は、牧民の生活が改善、向上されたことを示す最も重要なものである。そのほか、商品貿易額も牧民の生活のレベルをはかる一側面である。ナダム大会における商品貿易額を例にすれば、1948年の牧畜地域4旗のナダム大会での商品貿易額は70万元しかなかったが、1948年の同商品貿易額は120万元になった[92]。

小結

　まず、内モンゴルの牧畜地域における民主改革の背景において、放牧地の開墾や農地化、漢人の入植と蒙漢雑居状況の形成、地域の産業形態の変化と牧畜業から農業へのモンゴル人の転業、階級状況と搾取形式、地域の主要矛盾、民主改革の目的などの面では、以下のような特徴があった。

　(1)近代以降、1940年代末までの内モンゴル地域は多くの領域にわたって大きく変容してきた。すなわち、清朝時期、中華民国時期の内モンゴル地域社会おいては、漢人の入植により、放牧地の開墾や農地化が進められ、「旗県並存、蒙漢分割」の蒙漢雑居の状態が形成された。また、内モンゴル地域に広範な農業地域が形成され、牧畜地域のみから成っていた内モンゴルに農業地域、半農半牧地域、牧畜地域が並存するようになった。さらに、そのプ

90　同上、28頁。
91　同上、28–29頁。
92　同上、29頁。

ロセスにおいて数多くのモンゴル人は、伝統的な牧畜業から農業へと転業を余儀なくされた。

　(2)内モンゴル地域社会では、農業は優勢産業であり、農民人口は圧倒的多数を占めていたこと、モンゴル人の農業経営の歴史は短いこと、牧畜業経済は封建所有制であったことなどの特徴をもつ。社会制度的には、封建主君である王公、貴族、ラマ（僧侶）らは、政治、経済上において封建的特権をもっていた。

　(3)内モンゴルの牧畜地域においては、雇用サーリチン、スルク制度、雇用放牧者などの搾取制度があった。その一方では、牧民の貧困の社会的根源は、牧場主の搾取ではなく、王公、宗教上層、旅蒙商の搾取にあった。

　(4)牧場主と労働牧民の間の雇用関係は、資本主義的性格を持つとともに一定の封建性搾取の性格ももっていた。民主改革の目的は、封建性と封建的搾取に反対することであり、資本主義的搾取に反対することではなかった。

　次に、牧畜地域における民主改革初期において、農業地域の土地改革の方法をそのまま牧畜地域に移した結果、牧畜地域の牧畜業生産に大きな損失がもたらされた。このような背景の下で内モンゴルの牧畜地域の経済的特徴と地域的特徴が考慮された牧畜業の民主改革の「三不両利」政策が打ち出された。

　最後に、牧畜地域における民主改革は、次のような結果があった。

　(1)旧王公制度が廃止され、封建王公の特権が廃止され、新政権が樹立された。新しい旗、ソム両級政権が樹立されたことと、党組織の設立とその拡大は、民主運動展開に有利な基礎を構築した。

　(2)盟牧畜地域4旗における民主改革では、「家畜分配をせず、階級区分をせず、階級闘争をせず、家畜主と牧畜労働者の両方の利益になる」といった平和的な改革政策が実施された。この政策は、牧畜地域の社会構造と牧畜業生産の特殊状況および牧場主経営の特殊性を考慮した、当該地域の実状に合致した政策であったと考えられる。この政策の具体策として、「牧区牧工工条例」が制定、実施され、新「スルク」制度が執行された。また、牧場主経営に対し平和的方法がとられ、牧畜業生産協同組合、公私共同経営牧場に参加させた。さらに、宗教上層およびラマ教にも「団結、改造」の措置がとられた。

(3)牧民およびそのほかの階層を動員して、牧畜業生産協同組合に参加させた。また、牧民および牧場主の出資による供給販売会社を設立させた。さらに、文化教育において「冬学運動実施法」を実施するとともに、数多くの小中学校をつくった。衛生保健事業においては、性病治療活動を大いにおこなった。

(4)上述のような民主改革の結果、第一に、階級関係の根本的変化が生じた。封建特権が廃除され、労働牧民の政治、経済などの面における権益が確保された。第二に、経済的基礎の根本的変化が生じた。個人経営、牧場主経営を国営または集団所有経済に変えた。そのため、牧畜業生産従事者の積極性を発揮させ、牧畜業生産は大きく発展した。第三に、文化衛生事業、民族工業・商業は大きく発展した。最終的には、牧畜業生産の発展につれて、牧畜地域の各階層の人民の生活、とくに貧困牧民の生活は明らかに改善された。とくに、1950年代初期は、フルンボイル盟牧畜業生産の「黄金時代」とも呼ばれるようになったのである。

第 2 章

牧畜地域における集団化

1　牧畜地域における社会主義的改造の背景

　中国は、1953年から社会主義の建設に向けて新たなステップを踏み出し、各領域における制度面での社会主義的改造農業が始まった。農業における社会主義的改造が1956年にほぼ完了したのに対し、牧畜業におけるそれがチベットを除く牧畜地域で基本的に完成したのは1958年末のことであった。このときの社会主義的改造によって組織された農業、牧畜業の互助組、協同組合[1]は、のちに二十余年も続いた人民公社の前提と基礎になった。

　本章の目的は、内モンゴルの牧畜業における社会主義的改造の実態を究明し、次に挙げる諸問題に対する回答を導き出すことにある。まず、内モンゴルの牧畜業における社会主義的改造には、どのような背景があったのか、どのような問題が生じたか、そして社会主義的改造は内モンゴル牧畜業生産になにをもたらしたのか、いいかえれば、社会主義的改造の結果、牧畜業生産は実際のところ、前進したのか後退したのか、そして、その背景や要因は何であったのか。次に、牧場主に対する社会主義的改造政策はどのように提起されたのか、その要因はなにか、社会主義的改造がおこなわれるまでの牧畜地域における階級状況の変化はどうだったのか、牧場主の基準はなにか、ど

1　互助組は農業集団化の初期段階において、「生産手段の私有のもとで、数戸あるいは十数戸の個人経営者がみずからの意志で、助け合う」という原則で共同作業をおこなうものであり、協同組合は、さらに初級協同組合、高級協同組合に分けられている。初級協同組合とは、生産手段を私有とし、分配は出資と労働に応じておこなう組織であり、高級協同組合とは、生産手段は集団所有、分配は労働に応じておこない、若干の家畜が私的に所有される組織である。

のような方法で牧場主に対する社会主義的改造がおこなわれたのか、さらに
そのプロセスはどうだったのかといった、諸問題である。

　内モンゴルの牧畜業における社会主義的改造は、少数民族地域のなかで最
も早く、1953年から始まった[2]。内モンゴルの牧畜業における社会主義的改造
の背景を以下のいくつかの点から考察することにする。

　まず、国際社会のなかでの社会主義陣営という視点からみれば、よく知ら
れているように、1953〜60年は世界の社会主義体制が強まり、国際関係に
おける社会主義諸国の役割と影響力がきわめて増大した時期であり、社会主
義国家の内部で各領域にわたる社会主義化が強力に進められた。その結果、
1958年にはポーランド以外の社会主義国家は集団化を終えている[3]。社会主義
陣営の一員としての中国において、社会主義化をひとつの内容とする社会主
義的改造が推進されたのは当然であったといえる。

　次に、中国全体の社会主義建設の進行状況と民族問題における中国共産党
の総任務はどうであったろうか。1949年の中華人民共和国成立から1952年
までの３年間は、国民経済復興の時期である。この期間に中国は全国的な
（新疆、チベット少数民族地域は除く）土地改革の完成、外国資本の特権廃
止、国民党政権と関係していた「官僚資本」の没収とその国有化とともに、
農業および工業の主要な生産をほぼ回復させることに成功し、国民経済の正
常な発展のための基礎をうちたてることができた[4]。国民経済回復期を終えた
1952年末、中国の国民経済は、国営経済、協同組合経済、農民・手工業者
の個人経営経済、国家資本主義経済、私的資本主義経済の５つの要素によっ
て構成されていた[5]。そのような段階において社会主義的改造を漸次実行し、
国家の社会主義工業化、農業・手工業・商工業などの集団化・国有化をはじ
め、社会主義的所有を実現することは、中国共産党の過渡期における基本総

2　例えば、青海、新疆の牧畜業における社会主義的改造がそれぞれ1955年と1956年から始まっ
　　た。
3　二木博史「農業の基本構造と改革」青木信治編『変革下のモンゴル国経済』アジア経済研究
　　所、1993年、116頁。
4　山内一男ほか『中国経済の転換』岩波書店、1989年、4–5頁。
5　同上。

路線、基本的任務[6]のもっとも重要な方針であった。それは同時に1953年からはじまる中国国民経済の第1次五ヵ年計画（1953〜57）[7]の基本的な任務と内容でもあった。

　また、社会主義農業協同組合化を早めなければならない理由があった。土地改革（1947〜52年）が中国全体でほぼ完了するとともに、農民の穀物販売量が急激に減少した。その一方で、工業化の進展により、都市人口が急激に増加し、それにつれて、都市の商品化食糧（穀物）の需要量が増大した。そして、穀物の供給量は政府の穀物掌握量を超え、政府の穀物備蓄量は減少するばかりだった。このような状況をのりこえるために、政府は1953年11月に義務供出制度を導入せざるをえなかった。しかし、この制度の導入後、1954年からは農村での食糧危機、1956年からは都市での食糧危機が発生した。党はこの食糧問題の原因を、農民が個人の利益だけを考える思想問題であるととらえた。農業集団化が推進されたのは、これらの一連の問題を解決するためだったということが指摘されている[8]。

　一方、過渡期における中国共産党の基本的任務を構成する一つとして、民族問題に関する基本的任務があった。その中心は、「統一された祖国、大家族中国」のなかで各民族平等の権利を保障し、漸次各民族の政治、経済と文化を発展させ、各民族間の事実上の不平等を消滅させ、遅れている民族を先

6　中国共産党の過渡期における基本路線、基本的任務の内容は次のようなものである。「中華人民共和国成立から社会主義的改造が基本的に達成されるまで、これは一つの過渡期である。この過渡期における党の基本路線、基本的任務は、10年から15年、あるいはさらにもっと長い期間に、国家の工業化と農業、手工業、資本主義商工業に対する社会主義的改造を基本的に完成することである」（中共中央文献研究室『関於建国以来的若干歴史問題的決議注釈本』人民出版社、1983年、216-217頁）。

7　第1次五ヵ年計画の概要は次のとおりである。「わが国の第1次五ヵ年計画の基本的任務は、過渡期における国家の基本任務にもとづいて提起されたものである。これを要約していうと、わが国がソ連の援助を受けて設計している156の建設項目を中心とし、投資基準額のワク外の694の建設項目からなる工業建設遂行に主力を注いで、わが国の社会主義工業化の端緒的な基礎をうちたてること、部分的な集団的所有制の農業合作社を発展させ、また、手工業生産合作社をも発展させ、農業と手工業に対する社会主義的改造の端緒的な基礎をうちたてること、資本主義商工業を大体においていろいろな形態の国家資本主義の軌道に移し、私営商工業に対する社会主義的改造の基礎をうちたてること、これである」（日本国際問題研究所中国部会編『新中国資料集成』第四巻、日本国際問題研究所、1970年、417頁）。

8　社会主義農業協同組合化を早めなければならなかった理由について、詳しくは小島麗逸『中国の経済と技術』勁草書房、1975年、45-51頁を参照。

進的な民族と同列に引き上げ、ともに社会主義へ移行することであった[9]。さらに、1954年9月第1期全国人民代表大会において制定された「中華人民共和国憲法」にも、各少数民族を社会主義へ移行させることが盛り込まれた。要するに、社会主義への移行という点では、少数民族地域と非少数民族地域はことならないとされたのである。

中華人民共和国の成立以前に内モンゴル自治政府（1947年）というかたちですでに中国の不可分の一部となっていた内モンゴルが、中国全体の改革の方針にしたがったのはいうまでもない。内モンゴルにおいては、「互助合作」を中心に農業・牧畜業生産を大いに発展させ、国家の社会主義工業化を支援し、国家の重点建設を支援することと、積極的かつ着実に農業・牧畜業の社会主義的改造を実現することが、自治区第1次五ヵ年計画のなかでの農業・牧畜業における基本任務であった[10]。また、当面の内モンゴル自治区の牧畜業生産の任務は、貧困牧民を助けること、牧場主経営（"牧主経済"）をふくむ牧畜業生産と副業生産の保護と発展、飼養管理方法の改善をおこなって、家畜の数を増やし、質を高めて、畜産物を増加させることであった[11]。これは、のちに述べる牧畜業の社会主義的改造をふくむ、牧畜地域のすべての政策の制定やあらゆる活動の基本的な出発点にもなるものとされた。

続いて、社会主義的改造に際しての内モンゴルの民族的、地域的、歴史的な特徴についてはすでに述べてきたが、次のようにまとめることができる。人口構造の変化からみれば、漢人人口が総人口の絶対多数を占めるようになった。産業形態の変遷からみると、単一の牧畜地域であった内モンゴルが、農業地域、半農半牧地域、牧畜地域が並存する地域に変化した。さらに、一連の社会変容のなかで、モンゴル人は伝統的な牧畜業から農業への転業を余儀なくされた[12]。

最後に、内モンゴルの牧畜業生産の経営状況を概観してみる。社会主義的

---

9 「貫徹民族政策、批判大漢族主義思想」『内蒙古日報』1953年10月10日。

10 烏蘭夫「十年来的内蒙古──為紀念内蒙古自治区成立十年而作」『内蒙古自治区成立十周年記念文集』内蒙古人民出版社、1957年、9頁。

11 「烏蘭夫主席号召進一歩建設自治区──慶祝"五一"暨内蒙古自治区成立六周年幹部大会上」内蒙古自治区人民政府弁公庁編『内蒙政報』1953年第5期、2頁；『内蒙古日報』1953年5月1日。

12 詳しくは、リンチン「内モンゴルの牧畜業の社会主義的改造の再検討」『アジア経済』第49巻第12号、2008年、6-8頁を参照。

改造がおこなわれる前の内モンゴルの牧畜業には、防災と家畜分娩のための互助組、共同放牧互助組、通年的互助組という原始的な 3 種類の互助組があった[13]。防災と家畜分娩のための互助組は牧畜地域に数おおく存在し、一定の季節性をもつ組織であり、共同放牧互助組は所有する家畜数の少ない牧民の組織であり、牧畜地域と半農半牧地域にひろくみられた。一定の分業と生産計画をもつ通年的互助組は比較的高いレベルの互助組で、ある意味では生産協同組合の性格をもつが、数的には少なかった。これらのいずれも、牧民の間で自主的に組織されたものである。

　一方、社会主義的改造がおこなわれる以前、内モンゴル牧畜業の経営形態は、個人牧民経営、牧場主経営と寺院経営であった。ここで、内モンゴルの牧畜業における社会主義的改造のもっとも重要な内容は個人牧畜経営に対する互助組化・協同組合化を実施することであったとおもわれる。なぜならば、当時、内モンゴルの牧畜地域の人口の90％以上を占める労働牧民（そのうち、約 6 ％は最貧困戸、20〜30％は貧困戸）が、牧畜地域の家畜総数の80％以上の家畜を所有していたからである[14]。このような家畜の所有状況は、同じ牧畜地域である新疆の家畜の所有とは対照的であった。同時期の新疆の牧畜業経済のなかで、牧場主経営が当該地域の家畜総数に占める割合が80％であったのに対し、個人牧民経営の占める割合は20％であった[15]。

　そのほか、内モンゴルでは人口の 1 ％を占める牧場主が全体の約10％の家畜を所有していた。この人口のわずか 1 ％の牧場主が牧民大衆のなかで持つ影響力は大きかった。また、宗教的複雑性を有する寺院経営の存在が、内モンゴルの牧畜業経済の多様性、特殊性を示していたと考えられる。

13　「内蒙古自治区恢復、発展畜牧業的成績及経験」内蒙古自治区人民政府弁公庁編『内蒙政報』1953年第 1 期、3–8頁。
14　「在過渡時期党的総路線総任務的照耀下為進一歩発展牧区経済改善人民生活而努力——烏蘭夫同志在第一次牧区工作会議上講話」（1953年12月28日）内蒙古党委政策研究室・内蒙古自治区農業委員会編印『内蒙古畜牧業文献資料選編』第二巻（上冊）、1987年、115–116頁。
15　祁若雄「新疆畜牧業的社会主義的改造」中共内蒙古自治区委員会党史研究室編『中国共産党与少数民族地区的民主改革和社会主義改造』下冊、中共党史出版社、2001年、544–555頁。

2　個人牧民経営に対する社会主義的改造

2–1　社会主義的改造の方針、政策

　中共中央は『農業生産の互助・協同化に関する決議（草案）』（1951年12月15日）で、農業労働互助協同化の性格、形式、原則と発展方針を規定した[16]。その後、この決議は一年余りの試行を経て部分的に改正され、公文書として1953年2月25日に全国に配布された。さらに、同年12月16日の「中共中央農業生産協同組合の発展に関する決議」で、農業における社会主義的改造は、互助協同組合→初級協同組合→高級協同組合という道のりであると規定された。農業における社会主義的改造はこのように開始され、当初の進展ぶりは穏やかなものであった[17]。

　しかし、1955年7月31日に開催された中国共産党の全国各省・市・自治区党委員会書記会議で毛沢東がおこなった「農業協同組合化の問題について」という報告以来、長期的・漸進的な「過渡期の総路線」は急進的な方針へ変更され、全国的な農業協同化運動が高まった[18]。

　モンゴル人民共和国（現在のモンゴル国）の場合、最初に社会主義化されたのは商業、金融部門であったが[19]、内モンゴル地域の社会主義的改造の場合は、すでに述べた人口構造、産業形態、地域類型の変化などが要因となって農業から着手され、しかも中国のほかの非漢人地域とほぼ同じテンポで推進された。

　内モンゴル自治区における農業協同化は具体的には以下のような3つの段階で進行した。①土地改革開始から1952年までは、各種の互助組合を積極的に組織し、初級協同組合（生産手段は私有〈牧畜業の場合、家畜の私有〉のままにし、分配は出資と労働に応じておこなう）を試験的に組織した。②1953年から1955年までは初級協同組合を組織、発展させた。③1955年から1956年までは引きつづき積極的に初級協同組合を組織し、高級協同組合（生

16　中共中央党校党史教研室選編『中共党史参考資料』（七）、北京人民出版社、1979年、141–151頁。

17　同上書、11–27頁。

18　中島嶺雄『現代中国論──イデオロギーと政治の内的考察』青木書店、1964年、146–161頁。

19　1921年独立以前のモンゴル国においては、商業・金融のすべてが漢人の商業・高利貸資本の手に握られていたので、かれらの勢力を一掃することになった。

産手段を集団所有し、分配は労働に応じておこなう。ただし、若干の家庭用菜園は「自留地」として私的に保有される）を試験的に組織し、協同組合化運動が高揚すると、初級協同組合を高級協同組合に転化させた。

　内モンゴルにおいては農業の協同組合化が進むにつれて、牧畜業での社会主義的改造も日程にのぼってきた。内モンゴルの牧畜業における社会主義的改造の方針、政策、方法が提起され、討論されたのは、中共中央内モンゴル・綏遠分局第1次牧畜地域工作会議（1953年12月7〜30日）においてであった。その討論のなかで、過渡期の総路線、総任務の「一化三改」（「一化」とは、国家の社会主義工業化、「三改」とは、農業・手工業・商工業の社会主義的改造を指す）に対し、内モンゴルの牧畜業に関して以下のような意見が出された。

①「一化四改」（ひとつの工業化と四つの社会主義的改造）。過渡期の総路線で示された農業・手工業・資本主義商工業の社会主義的改造という内容には牧畜業は含まれていないので、牧畜業の社会主義的改造を加えて「一化四改」とするべきとだという考え方にもとづく意見。

②「先改後化」（先に社会主義的改造をおこなって、後に工業化すること）。先に改造をおこなってからこそ生産資金を累積することができ、ひいては工業化ができるので、先に社会主義的改造をおこなって、次に工業化を進行させるべきだという主張。

③「一改一善」（社会主義的改造をおこなうとともに生産技術を改善すること）。遅れている牧畜地域においては社会主義的改造だけでは足りないので、そのうえにさらに生産技術の改善をおこなうという見解である[20]。

　これらの意見は、民族地域における牧畜業生産の特殊性を強調する立場の者の見解をあらわしたものだといえる。しかし、当時は、地方を中国全体から切り離す偏った見方として位置づけられ、地方主義、分散主義のもとにな

20　「在過渡時期党的総路線総任務的照耀下為進一歩発展牧区経済改善人民生活而努力——烏蘭夫同志在第一次牧区工作会議上講話」（1953年12月28日）前掲『内蒙古畜牧業文献資料選編』第二巻（上冊）、110頁。

ると批判された[21]。

　続いて、今回の会議では、牧畜業は後進的、分散的、個人的な経済カテゴリーに含まれるという共通性をもつので、農業と同じように社会主義的改造が必須だと判断された。さらに、牧畜業の民族的特徴、生産的特徴などの特殊性を考慮し牧畜経済を発展させたうえで、農業とは異なるやり方により、慎重かつ着実に協同組合化をおこなうべき、とされた[22]。こうして個人牧民経営と牧場主経営についての社会主義的改造の方針、政策が採択された。

　具体的には、個人牧民経営に対しては互助組化・協同組合化の方法で社会主義的改造をおこない、牧場主経営に対しては国家資本主義に似た方法で、牧場主の個人所有制を国家所有制に変えるという方針が提起された[23]。これらは、漢人地域の都市や農業地域と異なる内モンゴル牧畜地域の牧畜業の経済的特殊性と民族的特徴を考慮した、独特の政策であり、原則であったと考えられる。

2-2　社会主義的改造の方法、プロセスと特徴

　内モンゴルの牧畜地域における個人牧民経営に対する社会主義的改造は、1953～58年のあいだに進められた。時期的には第一段階（1953年12月～55年10月）、第二段階（1955年10月～1957年冬）、第三段階（1957年冬～58年8月）といった三段階に分けることができる[24]。

　個人牧民経営に対する社会主義的改造の進行過程は次のように要約することができる。第一段階においては、牧畜業互助組（臨時互助組、常年互助組という2つの形式）の組織化が中心的におこなわれると同時に、牧畜業の協同組合が試験的に組織された。その結果、1955年に牧畜業互助組の数は5,654になり、牧畜戸総数の39.82％がこれに参加した。また、20の牧畜業協同組合が組織され、これに編入された牧畜戸は牧畜戸総数の0.02％を占め

21　「在過渡時期党的総路線総任務的照耀下為進一歩発展牧区経済改善人民生活而努力──烏蘭夫同志在第一次牧区工作会議上講話」（1953年12月28日）前掲『内蒙古畜牧業文献資料選編』第二巻（上冊）、110–111頁。
22　同上、111頁。
23　「中共中央蒙綏分局関於第一次牧区工作会議向華北局、党中央的報告」（1954年1月26日）（1953年12月28日）前掲『内蒙古畜牧業文献資料選編』第二巻（上冊）、139–140頁。
24　王徳勝「論“穏、寛、長”原則──重温内蒙古畜牧業社会主義改造的経験」『内蒙古大学学報』1998年第5期、1–8頁。

た[25]。

　第二段階においては、牧畜業生産協同組合が多数、組織された。1957年12月に牧畜業協同組合数は632になり、協同組合に加入した戸数は2万877で、牧畜戸総数の24.8％を占めた。一方、牧畜業互助組数は3,114、参加戸数は4万8,666（牧畜戸総数の60％）に達した[26]。

　第三段階においては、牧畜生産協同組合の組織化が積極的におこなわれた。とくに、1958年には社会主義建設の総路線のもと、互助組の組織が停止され、もっぱら牧畜業生産協同組合の組織化が進められた。この時期は内モンゴルの牧畜業における社会主義的改造の高揚期と呼ばれている。この段階には、牧畜業生産協同組合数は2,292に激増し、これに加入した牧畜戸が牧畜戸総数の70.68％を占める一方、牧畜業互助組数は746に激減し、互助組参加戸は牧畜戸総数の14.13％になった[27]。同年7月の段階で牧畜業の協同組合または互助組に編入された牧民を合わせると、牧民戸総数の96.29％になり、個人牧民経営に対する社会主義的改造は基本的に完成したものとされた[28]。

　次に、牧場主経営に対する社会主義的改造のプロセスについて述べる。

　牧場主経営に対する社会主義的改造は個人牧民経営に対するそれより遅れて、1956年からはじまった。方針を明確化したのがこの年1月17日の「牧場主会議におけるフルンボイル盟委員会の報告要点に対する内モンゴル党委の指示」である。その内容は、牧場主経営に対し、①平和的改造をおこなう、②相当の長い時間をかけ、よりおだやかな方法で実行する、③おもに公私共同経営牧場を組織し、一定の条件の下では牧場主の牧畜業協同組合参加を許可する、といったものだった[29]。この方針にしたがって牧畜業生産協同組合化は、公私共同経営牧場の組織と、牧場主の協同組合への参加という形式でおこなわれた。

25　内蒙古自治区統計局『内蒙古自治区国民経済統計資料（1947〜1958）』（内部資料）、24頁。
26　「内蒙古自治区第一個五年計划畜牧業生産執行情況和今後工作打算——程海洲同志在全国畜牧業工作会議上的発言」（1957年12月20日）前掲『内蒙古畜牧業文献資料選編』第二巻（上冊）、379頁。
27　内蒙古自治区畜牧業庁修志編史委員会編『内蒙古畜牧業発展史』内蒙古人民出版社、2000年、114頁。
28　郝維民主編『内蒙古自治区史』内蒙古大学出版社、1991年、124頁。
29　前掲『内蒙古畜牧業文献資料選編』第二巻（上冊）、172–175頁。

この運動のハイライトとなったのは、1956年6月、内モンゴル党委の承認批准を経て、シリンゴル盟に4つの公私共同経営牧場、オラーンチャブ盟に3つの公私共同経営牧場が組織されたことだった。1957年12月、内モンゴル自治区全体で31戸の牧場主の参加する15の公私共同経営牧場が組織された。そのほか11戸の牧場主が協同組合に参加した。公私共同経営牧場や牧畜業協同組合に参加した牧場主戸の数は、牧場主戸総数の約5％となった[30]。さらに、1958年には、公私共同経営牧場の数は122となり、牧畜業協同組合に参加した牧場主以外のほとんどの牧場主が公私共同経営牧場に加わったことで、牧場主経営に対する社会主義的改造の完了とみなされた[31]。

　以上が、内モンゴルの牧畜業の社会主義的改造の概要である。要するに、内モンゴルの牧畜業における社会主義的改造は、互助組から協同組合へ、というかたちで展開されたのであり、この点で、農業における社会主義的改造と同様であったということができる。

　続いて、牧畜業生産協同組合を組織する過程をその実施方法および収益分配方法からみてみよう。これについては、以下の5つの方法を区別しうる。①協同組合に加入する際、牧民が協同組合に供出した母畜の数と労働従事者の数に応じて、仔畜と畜産物を分配する。②牧民が協同組合に供出した家畜に金額等級評価点を付け、労働力と家畜等級区分に応じて分配する。③牧民が協同組合に供出した家畜を金額に換算し、固定利息を給付し、利息を除いた分は労働力に応じて分配する。④牧民が協同組合に供出した家畜を金額に換算し、きめられた期間内に償還する。⑤各種の家畜を標準家畜（成畜になった牛あるいは馬）に換算して協同組合にうつし、協同組合と家畜主が、家畜数に応じて収益を分配する。

　具体的な事例を挙げれば、シリンゴル盟の15の牧畜業協同組合のうち、14の協同組合では③の方法、ひとつの協同組合では②の方法が用いられた。平地泉地区、チャハル盟、オラーンチャブ盟、ジョーオダ盟の268の協同組合のうち、17の協同組合には①の方法、47の協同組合には②の方法、10の協同組合には③の方法、11の協同組合には④の方法、183の協同組合には⑤

30　前掲『内蒙古畜牧業発展史』115頁。
31　前掲『内蒙古自治区史』125頁。

の方法が適用された[32]。すなわち、方法⑤と②がもっとも広く採用されたのである。

　その一方で、牧畜業生産協同組合化の進展は、地域によって大きく異なっている。1956年6月の時点において、各地域は進展の度合いによって次のように5つに区別される[33]。①基本的に協同組合化が実現された地域。たとえば、ジョーオダ盟の一部、ジリム盟のジャロード旗、フルンボイル盟ホルチン右翼前旗、平地泉地区のチャハル右翼中・後旗、イフジョー盟のジュンワン旗の各牧畜地域。これらは地理的に農業地域に囲まれている、あるいは農業地域に接近している牧畜地域である。②牧畜業の協同組合化が一定の程度で進められ、協同組合に加入した牧民の戸数が全戸数の約30％を占めた地域。たとえば、オラーンチャブ盟のオラド前旗、フルンボイル盟のホーチンバルガ旗、ソロン旗、イフジョー盟、チャハル盟の一部の地域。③牧畜業協同組合化が試験的にもまったくおこなわれていない、あるいはいくらかは試験的におこなわれた地域。たとえば、フルンボイル盟の新バルガ左・右旗、チャハル盟、シリンゴル盟、オラーンチャブ盟の大部分の地域。そして、④牧場主の多い、完全な遊牧地域であるオラーンチャブ、シリンゴル、イフジョー各盟の辺境地域と⑤人口が比較的分散し、経済の遅れていたエジナ旗、アラシャン旗。これら④と⑤の地域は、協同組合化に慎重に対応し試験的に実行しようとしていた地域であった。これらのことから、内モンゴルの牧畜業の社会主義的改造において、農業の社会主義的改造の影響が大きかったことがわかる。すなわち、地理的関係からみて、農業地域と近接する牧畜地域の協同組合化はもっとも先行し、逆に、農業地域から離れている地域ではその進展が遅れていたのである。

2-3　牧畜地域における協同組合化の事例
2-3-1　オラーンゲレル牧畜業生産協同組合の事例
　オラーンチャブ盟チャハル右翼後旗第4区イヘグト郷モガイト自然村の

32　「内蒙古党委農村牧区工作部関於対牧区畜牧業社会主義改造和牧区建設問題的匯報」（1956年9月12日）前掲『内蒙古畜牧業文献資料選編』第二巻（上冊）、219頁。
33　「内蒙古党委関於第三次牧区工作会議向中央的報告」（1956年6月21日）前掲『内蒙古畜牧業文献資料選編』第二巻（上冊）、206-207頁。

オラーンゲレル牧畜業生産協同組合は、1955年3月1日に設立された。当該牧畜業生産協同組合の人口は80人（19戸、男子39人、女子41人）であり、集団所有家畜は合計1,967頭（内訳は羊1,279頭、山羊407頭、牛257頭、馬18頭、ロバ6頭）、「スルク」制の家畜は1,094頭（羊1,019頭、山羊64頭、牛11頭）、固定財産は36の部屋、13のゲル、19の畜舎、7台の車両、1,370ムーの放牧地であった[34]。

当該牧畜業生産協同組合は、民主改革を経て「スルク」制が改善されたうえで、1953年から牧畜業生産互助組の建設が実施された。牧畜業生産互助組の建設の結果、家畜の飼養管理が改善され、家畜総数は3倍にまで増え、牧民の生活水準も向上した。

1954年の春、モガイト自然村の牧民による牧畜業生産協同組合の建設の要望が提起された。そののちの約一年間における思想的、組織的な準備を経て、牧民の牧畜業生産協同組合についての思想状況は次のようになった。(1)牧民大衆の社会主義に対する認識が普遍的に向上し、特にその中の9人は互助合作の活動を積極的に宣伝し指導するようになり、牧畜業生産協同組合建設の核心的な主力となった。(2)牧民大衆の牧畜業生産協同組合の建設における積極性が向上し、活動に対する意欲はあった。ただ、牧畜業生産協同組合をいかに設立させるかということについてはまだ全部明らかではなかった。(3)牧畜業生産協同組合の建設により、牧民のなかで、自分自身の家畜が損失を受けたり、労働力人数の多いことが損になったり、労働力の弱い者に不利になったりする、との考えを持つ者もいた。(4)一部の牧民は、何の態度も示さず、牧畜業生産協同組合の建設に無関心のようであった[35]。

全体的にみれば、牧畜業生産協同組合の建設についての思想的な準備は基本的に形成されていたが、そのなかの一部は態度を示さず、少数の者はあえて牧畜業生産協同組合に加入しなかった。また、別の一部の者は、協同組合の諸問題は適切に解決できるのか、協同組合は牧畜業生産を発展させ、牧畜民の生活を改善させることが確実にできるのか、と疑問をもっていた。

オラーンゲレル牧畜業生産協同組合の建設は、その過程からみれば、三段

34　中共察右後旗委員会「試建烏蘭格日勒合作社的専題報告」（1955年3月14日）内蒙古檔案館 11-9-100。

35　同上。

階に分けて進められた。

　第一段階においては、まず、牧民大衆への協同組合政策の宣伝、協同組合化の動員がおこなわれた。それとともに、中共チャハル右翼後旗委員会より発された「牧畜業生産協同組合を試験的に建設することに関する法案」(1955年1月3日)の学習、討論が進められた。学習の際には、牧民の具体的な居住状況によって、3つの村で学習や討論がおこなわれ、一般的には6〜8回の学習を経て、90％以上の成年者と一部の老年者および女性が宣伝教育を受けた。学習後の主幹分子と少数牧民の思想状況は次のようであった。(1)中堅分子の思想は積極的であり、「自留家畜」不要を主張して仕事のノルマを多少高く設定し、労働日の報酬を少し多くすることを望んでいた。(2)牧畜業生産協同組合に関して憂慮する多くの者に対し、加入を積極的に勧めるのではなく、無視して協同組合参入を拒むことがあった。(3)会議での発言があまりにも早すぎかつ多すぎて、大衆の発言や問題提起に多かれ少なかれ影響を与えた[36]。

　一般の牧民大衆は、家畜を協同組合に供出したあとの牛乳不足（特に、老人や子供のいる牧民戸）を懸念していた。「スルク」家畜の協同組合化の問題については、牧民が協同組合に供出した家畜に金額等級評価点を付け、労働力と家畜等級区分に応じて分配する要望が提起された。また、老年の牧民戸は強制労働により家族の世話をする人がいないこと、仏教のラマは協同組合に加入すれば宗教事業ができないこと、などを憂慮していた[37]。

　上記の状況を鑑み、中堅分子による牧民大衆に対する協同組合化についての思想教育をおこなったため、牧民の思想状況は向上した。そのため、協同組合建設の準備委員会は順調に設立され、大衆の提起した問題も比較的合理的かつ妥当に解決された。ゆえに、牧民大衆の思想方面の懸念は消去され、協同組合建設の情熱が盛り上がった。同時に、幹部は鍛えられ、準備委員会の地位も高められた。準備委員会は3回にわたる会議を開き、そこでの審査を経て、牧民46人（男性20人、女性26人）の協同組合への加入を承認し、協同組合内の家畜や用具を評価する具体的な方案も提示された[38]。

36　同上。
37　同上。
38　同上。

第二段階においては、家畜と生産工具、設備に対する評価点数を付けることに関して、牧民大衆を十分に動員し、政策も明確化することで、評価点数を付けるのに合理的な協同組合化の方法がとられた。さらに、具体的な評議のなかで、準備委員会は広範な範囲で自発的な参加を望んでいた協同組合員を吸収した。こうして、3日間で3つの自然村の家畜と生産工具、設備に対する金額等級評価点を付けることを完了した。これらの作業を通じて、家畜の株式基準を確定し、人民元500元を1株とした。牧民19戸全員が牧畜業生産協同組合に加入した。組合加入者の家畜総数は、綿羊1,175頭、山羊405頭、牛238頭の合計1,818頭であり、人民元換算で3万3,538元となり、500元を1株にして670.76株になった。1,094頭（羊1,019頭、山羊64頭、牛11頭）の「スルク」家畜は、協同組合に経営させることにした。協同組合員の家畜は、124頭（牛18頭、羊104頭、山羊2頭）であり、各牧民戸が所有する平均自留家畜は6.5頭であった。家畜の株が最も多いものは10.58株であり、最も少ないものは1.374株であった[39]。

　第三段階においては、協同組合規約、定額労働日の方案及び春季審査と計画などが制定され、株式基金、社員投資も確定された。各生産隊の幹部が選出され、祝賀大会が開催された。協同組合規約は、チャハル右翼後旗委員会発の試行社章草案に基づき、協同組合の実態と結合したものであり、定額労働日計画は、各職種のバランスを見積もって正査定されたものであった。労働力の状況に基づき、実際に制定された季節生産計画に合わせて、家畜群を分けて放牧することが確定された。株式ファンドは、協同組合員の家畜の株式及び価格に基づいて、協同組合に供出した工具設備の状況によって確定された。協同組合員の投資は主に草材であり、自前の方法を採用した。以上の問題はすべて管理委員会を通じて詳細な討論がなされ、最後に社員大会に提出して審査された。協同組合員の居住状況によって生産チームが3つに分けられ、正副隊長6人（女性2人）が選出され、チームごとに会計員、保管員が1人ずつ選ばれた[40]。

　上記のオラーンゲレル牧畜業生産協同組合の設立過程から、次のような方向性・結果をまとめることができる。

39　同上。
40　同上。

　第一に、長期間の準備によって幹部を育成し、牧畜業生産協同組合建設の方針を充分に検討することが必要であった。オラーンゲレル牧畜業生産協同組合は1954年の春に建設の要望が提出された後、旗党委の指導のもとで7月までに所轄地域の牧畜業互助組の全面的状況を把握し、10月から牧畜業生産協同組合員のなかで協同組合建設の具体的な方法の検討がおこなわれた。当時、牧畜業生産協同組合の幹部の育成は意識的に進められ、内モンゴルの東部地域における牧畜業協同組合建設社の経験も参考にされ、牧畜業生産協同組合を設立するための幹部育成と思想的な基礎が築かれた。

　第二に、牧畜業生産協同組合の建設においては、牧民大衆の自覚の程度から出発し、実際の状況に応じて合理的な方法がとられた。個人と集団の間の矛盾を適切に解決することは、牧民大衆を牧畜業生産協同組合の建設へ参加させ、牧畜業生産協同組合建設の活動を順調に進めるための根本的な保障となった。牧畜業生産協同組合建設過程の初期においては、中堅分子の急激なやり方が一部の牧民大衆の不満をもたらした。牧畜業生産協同組合建設準備委員会の活動を通じて、急激なやり方による牧民大衆の思想問題が解決され、彼らは牧畜業生産協同組合に参加するようになった。そののちの家畜と生産工具、設備に対する評価点数を付ける過程においても、それが牧民大衆に支持され、評価点数付けの作業が順調に進められた。

　第三に、上記の家畜と生産工具、設備に対する評価点数を付ける作業においては、煩瑣なやり方を避けるため、牧民大衆を充分に動員し、政策を明確にしたうえで合理的な方法がとられた。とくに、家畜等級区分を決めて協同組合に供出する際、家畜の年齢、生殖能力などに基づいた評議方法がとられた。

　第四に、思想活動を強化し、協同組合員の集団主義と社会主義思想を向上させる必要があった。大多数の協同組合員の利益を鑑みて、個人と集団の利害関係の問題の解決は不可欠であった。

　第五に、牧畜業生産を綿密に組織し、協同組合の優越性を示すことが必要であった。各生産隊の労働力、居住、家畜などの状況によって、統一的に計画し、請負生産の方法を採用して畜産業の生産を発展させたことにより、一部の社員が抱いていた「協同組合が増産を確保できるかどうか」の疑問は消

去された[41]。

　他方では、新しく建設された牧畜業生産協同組合には、次のような問題が生じていた。(1)「スルク」制度は牧畜業生産の発展に一定の役割を果たしたが、問題も少なくなかった。例えば、成畜のかわりに仔畜を入れること、食用のために家畜を屠殺して死亡したと報告すること、ずさんな管理などの問題が生じた。(2)牧畜業生産協同組合の建設初期においては、帳簿が確立されておらず、定期的な財務表による報告形式のみを採用していた。ゆえに、帳簿の混乱が発生し、分配に悪影響をもたらした。(3)牧畜業生産協同組合の指導機構においては、監察委員会制度、生活制度がまだ確立されていなかった[42]。

2-3-2　ボル牧畜業生産協同組合の事例

　1954年の時点では、オラーンチャブ盟チャハル右翼後旗にはすでに46の牧畜業互助組（通年互助組、季節的互助組）があり、加入した牧民は369戸であり、旗の牧民総数の73.88％を占めた。これらの牧畜業互助組は、牧畜業生産に大きな役割を果たした。農業における協同組合化の推進に伴い、当該旗の牧民大衆は1955年1月に牧畜業生産協同組合建設の要求を提出した。

　牧畜業における協同組合化を推進するため、チャハル右翼後旗党委はイヘグテル郷モガイト自然村のボル通年互助組において牧畜業生産協同組合を試験的に建設することを決めた。その目的は、労働効率の向上、飼養管理の改善、牧畜業生産の発展、牧民生活の改善などであった。

　ボル牧畜業互助組の牧民は、1955年初めに牧畜業生産協同組合建設の要望を提出したあと、数回の座談会における討論を経て、自然村の19の牧民戸全員が牧畜業互助組に加入した。牧畜業生産協同組合建設の過程における牧民の思想認識は以下のように分けることができる。

　(1)断固として牧畜業生産協同組合の建設を要求し、それを建設することができると決意していた牧民戸は6戸であり、全体の31.58％を占める。

　(2)積極的に牧畜業生産協同組合の建設を要求しているが、具体的な建設における個別の問題に憂慮を抱いている牧民戸は10戸であり、全体の56.23％

41　同上。
42　同上。

を占める。具体的には、食用の牛乳が不足すること、多くの家畜をもつ牧民戸に不利になること、家畜の協同組合化によって家畜の占有権がなくなること、労働力の少ない牧民戸の生活が影響を受けること、などを憂慮していた。

⑶協同組合化するかどうかを迷ったり、心配している牧民戸は 2 戸であり、全体の10.5％になる。そのなかで、一方の牧民戸は家畜が多く、協同組合化後に家畜が他者に占有されることを恐れ、また牛乳を飲めないことを心配していた。もう一方の牧民戸の労働状況は非常に悪く、思想も後れていて、労働を逃れて互助組の批判を受けており、協同組合化後に更に労働が厳しく不自由になることを恐れていた。

⑷断固として牧畜業生産協同組合に加入しなかった牧民戸は 1 戸であり、全体の5.26％である[43]。

続いて、牧畜業生産協同組合の建設過程に関しては、以下の 4 つの段階で進められた。

第一段階においては、宣伝動員、思想上の準備、協同組合建設委員会を組織することや社員の吸収などがおこなわれた。

まず、宣伝動員においては、引き続き協同組合化の政策、方針とその有益点に関する宣伝がおこなわれた。牧畜業互助組の活動の総括がおこなわれ、牧畜業互助組の優越性とそれまでの数年間の牧畜業生産の発展状況についての説明もおこなわれた。さらに、牧畜業互助組の飼養と経営管理における不統一、労働力の発揮の不十分、牧民の生活水準向上に伴う個人経営の利己主義思想蔓延の問題などが指摘された。これらの問題は、牧畜業生産の発展に悪影響をもたらしたため、牧畜業互助組を牧畜業生産協同組合に転換させる宣伝と動員が進められた。

次に、牧畜業生産協同組合の性質、目的などの宣伝をおこなうと同時に、牧民の牧畜業生産協同組合の建設に対する憂慮を把握する活動も進められた。牧民大衆の憂慮の根源は、牧畜業協同組合建設に対する理解の不十分であったため、かれらに牧畜業生産協同組合の建設政策、特に家畜の協同組合化の際の収益分配方法、牧民の日常生活における牛乳、肉類、羊毛などの問

43　中共察右後旗委員会「関於試建牧業生産合作社的方案」（1955年 1 月 3 日）内蒙古檔案館11-9-100。

題の解決方法を充分に理解させ、具体的な問題と切実な利益の面から協同組合員の憂慮を除く具体的措置がとられた。また、牧畜業生産協同組合への加入、退出は自由である原則が強調された。

最後に、共同組合員及び家族の憂慮が基本的に解決された後に、民主選挙を経て、協同組合設立準備委員会が組織された。協同組合設立準備委員会の任務は、協同組合建設のすべての活動を指導し、協同組合員の受け入れと審査をおこない、大衆大会を開催して牧民の協同組合員への加入を通過させることであった。

第二段階においては、牧民が協同組合に供出した家畜に金額等級評価点を付け、労働力と家畜等級区分に応じて分配することがおこなわれた。

家畜に金額等級評価点を付けることに関しては、家畜の種類、年齢、生殖能力などによって、協同組合員による民主的評定がなされていくつかの等級に分けられ、市価によって各家畜の価格の評定がおこなわれた。協同組合員個人が引き受けた「スルク」は完全に協同組合によって経営され、協同組合員の生活状況に応じて一定の比率で分配がおこなわれた。

労働力の評定は、一般的には過去における牧民の各季節及び分業労働における実効性（すなわち労働の強弱、技術の高低による）に基づき、先に予定分業が審査され、個人労働の一般基準として協同組合の幹部及び協同組合員の労働計算の基準が決められる。そのほか、季節によって次のようないくつかの労働計算方法に分けられた。(1)件数によって労働が計算され、労働の軽重、容易さに応じて、一定の技術的基準を定め、それらを勘案したうえで１労働日として計算する。超過または不足は、点数を増減させられる。このような労働計算方法は、搾乳、草刈り、毛切りなどに適用する。(2)臨時請負では、一定の仕事について必要な労働数と品質基準及び完成日を定め、生産チームまたはグループに任せて、ライフスタイルの評価方法で個人に任せたりする。一般的には、会社によってグループに対して労働日数が計算される。この方法は、畜舎の建設や修理及び掃除、老弱家畜の飼育に適する。(3)季節的な請負生産は、季節によった牧畜業生産で家畜を増加させる労働を奨励し、季節内で各仕事の必要な労働日を評定し、生産基準を決めて、生産グループあるいは個人に請け負わせる。このような労働計算方法は、一般的に仔畜の育成に用いられる。

　また、馬車、牛車、畜舎などの大型生産道具を中心とする設備に関する評定をおこなったうえで、協同組合の所有とする。

　第三段階においては、牧畜業生産協同組合の幹部を選出して協同組合の組織を設立し、協同組合の規約が制定された。(1)協同組合の幹部の選出は、協同組合の設立準備時にすでに十分な準備を始めた上で、「政治を前進させ、公平かつ有能であり、大衆の支持を得ている」などの条件に基づき、協同組合員大会の選挙を経て、協同組合長 1 人、副社長 1 人が選出され、それぞれ牧畜業生産協同組合の管理委員会の正主任、副主任を担当することになり、これによって協同組合設立準備委員会が解散した。(2)牧畜業生産協同組合の管理委員会は 3 〜 9 人で構成され、協同組合の執行機関として協同組合員大会に責任を負う。(3)監査委員会は 3 〜 5 人により構成され、監察機関として直接協同組合員大会に責任を持ち、管理委員会及び協同組合員が協同組合の規約と執行決議を守ること、協同組合員や幹部の法律に従うことなどに対する監査をおこなう。管理委員会委員は監察委員会を兼任することはできない。(4)生産隊の構成員は居住状況によって、いくつかのチームに組織され、民主選挙で生産隊長が選出され、生産隊は規模に応じた生産チームを設立することができる。(5)協同組合の規約は、協同組合員全員が遵守すること。

　第四段階においては、年間生産計画が制定され、協同組合設立の大会が開かれた。(1)管理委員会による季節ごとの生産計画が立てられ、協同組合員大会に提出し審査・通過させた。(2)年間生産計画が制定された後で計画に基づき、労働力が投入された。(3)協同組合設立の作業が全部終了した後、近隣の村、互助組が一同に会した祝賀大会が開催された[44]。

2-3-3　オラーンモド・ノトグ牧畜地域の協同組合の事例

　民主改革後のオラーンモド・ノトグ牧畜地域の牧畜業生産は大きく発展し、牧民の生活は著しく改善された。しかし、牧畜業生産は依然として分散して立ち遅れた状態にあり、不安定性と脆弱性は存続していた。これらの問題を根本から解決し、牧畜業生産の安定的な発展を保障して牧民の生活水準をより向上させるためには、牧民が協同組合化の道を歩み、牧民個人経済を

44　同上。

協同組合集団経済に改造する必要があった。

オラーンモド・ノトグは、牧畜業共同組合の設立の活動を進めるため、ノトグの幹部会議を開催し、そこで具体的な問題についての学習と検討がおこなわれた。その後の1954年2月11日、11人の幹部は二つのグループに分かれて、それぞれ4箇所の牧畜業互助組に行き、現地で党支部会議を開き、協同組合建設に関する注意事項と支部党員がどのように先頭に立つかなどの問題を説明し、協同組合を設立する具体的な活動を始めたのである。

まず、オラーンモド・ノトグ牧畜地域における協同組合の建設のプロセスは、以下のように三つの段階に分けられる。

第一段階では、牧畜業生産協同組合建設活動グループは、ノトグの幹部に協力して、牧民の家庭訪問をおこない、牧畜業生産協同組合の設立に対する大衆の認識、世論を把握した。同時に、大衆に対して総路線教育をおこない、牧畜業生産協同組合建設の目的と発展方向、性質、優越性及び収入分配、入退社の自由及び自主的互恵原則の説明がおこなわれた。この説明を経て、牧畜業生産協同組合化の経営方針も明確になり、牧民大衆の協同組合化に関する認識は基本的に統一された。その上で牧畜業生産協同組合設立準備委員会が設立され、同時に牧畜業生産協同組合員大会も開催し、農業協同組合の設立に関する中央の決議と協同組合の規約についての学習がおこなわれた。牧畜業生産協同組合員の学習、議論を経て、それまでの牧畜業生産協同組合化に関する憂慮がなくなり、牧畜業生産協同組合員の登録と審査がおこなわれた。

第二段階では、牧民は自ら志願して登録し、審査を経て承認される。牧畜業生産協同組合へ加入する牧民戸が確定されたあと、選挙を経て社務管理委員会が選出され、協同組合員大会を通じて財務、会議、学習、管理、労働規律などの分業がおこなわれた。

第三段階では、組織機構が設立され、各制度が制定された。組織設立は、民主集中制により、協同組合員大会において管理委員会の委員と主任が選出され、協同組合の規模によって委員は7〜11人、主任は3〜4人で構成される。同時に、生産隊長も選出され、生産隊にはグループが設けられた。他方では、牧畜業生産協同組合の各制度、規定も制定された。選挙は特別な状況を除いて一年に一回おこなわれる。会計制度に関する事項としては、協同

組合内の帳簿は定期的に協同組合員大会において公表される。具体的な財務支出の承認権限は、10万元以下は主任の、20万元以下は社務管理委員会の、20万元以上は協同組合員大会での承認が必要とされること。労働制度については、協同組合内の労働力及び幹部は、かならず生産隊長による配置を受けること。学習制度は、生産状況に応じて一定の時間を利用して学習をおこなうこと。生活制度の面では、管理委員会は15日ごとに会議を開き、主に生産において生じた問題を解決し改善すること。賞罰制度では、規則制度を真剣に執行し、協同組合の共有財物を大切にすることに関心を持っている者、積極的に労働し貢献のある者は協同組合員大会を通じて、心的・物質的な奨励を与えること、逆に、誤りを犯した場合、その具体的な状況によって、協同組合員大会で教育や警告処分を与え、重大な事由がある場合は協同組合から除名すること[45]。以上が定められた。

　次に、オラーンモド・ノトグ牧畜業生産協同組合化の形式は、以下のようであった。(1)適齢母畜（羊、山羊）は「スルク」形式で協同組合集団経営をおこない、成育仔畜を労畜比率によって、羊の50％、山羊の60％は協同組合の所有下に置き、羊毛はすべて協同組合の所有になる。(2)乗馬、役牛は国家規定の公的価格により、年度ごとに等級別に評価し、協同組合は賃貸の形で借用し、乗馬は5％、役牛は5％の年間固定金利とする。(3)去勢羊は、協同組合によって所有され、統一的な経営をおこない、羊毛も協同組合の所有とし、その他の一切の支出は協同組合が負担する。(4)散畜（牛、馬）は、協同組合によって統一的に放牧され、代理放出費を徴収するが、それは1頭ごとに5.5元であった。(5)協同組合化された種畜は、協同組合によって統一的に使用され、妊娠母畜の数によって費用を徴収し、種畜主がそれを支払う。(6)遊牧犬のほとんどは牧民が保有するものであり、協同組合が統一的に使用し、食犬は協同組合から負担する。(7)生産道具は、価格を決めて協同組合所有とし、利息と一緒に分割払いにする。大型道具の返済年限は普通3年を超えない、小型道具は、牧民自身で用意する（鍋、乗馬道具など）[46]。

　最後に、牧畜業協同組合の分配については、「労働量によって分配する」

45　中共烏蘭毛都努図克委員会「烏蘭毛都努図克建社工作総結匯報」(1954年2月28日) 科右前旗檔案館67-1-11。
46　同上。

（「多労多得、少労少得」）といった社会主義的分配原則を貫き、技術の高低や労働の強度によって、労働評価がおこなわれた。協同組合の積立金、公益金は、通常7〜10％で計算される。同時に、協同組合によって季節、通年の請負生産制度が推進され、「三つの請負」（"三包"）、「六つの固定」（"六固定"）が規定された[47]。

　通年請負は、季節によって四半期ごとに実施され、等級等額が定められて推進された。例えば、オラーンモド・ノトグのオラーンオド牧畜業生産協同組合は、季節によって、それぞれ上記の「3つの請負」（"三包"）、「6つの固定」（"六固定"）の請負制度が実施された。夏の請負を例にすれば、肉付き、損失、労働点数の「3つの請負」（"三包"）と放牧地、労働力、放牧群、役畜、設備器具、労働者の飲食物の「6つの固定」（"六固定"）であった。

　上記の各事項について説明すると、肉付きの請負とは、家畜の肉付きは平均80％を保つこと。損失の請負とは、自然災害以外の家畜、役畜および生産道具の損失は、請負者が負担すること。労働点数の請負とは、毎年の旧暦の4月1日から7月1日まで、一つの家畜の群れを2,112の労働点数として計算することである。

　放牧地の固定とは、指定された放牧地内に放牧し、その固定境界線を超えてはいけないこと。労働者の固定とは、1つの羊群の放牧者は3人であり、また1つの牛群、馬群の放牧者は4人であること。設備道具の固定とは、放牧車、ゲルなどの固定のこと。役畜の固定とは、1つの羊の群には騎馬3頭、1つの牛群、馬群には騎馬4頭、役牛4頭であること。放牧群の固定とは、羊群は1,000〜1,200頭、牛群、馬群は250〜300頭であること。労働者の飲食物の固定とは、放牧労働者の食料、茶などは統一的に配給されるが、その金額は自己負担とすることである[48]。

　次に、季節ごとの詳細を見ていくと、秋の「3つの請負」の場合、(1)肉付きの請負に関しては、各種類の家畜の肉付きは100％以上を達成させること。(2)損失の請負は、防止できない自然災害以外の損失は、請負者が負担すること。(3)労働点数の請負は、旧暦7月1日から10月1日の間で、労働者一人

47　同上。
48　同上。

の毎日の基準労働点数は 9 点であること[49]。

　秋の「6 つの固定」の場合、(1)放牧地の固定は、指定された放牧地内に放牧し、その固定境界線を超えてはいけないこと。(2)労働者の固定は、ゲルごとの放牧者は 3 人であること。(3)設備道具の固定とは、放牧車、ゲルなどの固定のこと。(4)役畜の固定は、ゲルごとに騎馬 2 頭、役牛 4 頭であること。(5)放牧群の固定は、羊群は 1,000～1,200 頭、牛と馬の混合群は 300～400 頭であること。(6)労働者の飲食物の固定とは、放牧労働者の食料、茶などは統一的に配給されるが、その費用は自己負担であること[50]。

　冬の「3 つの請負」の場合、(1)肉付きの請負については、各種類の家畜の肉付きは 80％以上を達成させること（内訳は、馬は 80％、牛は 70％、羊と山羊は 90％）。(2)母畜の妊娠率は 98％以上を達成させること（内訳は、馬は98％、牛は 96％、羊は 99％、山羊は 100％）。(3)労働点数の請負は、旧暦 10月 1 日から 2 月 15 日の間で、労働者一人の毎日の基準労働点数は 10 点であること[51]。

　春の「3 つの請負」の場合、(1)肉付きの請負については、各種類の家畜の肉付きは 80％以上を達成、母畜の妊娠率は 100％以上を達成させ、家畜の育成率は 98％以上を達成させること（内訳は、馬と牛は 99％、羊は 98％、山羊は 99％）。(2)損失の請負は、防止できない自然災害以外の損失は、請負者が負担すること。(3)労働点数の請負は、旧暦 2 月 15 日から 4 月 1 日の間で、一労働者一人の毎日の基準労働点数は 8.1 点であること[52]。

　春の「6 つの固定」の場合、(1)放牧地を固定すること。(2)放牧地ごとに放牧労働力 9 人を固定すること。(3)放牧道具を固定すること。(4)放牧地の役畜を乗馬 4 頭、役牛 4 頭と固定すること。(5)放牧地ごとの繁殖母畜を 600～650 頭に固定すること。(6)放牧労働者の飲食物を固定すること[53]。

　以上の内容からわかるように、協同組合は季節ごとに労働力と経営する家畜の頭数、労働報酬が決められ、一つの放牧作業組の中で労働の強弱、技術

49　中共烏蘭毛都努図克委員会「烏蘭毛都牧区畜牧業発展情況」（1958 年 6 月 7 日）科右前旗檔案館 67-1958-3。
50　同上。
51　同上。
52　同上。
53　同上。

の高低に応じて具体的に分業、分配がなされる。請負制の導入後、牧畜業経営管理が改善され、牧民の労働意欲が発揮されて労働効率は高まり、自然災害による損失も低下して牧畜業生産は発展した。例えば、オラーンオド牧畜業生産協同組合では、1956年春ではずさんな管理により、小家畜300余頭、大家畜75頭を損失したが、1957年に請負制が実施され、経営管理が改善されたためその年の損失は小家畜84頭、大家畜7頭にとどまった[54]。

　オラーンモド・ノトグは「労働牧民に依拠し、団結できるすべての力を凝集し、牧畜業生産を安定的に発展させたうえ、漸次的に社会主義的改造を実現させる」といった総方針を実施し、1956年1月に牧畜業協同組合化が実現され、13の牧畜業生産協同組合と4箇所の公私経営牧場が建設された。牧畜業生産協同組合、公私経営牧場に加入した牧民は総戸数の99.2％を占める[55]。以下に具体的な実例を挙げてみよう。

事例(1)オラーンオド牧畜業生産協同組合

　オラーンオド牧畜業生産協同組合は1954年3月6日に設立されたオラーンモド・ノトグの最初の牧畜業生産協同組合である。当該組合の牧民戸は18戸、人口は83人、協同組合員は41人（男23人、女18人）、核心的な力とされたのは15人（中国共産党員4人、青年団員2人、模範労働者4人、積極分子5人）であった。牧民が牧畜業生産協同組合に供出した家畜は合計5,503頭であり、内訳は羊1,300頭、山羊400頭、牛251頭、馬132頭、「スルク」の羊2,100頭、山羊1,320頭であった[56]。

　1955年2月20日、オラーンオド牧畜業生産協同組合は拡大され、牧民戸25戸、人口は122人、協同組合員57人（男34人、女23人）、核心的な力とされたのは36人（中国共産党員4人、青年団員8人、模範労働者7人、積極分子17人）となった。牧民が協同組合に追加提供した家畜は合計3,975頭であり、内訳は牛178頭、馬54頭、羊1,312頭、山羊215頭、「スルク」の羊2,038頭、山羊178頭であった[57]。

54　同上。

55　同上。

56　中共烏蘭毛都努図克委員会「烏蘭奥都牧業生産合作社1954年牧業生産工作総結」（1955年6月2日）科右前旗檔案館47-2-12。

57　同上。

事例⑵ボヤンヘシグ牧畜業生産協同組合

ボヤンヘシグ牧畜業生産協同組合の前身は、1949年に設立されたボヤン
ヘシグ臨時的互助組であった。1954年に牧業通年互助組へと発展し、牧民
戸は15戸、人口は77人（男44人、女33人）、労働力は37人であり、所有す
る家畜は合計2,212頭で、内訳は牛257頭、馬46頭、羊1,353頭、山羊556頭
であった[58]。

この互助組は、牧畜業生産管理を強化し、互助組内において労働力の強弱
と技術力に応じて合理的に労働力を配置し、労働評価方法を採用したため、
牧民の牧畜業に対する意欲が高まった。同時に、生産四半期の開始までに計
画を立てて実行した。したがって、当該互助組の生産は、その他の互助組と
比べて成績が顕著である。例えば、1953年の労働力の平均収入は羊36頭と
現金3万5,010元であった[59]。

当該互助組の牧民は、1954年1月に牧畜業生産協同組合を建設する要求
を提起した。1月下旬、中共ホルチン右翼前旗委員会書記、ホルチン右翼前
旗旗長、宣伝部長などは、ボヤンヘシグ互助組において調査をおこなうとと
もに、牧民に対する政治思想教育をおこなった。さらに、中共オラーンモ
ド・ノトグ委員会に協力し、幹部会議を開いて、牧民が家畜を協同組合へ供
出する方法などの問題についての検討をおこない、家畜の基本的な納入方法
などを研究した。2月28日、内モンゴル東部地域党委員会農村牧区工作部
のアモルマンド、旗委員会宣伝部のエルヘンバヤル、旗政府農牧科長と幹部
1人及びオラーンモド・ノトグ委員会副書記などの幹部3人は、ボヤンヘシ
グ互助組へ行き、牧民大衆を支援して牧畜業生産共同組を設立させた。牧畜
業生産協同組合の建設方法においては、「積極的に指導し、慎重に着実に前
進する」という方針と牧民大衆に依拠する活動方法がとられた。その共同組
合建設のステップは次のようなものであった。

第一段階においては、互助組の全員を集めて動員大会を開き、次の内容を
伝えた。⑴過渡期の総路線、総任務のなかでの牧畜業の国家経済建設におけ
る重要性と役割。⑵牧畜地域における協同組合化の方針と発展の前途。⑶互

58　中共烏蘭毛都努図克牧業建社工作組「烏蘭毛都努図克宝音賀喜格牧業互助組転社総結報告」
　　（1954年3月9日）科右前旗檔案館42-2-12。
59　同上。

助組の発展のプロセスと優越性。(4)牧畜業生産協同組合の性質、発展方向、内容及び建設条件、経営方針と目的。(5)牧畜業生産協同組合へ加入するための必要な条件や手続きなどの問題。

　第二段階においては、牧民戸18戸、応募者41人が志願して登録され、審査を受けた。

　第三段階においては、牧畜業生産協同組合準備委員会が発足して規約と生産計画が制定され、協同組合員大会において通過した。続いて、協同組合員の人数が確定された後、牧畜業生産協同組合準備委員会において、協同組合の規約、各種規定とそのほかの具体的な事項及び1954年の牧畜業生産計画が、研究や討論を重ねて制定・可決された。

　第四段階においては、民主的選挙を経て管理委員が選出されて生産管理委員会が設立され、生産計画が通過した[60]。

　以上の過程を経て、オラーンモド・ノトグには、ウリニレト牧畜業生産協同組合、フゲジレト牧畜業生産協同組合、テブゲレル牧畜業生産協同組合などが相次いで建設され、1956年1月末までに前ノトグの協同組合化が実現された。合計36の牧畜業生産協同組合が建設され、それに加入した牧民戸は650戸であり、総戸数の659戸のほぼ全部に当たる98.6％を占めた。牧畜業生産協同組合の規模は、一般的には50〜70戸であり、最小のものは45戸であった[61]。

2-4　牧畜地域における社会主義的改造の結果

　上であげてきた実例からわかるように、協同組合化運動により、牧畜地域におけるそれまでの生産関係が変えられて、それによって長い歴史をもつ牧畜業の生産方式も変えられ、牧畜業生産の発展のために有利な条件が創造され、牧畜地域における生産ブームが現れた。協同組合化の実現により、家畜の飼育管理は改善され、労働力も統一的、計画的に配置されるようになったため、牧畜業経営は大きく前進した。例えば、家畜の肉付きの面から見れば、1956年の家畜の肉付きは1955年より向上し、80％の馬の肉付きが80〜100％、85％の牛の肉付きが80〜100％、80％の羊の肉付きが80〜100％にそ

60　同上。
61　同上。

れぞれ達した。1956年の牧草などの家畜飼料は1955年より100％増えた。家畜の育成率も97％に達した[62]。

　さらに協同組合化の実現により、幹部の育成もなされた。ノトグの幹部の人数をみると、協同組合化以前の 6 人から1956年の40人まで増加した。牧畜業生産協同組合ごとに幹部が配置され、ガチャーごとに活動グループが組織された。牧民大衆の社会主義化を受け入れることへの認識は向上し、生産の積極性も充分に発揮されるようになった[63]。深刻な自然災害に遭った1956年においても、牧畜業協同組合の優越性が発揮されたことにより、家畜の総数は12.7％増加し、牧民の収入も増加した。牧畜業協同組合に加入した牧民戸の大半にあたる80％が増産に成功し、13.3％は増減なし、6.7％だけが減産した。年間収入からみれば、818人の労働者のうち、400人の収入は250〜300元、259人の収入は350〜400元であり、159人の収入は450〜500元に達した[64]。これらの数字からは、圧倒的に多くの牧民の収入が増加したことが示されている。

　同時に、牧民の生活水準も著しく向上した。例えば、牧民の毎年の平均的な食羊の数は、1954年の 1 頭から1955年の1.5頭、1956年の 2 頭と増えた。また、牧畜業生産協同組合による牧畜業を中心とする多種経営が実施され、1956年には9,525ムーを耕作したことにより全ノトグの 3 分の 1 の人口の食糧と一部の家畜の飼料の問題が解決された。さらに、副業生産の収入は総収入の15.3％を占めた[65]。

　また、内モンゴルの牧畜業全体からみても、社会主義的改造が内モンゴルの牧畜業を促進した。たとえば、社会主義的改造で組織された互助組、協同組合は、1950年代当時の低い生産力のもとで、すでに述べたように、自然災害を防御する役割のほか、労働力を調節する役割をも果したといえる。一例として社会主義改造前のシリンゴル盟の場合、所有する家畜の数により、一人が300〜500頭、場合によっては1,000頭の家畜を放牧する者もあれば極

62　科右前旗烏蘭毛都努図克「科右前旗烏蘭毛都牧区牧業合作社総結」（1957年 5 月31日）科右前旗檔案館67-1-23。
63　同上。
64　同上。
65　同上。

端にすくない家畜を放牧する者もあった[66]。しかし、当時の生産の条件では、一人が200〜300頭の家畜を放牧するのが理想と考えられた。それに照らせば、前者は労働力不足であり、後者は労働力の浪費といえる。互助組の組織、協同組合化は、労働力の有効利用に有益であった。同様に、畜舎の建設、井戸の掘削などにおいても一定の成果をあげたことは否定できない。

しかし視点を変えて、社会主義的改造のもとでの内モンゴルの牧畜業生産の状況に注目した場合、何がみえてくるだろうか。社会主義への進展のなかで、少数民族地域でのすべての改造あるいは改革の目的は、生産の促進と、生産力の発展であった[67]。内モンゴルの牧畜業においても同様に、社会主義的改造の目標は内モンゴルの牧畜業生産の促進と、牧畜業生産力の向上であったのはいうまでもない。たとえば、「内モンゴル牧畜業生産協同組合模範定款〈草案〉」には、「牧畜業生産協同組合の目的は、個人的、分散的な牧畜業経営の後進性を克服し、漸次に協同組合化、現代化の社会主義的牧畜業経済に発展させ、牧畜業生産を短期間で発展させることである」(第1章総則、第2条)、「牧畜業生産協同組合はつねに家畜と畜産品を増加させ、家畜の質を向上させ、労働効率を高めるべきである」(同、第2条)、と明文化されていた[68]。

上述のことから、内モンゴルの牧畜業の社会主義的改造の目的ないし目標はあきらかである。したがって、社会主義的改造により牧畜業生産が前進したかどうかの点を検討することにより、牧畜業の社会主義的改造において、問題が生じたかどうかもあきらかになってくるはずである。

そこで、以下では社会主義的改造下の内モンゴルの牧畜業生産の状況を考察してみる。重ねて強調するが、内モンゴル牧畜業生産にとって家畜はもっとも本質的な要素であり、牧民の生産手段と生活手段である。その増減は、牧畜業生産の前進をはかる一定のめやすとなる。表2–1では1947〜1957の間の家畜の増減率をしめした。この表からわかるように、1947年から1952年までは、前年比増加率は毎年、上昇していた。しかし、社会主義的改造が実

66　烏蘭夫「在内蒙古自治区発展農牧業互助合作」『内蒙古日報』1955年11月17日。

67　烏蘭夫「当前民族工作中的幾個重要問題」内蒙古自治区政協文史資料委員会『"三不両利"与"穏寛長"文献与史料』〈内蒙古文史資料第56輯〉、2005年、145–146頁。

68　前掲『内蒙古畜牧業文献資料選編』第二巻（上冊）、312頁。

施された1953年から1957年までは、同増加率は減少傾向にあった。とくに、1957年には増加率がマイナスになり、前年の家畜総数より196万2,658頭も減っており、災害による約120万頭を除いても前年度に比べて76万頭余り減少している[69]。

表2-1　1947～57年の内モンゴル自治区家畜数の増減率表

年	家畜数（頭）	前年比増加率
1947年	843万7,191	
1948年	828万1,837	1.9%
1949年	910万3,233	7.9%
1950年	1,049万9,000	15.3%
1951年	1,266万9,498	20.7%
1952年	1,572万0,387	24.1%
1953年	1,912万7,564	21.7%
1954年	2,199万8,390	15.0%
1955年	2,279万1,800	3.6%
1956年	2,435万7,168	6.9%
1957年	2,239万4,510	−8.1%

出所：「関於畜牧業生産政策及社会主義改造規劃的意見――高増培同志在内蒙古党委全体委員会（拡大）第四次会議上的報告」（1957年10月17日）『内蒙古畜牧業文献資料選編』第二巻（上冊）、344-345頁をもとに筆者作成。

他方で、地域によって家畜の増減状況は異なっており、経済経営形態からみれば、農業・半農半牧地域の家畜の減少が顕著である。数字を挙げてみると、1956年6月から1957年6月までに全自治区で196万頭が減少したが、そのうち144万頭は農業地域、半農半牧地域の家畜だった[70]。

また、盟・地区別でみると、バヤンノール盟は7％増加、シリンゴル盟は1.7％増加しているが、それ以外のすべての盟では減少した。なかでも、チャ

---

[69] 「内蒙古党委関於第五次牧区工作会議向中央的報告」（1957年10月24日）前掲『内蒙古畜牧業文献資料選編』第二巻（上冊）、365頁。

[70] 「関於畜牧業生産政策及社会主義改造規劃的意見――高増培同志在内蒙古党委全体委員会（拡大）第四次会議上的報告」（1957年10月7日）前掲『内蒙古畜牧業文献資料選編』第二巻（上冊）、344-345頁。

ハル盟の減少は23％と最大で、平地泉地区は15％、イフジョー盟は13％、河套地区は10％、フルンボイル・オラーンチャブ盟は9％強、ジリム盟は9％、ジョーオダ盟は5％、それぞれ減少した[71]。

このことから、家畜が減少した盟・地区のいずれでも、農業・半農半牧地域が地域全体に占める割合がおおくなるほど、家畜の減少した比率が高くなっていること、家畜の増減状況は地域によって異なるものの、農業地域、半農半牧地域の家畜の減少は共通していたことがわかる。要するに、内モンゴルの牧畜業の社会主義的改造において、家畜の増加率が低下したばかりでなく、家畜数自体も減少したのは事実である。いいかえれば、これは、内モンゴルの牧畜業の社会主義的改造において、問題が生じたことを示しているといえる[72]。

3　牧場主の社会主義的改造

3-1　牧場主に対する社会主義的改造政策の提起とその要因

すでに述べてきたように、内モンゴルの牧畜業における社会主義的改造の方針、政策、方法が中共中央内モンゴル・綏遠分局第1次牧畜地域工作会議（1953年12月7〜30日）において提起され、討論された。この会議では、牧畜業の民族的特徴、生産的特徴などの特殊性を考慮し牧畜経済を発展させたうえで、農業とは異なるやり方により、慎重かつ着実に協同組合化をおこなうべき、とされた[73]。こうして個人牧民経営と牧場主経営についての社会主義的改造の方針、政策が採択された。

そのなかで、牧場主に対してはひきつづき「家畜分配をせず、階級区分をせず、階級闘争をせず、家畜主と牧畜労働者の両方の利益になる」（「不分不闘、不劃階級、牧工牧場主両利」）政策を実施することになった。この

71　同上、345頁。

72　農業地域、半農半牧地域の牧畜業における社会主義的改造において生じた問題について、詳しくはリンチン「内モンゴルの牧畜業の社会主義的改造の再検討」『アジア経済』第49巻第12号、2008年、2–23頁を参照。

73　「在過渡時期党的総路線総任務的照耀下為進一歩発展牧区経済改善人民生活而努力——烏蘭夫同志在第一次牧区工作会議上的講話」（1953年12月28日）内蒙古党委政策研究室・内蒙古自治区農業委員会編印『内蒙古畜牧業文献資料選編』第二巻（上册）、111頁。

政策は、農業地域で土地改革を中心とする民主改革がおこなわれた時期における、内モンゴル牧畜地域での基本的政策であった。当時、一般農業地域の土地改革においては、地主・富農・中農・貧農・雇農という階級区分をおこなったうえで耕地分配がおこなわれたことを考慮すると、これが穏歩前進的な政策、措置であったことはあきらかである。「家畜分配をせず、階級区分をせず、階級闘争をせず、家畜主と牧畜労働者の両方の利益になる」政策がひきつづき実施されることになったのには、次のような要因があるとおもわれる。

　第一に、人口の 1 ％を占める牧場主が約10％の家畜を所有していた[74]。この人口のわずか 1 ％を占める牧場主は牧民大衆のなかでの影響力が大きかった。

　第二に、民主改革がおこなわれる以前、内モンゴルの牧場主経営はふたつの性質をもっていた。すなわち、政治上においては牧民に対する圧迫は封建的であり、経営上においては、おもに雇用労働者に依拠し、資本主義的な性質をもつものであった。1947年内モンゴル自治政府成立ののち、牧畜地域における封建制度を一掃する民主改革において「自由放牧」政策が実施されたことにより、牧場主の封建特権は基本的に消滅させられた。そのため、牧場主経営は基本的には資本主義の性質をもつことになり、中国の新民主主義経済の構成部分になった。ゆえに、牧場主経営の発展は国家全体の「新民主主義経済」（当時強調されていた、公的部門と私的部門の結合、計画性と市場性の結合を特徴とする経済体制）にとっては有益とみなされた。

　第三に、牧畜地域においては、歴史上の民族圧迫や経済文化が遅れていたなどの原因により、階級分化はあきらかではなく、牧畜業経済は長期間にわたって停滞し、一般牧民の個人経済が破壊を受けると同様に、牧場主経営も損失を被っていた。

　第四に、社会主義的改造当時、牧畜業経済の基礎はきわめて不安定であった。すなわち、当時の家畜の成長が自然草原に依拠し、家畜の繁殖も自然繁殖に依拠する遅れた生産条件のもとで、家畜の飼養そのものは群ごとに放牧することが必須であり、分散的な放牧は牧畜業生産に破壊的な影響をもたら

---

[74] 「内蒙古党委関於第三次牧区工作会向中央的報告」（1956年 6 月21日）前掲『内蒙古畜牧業文献資料選編』第二巻（上冊）、210頁。

すことである。

これらの背景にもとづいて、牧場主経営を保護する「家畜分配をせず、階級区分をせず、階級闘争をせず、家畜主と牧畜労働者の両方の利益になる」政策を続行することは、牧畜地域の特殊状況を考慮した、当該地域の実状に合致した政策であったと考えられる。

3-2　牧畜地域における階級状況の変化

1954年の統計によれば、内モンゴルの牧畜業納税戸数は、8万200戸であった。そのうち、免税戸（所有する羊は100頭以下。牛、馬などの大家畜1頭は7頭の羊に換算する。以下の家畜数は換算した羊の頭数である）は2万708戸であり、1級納税戸（所有する家畜は375頭以下）は5万1,158戸であった。この1級納税戸のなかで、3分の1にあたる1万7,035戸の牧民が所有する家畜数は、約100頭であり、免税戸とほぼ同様な牧畜地域の貧困戸であった。この両者の合計戸数は、牧畜業戸数の47.1％を占める3万7,761戸であり、牧畜地域家畜総数の16.7％を占める456万7,753頭の家畜を所有していた。2～7級納税戸と3分の1の1級納税戸の4万1,902戸は、牧畜地域の中等戸であり、地域戸数全体の52.2％を占め、地域家畜総数の71.3％を占める384万3,062頭の家畜を所有していた。地域戸数全体の0.67％を占める8級、9級以上の541戸の納税戸は牧場主階級であり、地域家畜総数の11.5％を占める239万9,518頭の家畜を所有し、1戸平均で所有する家畜は2,500頭以上であった[75]。

上記の数字によって計算すれば、内モンゴル全体の牧畜地域における各階級の比重と所有する家畜の状況は、40～45％の貧困戸は家畜総数の約15％を所有し、54.3～59.3％の中等戸と富裕戸は家畜総数の約73％を所有し、0.67％の牧場主が家畜総数の約11.5％を占めることになる[76]。

その一方では、地域によって階級状況はことなるのである。フルンボイル盟、シリンゴル盟を実例として見てみたい。1955年の統計によれば、フルンボイル盟の場合、2,500頭以上の家畜を所有する戸数は、全体総数の2.09％

75　「内蒙古党委農牧部対牧区階級情況的分析和划分階級参考意見」（1956年2月）前掲『内蒙古畜牧業文献資料選編』第二巻（上冊）、175-176頁。

76　同上、176頁。

を占める140戸であり、地域家畜総数の27.4％を占める40万1,734頭の家畜
を所有していた。シリンゴル盟の場合、2,500頭以上の家畜を所有する戸数
は、全体総数の1.7％を占める218戸であり、地域家畜総数の20.6％を占める
62万280頭の家畜を所有していた[77]。すなわち、フルンボイル盟とシリンゴル
盟の場合、地域戸数の約2％を占める牧場主は、家畜総数の約25％を所有
していた[78]。

　他方では、代表的・典型的調査資料によれば、貧困戸の戸数は減少しつつ
ある一方で、中等戸の戸数は増加しつつあり、牧場主の戸数も増加しつつ
あったことは、下記の表（2-2～2-7）から読み取れる。

表2-2　1948～1955年のフルンボイル盟新バルガ左旗における階級の変化

階級別	貧困戸		100頭以下の家畜を所有する貧困戸		101～1,000頭の家畜を所有する中牧		1001～3,000頭の家畜を所有する富牧民		3,000頭以上の家畜を所有する牧場主	
	戸数	全体に占める割合（％）	戸数	全体に占める割合（％）	戸数	全体に占める割合（％）	戸数	全体に占める割合（％）	戸数	全体に占める割合（％）
1948年	6	0.5	786	62.8	405	32.4	52	4.2	2	0.1
1955年			536	40.4	669	50.4	115	8.6	8	0.6

出所：「内蒙古党委農牧部対牧区階級情況的分析和划分階級参考意見」（1956年2月）『内蒙古畜牧業文献資料選編』第二巻（上冊）、178頁をもとに筆者作成。

表2-3　1948～1955年のフルンボイル盟における牧畜業の納税状況

	免税戸		1級納税戸		2～7級納税戸		8給～8級以上	
	戸数	全体に占める割合（％）	戸数	全体に占める割合（％）	戸数	全体に占める割合（％）	戸数	全体に占める割合（％）
1951年	3,612	28.6	2,572	60.1	1336	10.6	98	0.7
1966年	1,728	13.4	8,128	62.9	2846	22.0	218	1.7

出所：「内蒙古党委農牧部対牧区階級情況的分析和划分階級参考意見」（1956年2月）『内蒙古畜牧業文献資料選編』第二巻（上冊）、178頁をもとに筆者作成。

---

[77]　同上。
[78]　同上。

表2-4 1949〜1955年のオラーンチャブ盟チャハンオボー・ガチャーにおける
階級状況

	貧牧		中牧		富牧		牧場主	
	戸数	全体に占める割合（%）	戸数	全体に占める割合（%）	戸数	全体に占める割合（%）	戸数	全体に占める割合（%）
1949年	66	66.6	23	23.2	8	8	2	2.2
1952年	62	60.2	31	30.1	8	7.8	2	1.9
1955年	54	48.7	40	36.0	14	12.6	3	2.7

出所：「内蒙古党委農牧部対牧区階級情況的分析和划分階級参考意見」（1956年2月）『内
蒙古畜牧業文献資料選編』第二巻（上冊）、178頁をもとに筆者作成。

表2-5 1949〜1955年のイフジョー盟ボルショオロノ・バガにおける階級状況

	貧困戸	88頭の家畜を所有する戸（平均数）	325頭の家畜を所有する戸（平均数）	1,129頭の家畜を所有する戸（平均数）	1,558頭の家畜を所有する戸（平均数）
1949年総戸数の%	18.71	51.35	18.91	5.4	5.4
1952年総戸数の%	13.51	48.11	27.02	5.4	5.4
1955年総戸数の%	0	64.89	24.32	5.4	5.4

出所：「内蒙古党委農牧部対牧区階級情況的分析和划分階級参考意見」（1956年2月）『内
蒙古畜牧業文献資料選編』第二巻（上冊）、179頁。

表2-6 1949〜1955年のチャハル盟フベートチャガン旗第五佐の
第一、第八バガにおける階級状況

	貧牧（所有する家畜は60頭以下）		中牧（所有する家畜は61〜500頭）		富牧（所有する家畜は500頭以上）	
	戸数	全体に占める割合（%）	戸数	全体に占める割合（%）	戸数	全体に占める割合（%）
1949年	54	66.7	27	33.3	0	
1952年	50	60.2	33	39.8	0	
1955年	33	42.3	42	53.8	3	3.9

出所：「内蒙古党委農牧部対牧区階級情況的分析和划分階級参考意見」（1956年2月）『内
蒙古畜牧業文献資料選編』第二巻（上冊）、178頁をもとに筆者作成。

表2-7　1949〜1955年のジョーオダ盟道徳廟ノタグの
ホショモド・ガチャーにおける階級状況

	貧牧		中牧	
	戸数	全体に占める割合（%）	戸数	全体に占める割合（%）
1949年	26	28	68	72
1952年	17	18	77	82
1955年	15	16	79	84

出所：「内蒙古党委農牧部対牧区階級情況的分析和划分階級参考意見」（1956年
　　2月）『内蒙古畜牧業文献資料選編』第二巻（上冊）、179頁。

　以上の調査資料からは、貧困戸数は減少し、中牧戸数は急増し、牧場主戸
数も増加したことがわかる。さらに、地域によってその状況は以下のように
なるのであった[79]。

　(1)比較的早い時期に共産党の支配下におかれ、しかも、牧場主に対する闘
争や家畜分配がおこなわれずに「家畜分配をせず、階級区分をせず、階級闘
争をせず、家畜主と牧畜労働者の両方の利益になる」政策が推進されたフル
ンボイル盟、シリンゴル盟地域の貧困牧民戸数の減少は顕著であり、牧場主
戸数の増加の速度も速い。

　(2)比較的早い時期に共産党の支配下におかれ、牧場主に対する闘争や家畜
分配がおこなわれたチャハル盟、ジョーオダ盟地域の牧民貧困戸は、フルン
ボイル盟、シリンゴル盟地域より多く、富裕牧民戸は、フルンボイル盟、シ
リンゴル盟地域より少ない。また、牧民の所有する家畜の平均数も、フルン
ボイル盟、シリンゴル盟地域より少ない。

　(3)比較的遅い時期に共産党の支配下におかれ、「家畜分配をせず、階級区
分をせず、階級闘争をせず、家畜主と牧畜労働者の両方の利益になる」政策
が推進されなかったオラーンチャブ盟、イフジョー盟地域の場合、貧困牧民
戸数は、上記のフルンボイル盟、シリンゴル盟、チャハル盟、ジョーオダ盟
地域より多い。富裕牧民戸数も、フルンボイル盟、シリンゴル盟地域より少
ない。

　これらの事例からは、「家畜分配をせず、階級区分をせず、階級闘争をせ

79　「内蒙古党委農牧部対牧区階級情況的分析和划分階級参考意見」（1956年2月）前掲『内蒙古
　　畜牧業文献資料選編』第二巻（上冊）、180頁。

ず、家畜主と牧畜労働者の両方の利益になる」政策の果たした役割があきらかである。すなわち、当該政策が推進された地域の牧畜業生産は、推進されなかった地域より発展したということである。また、牧場主経済の発展は、貧困戸、中牧戸の経済の発展に対して大きな支障は与えなかった。

　他方では、統計資料をみれば、牧場主の所有する家畜数の増加は速い。その要因のひとつは、中牧から牧場主になった者が多かったことである。牧畜業生産の発展のスピードの視点からみれば、一番速かったのは中牧であり、その次は貧困牧民であり、最後は牧場主である。これは、以下の事例からあきらかである。

　事例(1)調査資料によれば、フルンボイル盟新バルガ左旗のダライノール・ソムの第一バガにおいては、1949〜1955年のあいだにおいて、10戸の貧困戸の家畜増加率は51.9％であり、8戸の中牧戸の家畜増加率は86％であり、7戸の牧場主の家畜増加率は35.9％であった[80]。

　事例(2)調査資料によれば、チャハル盟ショローンチャガン旗第三バガにおいては、1949〜1955年のあいだにおいて、20戸の貧困戸の家畜増加率は93.84％であり、24戸の中牧戸の家畜増加率は107.7％であった[81]。

　事例(3)調査資料によれば、チャハル盟の2つバガの1949年の雇用労働者は29人であったが、1952年に39人、1958年には68人まで増加した。同様に、オラーンチャブ盟チャガンオボーガチャーにおける雇用労働者数は、1949年では34人であったが、1952年に42人、1955年には61人まで増加した。また、オラーンチャブ盟バヤンファガチャーの35％の牧民は、労働者を雇用していた[82]。

　このように、中牧の雇用する労働者の増加の結果、富裕牧民と牧場主に変身する者の数も増えることになる。他方では、雇用労働者である貧困牧民の牧畜業生産の発展は遅かった。1956年の時点になっても、貧困牧民は地域人口の50％を占めていた[83]。

80　「内蒙古党委農牧部対牧区階級情況的分析和划分階級参考意見」（1956年2月）前掲『内蒙古畜牧業文献資料選編』第二巻（上冊）、182頁。
81　同上。
82　同上。
83　同上。

3-3　牧場主の基準問題

「家畜分配をせず、階級区分をせず、階級闘争をせず、家畜主と牧畜労働者の両方の利益になる」政策が実施されてきたことにより、牧畜地域においては階級区分がおこなわれなかった。実際、牧場主の判定は党内で把握するかたちで進められていた。1953年12月に開かれた内モンゴル自治区第一次牧畜業活動会議において、以下のような党内部における牧場主の判定の基準が提起された。

①大量の家畜をもち、数多くの牧畜業労働者を雇用する者と大量の「スルク」[84]を経営する者を牧場主のリストに入れる。そのほかの者は、牧民としてみなす。

②自己の労働力以上の大量の家畜を所有していても、依然として一般の牧民とみなす。

③過去において、一定の家畜をもち、労働力の不足により少数の牧畜業労働者を雇用した者は、その雇用を停止した場合、一般の牧民とみなす[85]。

その後、牧場主の基準の問題は具体化された。その搾取量が50％以上の場合、牧場主とみなす。具体的には、2,000～2,500頭以上の家畜を所有し、3人以上の労働者を雇用し、自分自身は生産労働に参加せず、搾取に依拠して生活する者は牧場主、という基準が内モンゴル党委により打ち出された[86]。

この基準は、牧畜地域の1戸平均の人口は4人であり、労働力は総人口の50％に至らない状況のもとで、所有する家畜2,000頭、2,500頭以上の牧畜業戸は、一般的に3人以上の牧畜業労働者を雇用し、その搾取量は50％以上であった[87]、という実際の内部調査資料と一致している。

84　「スルク」とは、本来はモンゴル語の「家畜の群」をさす。ここでは、近代以降、内モンゴルの牧畜地域における家畜の群れを請け負う放牧制度をさす。すなわち、牧場主は、家畜の群れを放牧労働者に請け負わせて、報酬として少量の羊毛、畜産品または現金を与える。

85　「在過渡時期党的総路線総任務的照耀下為進一歩発展牧区経済改善人民生活而努力——烏蘭夫同志在第一次牧区工作会議上的講話」（1953年12月28日）前掲『内蒙古畜牧業文献資料選編』第二巻（上冊）、127頁。

86　「内蒙古党委農牧部対牧区階級情況的分析和划分階級参考意見」（1956年2月）前掲『内蒙古畜牧業文献資料選編』第二巻（上冊）、183頁。

87　同上。

続いて、1956年3月に開かれた内モンゴル党委第三次牧畜地域活動会議において、牧畜地域における階級区分の問題が次のように提起された。(1)民主改革の際に牧畜地域においては階級区分がおこなわれなかったことが考慮され、社会主義的改造においても公開の階級区分の運動がおこなわれないことが定められた。同時に、牧畜地域の階級状況を把握することが必要とされた。(2)党内部で把握された階級問題は、旗、県レベルの党委員会委員に知らせることにとどめ、牧場主の区分は旗委員会において研究をおこない、名簿を作成して、盟の党委員会の批准を経て、内モンゴル党委に報告すること。

　討論を経て、牧場主を確定する基準は、その搾取量を根拠とする。大量の家畜を所有し、その搾取量が50%の者は牧場主と判定される、という基準で意見が一致した。具体的には、2,000頭以上の家畜を所有し、3人以上の労働者を雇用する者が牧場主になる。そして実際の状況に基づいてさらなる以下のような詳細な規定が定められた。

> ①大量の家畜を所有しても、自己労働によるものであり、搾取なしまたは微量の搾取のみの場合、牧場主と判定しない。
>
> ②所有する家畜が1,000頭以上2,000頭以下で、労働能力があるのに生産労働に参加せず、搾取量70%を超える者は、牧場主と判定する。
>
> ③所有する家畜が1,000頭以上2,000頭以下で、労働力である放牧者が軍隊に入隊するか、ほかの仕事に従事するか、または病弱により牧畜業経営をいとなむことができない者は、その搾取量が70%を超えても、牧場主と判定しない[88]。

　内モンゴル自治区の実状と上記の牧場主階級判定基準によって、牧場主の割合は、旗単位内においては5%を超えていない。貧困牧民と中等牧民の基準は、一部の家畜（30頭以下）と未熟な生産道具を所有し、一般的には労働力を売り出すことに依拠して生活を維持する者は、貧困牧民と判定される。貧困牧民と牧場主のあいだの者は、中等牧民と判定される。

　当時の階級政策は、貧困牧民（非富裕の中等牧民を含む）に依拠し、中等牧民を団結させて、漸次に牧畜業経済を改造する政策であった。また牧場主に対する総合政策は、政治、経済の面において適切に配慮する政策であっ

88　「内蒙古党委第三次牧区工作会議総結」（1956年3月28日）前掲『内蒙古畜牧業文献資料選編』第二巻（上冊）、192–193頁。

た[89]。牧場主に対するこの政策は、牧畜業経済のもろくて弱い特徴、牧場主改造に関連する数多くの中等牧民及び牧場主経済の特徴、民族的特徴と平和改造の方針により提起されたのである。当該政策の目的は、牧畜業生産を安定させ、発展させたうえで、牧場主に対する社会主義的改造を実現させ、牧場主階級を消滅させることにあったとおもわれる。大会の討論を経ての牧場主に対する社会主義的改造の方法は、牧場主との共同経営牧場の方法と牧場主を協同組合に加入させる方法であった。

3-4　牧場主に対する社会主義的改造の結果と問題点

　まず、公私共同経営牧場の場合には2つの組織方法があった。そのひとつは、牧場主の家畜を基本として、政府が投資し幹部を派遣して共同経営をおこなう方法で、公私共同経営牧場の生産手段（牧畜業の場合は、おもに家畜を指す。以下同）は国家と牧場主が共同所有するというものである。しかし、実際には生産手段の支配権、経営権、人事権などが国家に移された。すなわち、牧場主の家畜に値段を付けて共同経営牧場化したあと、共同経営牧場から牧場主に固定利息をはらった。生産手段から牧場主が得る収入は固定利息だけになる。これが当時の公私共同経営牧場の主要な形であった。

　もうひとつは、牧場主の家畜を共同経営牧場化し、牧場主と牧場が一定の割合に応じて収益を分配する方法である。すなわち、総収入から当該年度の生産支出、税金を除き、さらに残りの収益総額の40％を公共積立金、企業奨励金にし、60％を牧場主の所得にするというものである。

　次に、牧場主が牧畜業生産協同組合に参加する場合の方法は、牧場主が協同組合に移した家畜の20〜30％が株基金として割り当てられ、組合の家畜の一部とされ、牧場主は一般の協同組合員と同様、株主になり配当をうけることができた。残りの部分については、一般的には価格を付けて固定利息を支給する。

　共同経営牧場の場合、①牧場主に牧場長、副牧場長またはそのほかの相応な職務を担当させる。②牧場主の従来のスルクを集団化せず、従来通り、その収益分配を許可する。③収益、固定利息、自留家畜などの面においては、

89　同上、193頁。

寛大に扱う。④勤労、節約の経営で生産を発展させる方針を実施する。⑤牧畜業労働者に仕事を与える[90]。

　牧場主を協同組合に加入させる場合、①指導幹部の強い協同組合に所有する家畜がすくない牧場主を加入させる。②牧場主に協同組合の主任、副主任、会計係などの主要な職務を担当させない。③株、収益分配においては相互利益を確実に確保する。④牧場主の従来のスルクを集団化せずに、従来通り、その収益の分配を許可する[91]。

　他方では、牧場主に対する社会主義的改造は、平和的方針と有償買い取り政策が実施された。また、牧場主に対する社会主義的改造をおこなう過程において、牧場主の生活に適切に配慮し、牧畜業生産を安定的に発展させる。牧場主に対する社会主義的改造において、その大多数の牧場主に対し公私共同経営牧場に加入させ、一部の牧場主を協同組合に加入させた。共同経営牧場は、全民所有制への過度的な形式である。牧場主が共同経営牧場に加入する際には以下のように要求された[92]。

　第一に、必ず党員幹部に共同経営牧場長を担当させ、一部の牧民党員を共同経営牧場に派遣する。牧場主本人は、相応な指導的地位を担当させ、あるいは一般の職務に配置する。牧場主の家族に対しては、労働に従事することができる者を共同経営牧場で働かせ、一般の牧民と同様に労働し、同様の報酬をもらう。

　第二に、共同経営牧場は、一般的に固定利息制を実施し、その固定利息の基準は、牧場主の生活のレベルを低下させないことを保障する原則のもとで、年間最大利息は 2 〜 5 ％となる。牧場主の自留家畜は、原則上生活に必要な乗馬、役畜、乳牛、食用の羊などは許可すること。自留家畜は、一律に共同経営牧場に移して統一経営し、牧場主は管理費を支出する形となる。牧場主の従来の「スルク」は、一般には回収しない。その家畜は、協同組合に移す場合、一律に価格を付けて固定利息を給付する。この場合の固定利息の

90　「内蒙古党委関於第三次牧区工作会向中央的報告」（1956 年 6 月 21 日）前掲『内蒙古畜牧業文献資料選編』第二巻（上冊）、211 頁。

91　同上。

92　「鼓足幹勁、力争上游、多快好省地建設社会主義的新牧区——烏蘭夫同志在第七次牧区工作会議的総結報告」（1958 年 7 月 7 日）前掲『内蒙古畜牧業文献資料選編』第二巻（上冊）、409–410 頁。

基準は、共同経営牧場の場合より低くするべきである。

　第三に、共同経営牧場においては、民主管理を実施し、党委と牧場長の指導下に管理委員会が設けられた。牧場主を動員し、労働に参加させ、自己労働に依拠する生活ができる労働者になるまでに共同経営牧場の労働者総会（"工会"）に参加させない。

　第四に、牧場主の所有する家畜以外の資金とえられる固定利息などの共同経営牧場への投資、工業とインフラ建設をおこなうことを奨励する。

　第五に、共同経営牧場は、生産計画を策定し、一般的には、家畜の純増加率を30％以上にたもつことが、要求される。

　また、社会主義的改造の後期において、牧場主に対する改造は、深刻な階級闘争であるとみられていた。牧場主に対する政治政策は、闘争があるとともに団結もあり、厳しい態度をもつとともに寛大な姿勢ももつが、寛大は限度のあること、という内容であった[93]。

　寛大とは、牧場主に対し、経済面の改造は有償買い取り政策と同時に、生活上においては配慮する。また、社会主義を積極的に擁護する代表的な者に政治上においても相応な地位を与える。例えば、政治協商委員会あるいは大衆団体に職務を与える。思想改造においては、漸次的、緩和的な方式をとる。

　限度とは、牧場主に対する社会主義的改造においては、寛大な待遇を与える一方、社会主義の根本的な利益を損害してはならない。例えば、牧場主は家畜を共同経営牧場に移しても、牧畜業生産を破壊してはならない。自留家畜のことにおいても、生活に必要なもののみに限定する。固定利息においてもある程度に配慮するが、公共利益に損失をもたらしてはならない。

　個人牧民経営に対する社会主義的改造が1953年12月から始まったことと比べて、牧場主経営に対する社会主義的改造は比較的遅く、1956年から始まった。同年1月17日の「牧場主会議におけるフルンボイル盟委員会の報告要点に対する内モンゴル党委の指示」では、牧場主経営に対し、①平和的改造をおこなう、②相当の長い時間をかけ、よりおだやかな方法で実行する、③おもに公私共同経営牧場を組織し、一定の条件の下で牧場主の牧畜業

93　同上、411頁。

協同組合参加を許可する、などの方針を明確にした[94]。この方針にしたがって牧畜業生産協同組合化は、公私共同経営牧場の組織と、牧場主の協同組合への参加の形式でおこなわれた。

　1956年の統計によれば、内モンゴル牧畜地域の牧場主は463戸であり、全体の0.54％を占め、地域家畜総数の8.8％を占める109万6,000頭を所有し、一戸平均で牧場主の所有する家畜は2,400頭であった。これらの牧場主は、1,454人の雇用労働者と1,586戸のスルク戸を雇用していた[95]。

　1956年6月、内モンゴル党委の批准を経て、シリンゴル盟に4つの公私共同経営牧場、オラーンチャブ盟に3つの公私共同経営牧場が組織されたのは、この運動のハイライトだった。また、1956年9月時点までに、内モンゴルの牧畜地域においてつくられた11の共同経営牧場に19の牧場主が加入した。これらの牧場主の所有していた8万3,420頭の家畜のうち3万7,152頭の家畜は、共同経営牧場に投入された。これらの共同経営牧場に加入した牧場主に牧場長あるいは副牧場長を担当させた。また、かれら牧場主が数多くの家畜を私有することが許可されたのとともに、共同経営牧場に投入した家畜には、2～6％の固定利息を支給された[96]。

　1957年2月の時点では、29戸の牧場主が13の共同経営牧場に加入し、19戸の牧場主が協同組合に加入した[97]。同年12月、内モンゴル自治区全体で31戸の牧場主が参加する15の公私共同経営牧場が組織された。そのほか11戸の牧場主が協同組合に参加した。公私共同経営牧場や牧畜業協同組合に参加した牧場主戸の数は、牧場主総戸数の約5％を占めた[98]。さらに、1958年には、公私共同経営牧場の数は122となり、牧畜業協同組合に参加した牧場主以外のほとんどの牧場主が公私共同経営牧場にくわわり、牧場主経営に対す

94　「内蒙古党委対呼盟盟委在牧主会議上的報告要点的請示的批復」（1956年1月7日）前掲『内蒙古畜牧業文献資料選編』第二巻（上冊）、172–175頁。

95　「内蒙古党委農村牧区工作部関於牧区牧畜業社会主義的改造和牧区建設問題的匯報」（1956年9月12日）前掲『内蒙古畜牧業文献資料選編』第二巻（上冊）、228頁。

96　同上。

97　「調動一切力量為争取1957年農牧業大豊収而奮闘——楊植霖同志在旗県長会議上的報告」（1957年2月25日）前掲『内蒙古畜牧業文献資料選編』第二巻（上冊）、274頁。

98　内蒙古自治区畜牧業庁修志編史委員会編『内蒙古畜牧業発展史』内蒙古人民出版社、2000年、115頁。

る社会主義的改造が完了した[99]。

　牧場主に対する上記の政策が実施される過程において、次のような問題が
生じた。

　　①牧場主への報酬が統一されていなかった問題。例えば、フルンボイル
　　　盟地域の牧場主に支給する利息は 2 ％であったのに対し、シリンゴル
　　　盟地域の牧場主に支給する利息は 6 ％であった。

　　②牧場主の家畜に付けた価格が、安かった問題。例えば、フルンボイル
　　　盟の「五一」行動経営牧場の場合、牧場主の共同経営牧場に投入され
　　　た家畜に対する価格付けは、当時の市場価格より20％安かった。

　　③シリンゴル盟地域における牧場主への報酬を規定する際に、牧場主の
　　　収入を計算したうえで協議したのではなく、内部最高の基準（ 6 ％の
　　　利息）を牧場主へ知らせたことにより、牧場主の提起した最高基準
　　　（ 6 ％利息）にしたがわざるをえなかった。

　　④牧場主の協同組合へ加入する際の規定が厳し過ぎた結果、牧場主の
　　　収入が協同組合に参加する場合より、一般の牧民よりも減少した問
　　　題[100]。

　　⑤フルンボイル盟の牧畜業 4 旗（陳バルガ旗、エベンキ旗、新バルガ左
　　　旗、新バルガ右旗）、及びホルチン右翼前旗、ジャライド旗の 2 つの
　　　ノトグの牧場主（各1,000頭以上の家畜をもち、 2 人以上の労働者を
　　　雇用する者）は66戸であり、牧畜業戸数全体の0.98％を占めていた。
　　　これらの牧場主のなかの一部の者は、「家畜分配をせず、階級区分を
　　　せず、階級闘争をせず、家畜主と牧畜労働者の両方の利益になる」政
　　　策に対し憂慮し、牧畜業生産に消極的であった。例えば、大量の家畜
　　　を売り出して、ほかの生活用品を買うこと、家族と家畜を分散させる
　　　こと、家畜を金か銀に替えること、寺院に大量の家畜を上納するこ
　　　と、などをおこなっていた。また、「スルク」政策を疑い、大量の請
　　　け負い期限未到の「スルク」を回収し、賃金政策を守らず、雇用した

99　郝維民主編『内蒙古自治区史』内蒙古大学出版社、1991年、125頁。
100　同上、229–230頁。

労働者の給料を時間通りに払わないことも生じていた[101]。

4　牧畜地域における人民公社化

　内モンゴルの牧畜地域における人民公社化は、1958年から推進され、1961年に完了した。この体制は、1983年までつづいた。本節では、内モンゴルの牧畜業における人民公社化の政策策定には、どのような特殊な背景があったのか、どのような状況認識にもとづき、どのような目的で決定されたのか、また、実施の過程でどのような問題が生じたのか、その要因はなにか、などの問題を究明したい。

4-1　牧畜地域における人民公社化の背景
　内モンゴルの牧畜地域における人民公社は、それ以前の集団経営形態であった協同組合を改造してつくられた。協同組合と異なるのは、集団所有制の規模が大きく、公有化程度が高いことであり、協同組合が経済組織であったのに対し、人民公社は行政と経済組織が一体化していた。この点は牧畜業人民公社も一般の農業人民公社と同様である。一方、農業地域における人民公社化と異なる点もあった。農業人民公社は総じてすでに組織されていた農業生産高級協同組合のもとで進められたが、内モンゴルの牧畜業における人民公社化の場合、牧畜業初級協同組合や互助組の次の段階にあたる牧畜業生産高級協同組合が組織されることなく、直接、牧畜業人民公社が組織されたのである。すなわち、1958年の人民公社化開始時、かれらはまだ牧畜業生産初級協同組合や互助組の段階にあった。このような一足飛びの協同組合化の進展は、牧畜業における人民公社化の政策策定に密接に関連している。したがって、牧畜業における協同組合化とその進展を提示することは、牧畜業人民公社を検討するための不可欠で基本的な作業となる。
　社会主義諸国では1953年から、各領域における社会主義化が積極的に進められた。そのようななかで中国は、1949～1952年の国民経済復興の時期を経て、1953年から、国家の社会主義工業化、農業・手工業・商工業など

101　「呼盟盟委、呼盟人民委員会在牧主座談会上報告要点的請示」(1956年1月11日) 前掲『内蒙古畜牧業文献資料選編』第二巻（上冊）、169頁。

の集団化、国有化といった社会主義的所有を実現するための社会主義的改
造を開始した。また、社会主義への移行という面では、少数民族が居住する
非漢人地域と漢人地域には違いはないとみなされ、モンゴル人やカザフ人と
いった少数民族のおもな産業である牧畜業においても社会主義的改造が推進
された。

　内モンゴルの牧畜業の場合、協同組合化は1953年からはじまり、「大躍進」
運動が開始される1958年にはほぼ完了した。なお、内モンゴルの牧畜業に
おける協同組合化の政策策定とその内容や背景、とられた具体的方法と地域
ごとの進展およびその過程において生じた諸問題とその要因などの詳細につ
いては、第 2 節ですでにあきらかにしたので、ここでは、牧畜業協同組合化
の全体的な進展をみてみたい。

　そもそも内モンゴルの牧畜地域には、季節的扶助グループ（qorsiy-a）や
通年的扶助グループという原始的伝統的な互助組織があった。これらの牧畜
業生産互助組は、季節ごとに変化する牧畜業生産の作業内容や天候、個々の
牧民の経営状況といった客観的要因にもとづき、個人経営の牧民たちが自ら
の意志で組織したものであった。

　従来牧民のあいだで自主的に組織されていたこれらの牧畜業生産互助組織
の規模に目を向けると、1952年時点で689の牧畜業生産互助組が存在し、加
入牧民戸数は4,625であった（表2-8を参照。以下とくに注釈がないかぎり、
牧畜業互助組・牧畜業協同組合に関する数字は表2-8によるもの）。また、
互助組のうち、通年的互助組は10、季節的互助組は679であり、それらに参
加する牧民戸数はそれぞれ78戸と4,547戸であった。ここからは、季節的互
助組の数とその加入牧民戸数が、互助組のなかで圧倒的多数を占めていたこ
とがわかる。このことは、季節の移り変わりにともなっておとずれる牧畜業
生産の繁忙期と災害時に役割を果たす季節的互助組の方が、通年的互助組よ
りも必要であったことを示している。

　ただし全体からみると、互助組に参加する牧民戸数は牧民全体数の6.84％
（4,625戸）にすぎず、このことから、互助組自体は、それほどの必要性を有
さなかったと理解できる。

　しかし、社会主義的所有の実現のために1953年からはじまった社会主義
的改造において、互助組化や協同組合化が推進されたことにより、互助組は

表2-8　牧畜業生産互助組・協同組合に参加した牧民世帯数

(単位：戸)

		1952年	1953年	1954年	1955年	1956年	1957年	1958年
協同組合	組織数	2	2	8	20	450	649	2,922
	戸数	32	32	140	4	15,371	22,064	67,855
	全体に占める割合	0.40%	0.40%	0.18%	0.43%	19.17%	27.09%	80.16%
互助組	組織数	689	1,287	5,151	5,654	3,499	3,442	746
	参加戸数	4,625	8,568	33,271	32,651	37,818	46,018	13,656
	全体に占める割合	6.84%	11.28%	42.71%	40.94%	47.17%	56.50%	16.13%
通年的互助組	組織数	10	30	252	507	2,027	2,363	629
	参加戸数	78	327	2,548	4,852	26,287	33,877	11,507
	全体に占める割合	0.12%	0.43%	3.27%	6.08%	32.78%	41.59%	13.59%
季節的互助組	組織数	679	1,257	4,899	5,147	1,429	1,079	117
	参加戸数	4,547	8,241	30,723	27,799	11,531	12,141	2,149
	全体に占める割合	6.72%	10.85%	39.44%	34.86%	14.39%	14.91%	2.54%

出所：内蒙古自治区統計局『内蒙古自治区国民経済統計資料（1947〜1958）』（内部資料）24–25頁をもとに筆者作成。

急速に増えてゆき、その数は1955年のピーク時には5,654にも達した。他方、互助組に参加した牧民戸数がもっとも多かった年は1955年ではなく1957年である。もう少し詳しく数値を比較すると、互助組の数が5,654（1955年）から3,442（1957年）に減ったのに対し、それに参加する牧民戸数は32,651（1955年）から46,018（1957年）に増えている。このように、互助組に組織された牧民戸数が増加する一方で互助組の数が減少したことは、互助組合の規模が拡大したことを示している。すなわち、牧畜業における制度面での社会主義的改造の進行により、集団所有の規模が大きくなっていったのであ

る。

その後の1958年に「おおいに意気ごみ、つねに高い目標をめざし、多く、速く、立派に、むだなく社会主義を建設する」とうたわれた社会主義建設の総路線のもとで、内モンゴルの牧畜業に協同組合化の高揚期が訪れた。互助組の数は3,442（1957年）から746（1958年）に、それに組織された牧民戸数は、牧民戸総数の56.50％を占める 4 万6,018戸（1957年）から、16.13％に相当する 1 万3,656戸（1958年）に減少した。

その一方で、協同組合の数は649（1957年）から2,922（1958年）に、それに組織された牧民戸数は、牧民戸総数の27.09％にあたる 2 万2,064戸（1957年）から80.16％に相当する 6 万7,855戸（1958年）へと急激に増加した。ここではっきりみられるのは、互助組から協同組合へ移行する傾向である。

こうして、1958年には牧民総数の96.29％にあたる 8 万1,511戸の牧民が互助組や協同組合に編入されていた。さらに、122の公私共同経営牧場に編入された458戸（牧民総数の0.54％）を加えると、 8 万1,969戸（牧民全体総数96.80％）の牧民が互助組、協同組合と公私共同経営牧場に組織されたことになり、これをもって内モンゴルの牧畜業における互助組化と協同組合化がほぼ完了した。

牧畜業における互助組化と協同組合化は完了したものの、組織された協同組合のほとんどが牧畜業生産初級協同組合で、一部は互助組であった。組織された牧畜業協同組合と互助組の規模（参加する戸数）を計算すると、 1 組合あたり平均でそれぞれ23戸と18戸になる[102]。内モンゴルの農業協同組合の平均が138戸であるのと比べるとその規模の小ささはあきらかである。これらは、内モンゴルの牧畜業における人民公社化の政策決定のひとつの重要な要素になった。

4-2　牧畜地域における人民公社化政策
4-2-1　農業地域における人民公社化
1950年代の中国では、各領域において制度面での改造が推進されたが、

---

102 内蒙古自治区統計局『内蒙古自治区国民経済統計資料（1947〜1958）』〈内部資料〉24–25頁。

そのプロセスのほとんどは、農業から着手された。人民公社の設立の場合も、農業人民公社の組織からはじめられた。したがって、牧畜業人民公社を検討するまえに、先行しておこなわれた農業における人民公社化について概観しておく必要がある。

　よく知られているように、成都会議（1958年3月8〜26日、中央部門責任者、各省・市・自治区党委第一書記参加）において「おおいに意気ごみ、つねに高い目標をめざし、多く、速く、立派に、むだなく社会主義を建設する」という社会主義建設期の総路線が毛沢東により提起され、中国共産党第8期2中全会（1958年5月5〜26日）で採択されたことで、これが中国共産党の方針となった。この総路線のもっとも核心的な内容のひとつは、制度面での集団経営化である人民公社化である。

　中国最初の人民公社である河南省の衛星人民公社は1958年4月20日に設立された[103]。その後、そこを視察に訪れた毛沢東による「発見」と人民公社という名称の提案を経て、8月29日に河北省の北戴河で開かれた中共中央政治局拡大会議（通常、北戴河会議とも呼ぶ）で「農村の人民公社設立についての中共中央の決議」が採択された[104]。

　「決議」では、(a)農民を指導して社会主義建設のテンポを速め、予定よりも早く社会主義を完成し、次第に共産主義へ移行していくために、工業、農業、商業、文化、教育、軍事を互いに結び付けた人民公社を作ることがぜひとも必要である、ということが明記された。これが人民公社設立の目的である。(b)一般的に「1郷は1人民公社」という組織の規模と、「政社合一」原則、すなわち、郷の党委員会は人民公社の党委員会を兼ね、郷人民委員会は人民公社事務委員会を兼ねることが定められた。(c)小さい協同組合を合併して大きな協同組合にし、これを人民公社にきりかえてゆく、という手法が書き込まれた。(d)人民公社は、社会主義を完成し次第に共産主義へ移行するう

---

103 『人民日報』1958年8月28日。
104 人民公社化政策の決定に至るまでの具体的なプロセスについて、くわしくは小島朋之「1958年の人民公社化運動における中央と地方——大躍進期の大衆路線」島倉民生・中兼和津次編『人民公社制度の研究』アジア経済研究所、1980年；同「1958年における中国共産党の政策決定過程——人民公社化「運動」をめぐる毛沢東と党中央との合意成立のメカニズム」石川忠雄教授還暦記念論文編集委員会『現代中国と世界——その政治的展開　石川忠雄教授還暦記念論文集』1982年を参照。

えでの最適な組織形態である、と位置づけられた[105]。

　この「決議」が 9 月 10 日付の中国共産党機関紙『人民日報』に掲載されたことで、人民公社化は正式に開始された。そして、それまでの農業生産の初級協同組合や高級協同組合を格上げする形で農村に人民公社が組織されていった。はやくも同年 10 月には、チベットおよび若干の地域をのぞく中国全土の農村で人民公社が設立された。統計によれば、1958 年 11 月はじめの時点で、全国各民族の農民の 99.1％に相当する 1 億 2,690 万戸あまりが 2 万 6,500 あまりの人民公社に組織され、その規模は平均して 1 社あたり 4,756 戸に達していた[106]。このような急速な人民公社化は、社会主義建設の総路線によるものであるとおおいに宣伝された[107]。

　農業における人民公社化は、少数民族地域においても一般の漢人地域とほぼ同じ歩調で進行した。例えば、1958 年 9 月に広西チワン族自治区の農業人民公社化は達成され、918 の農業人民公社が設立され、97％以上の農業戸は人民公社に入社した。同年 10 月に寧夏回族自治区の農業人民公社化は達成され、157 の農業人民公社が設立され、31 万の農業戸は人民公社に入社し、農業戸全体の 95.91％を占めた。同時に新疆ウイグル自治区の農業人民公社化は同年 10 月に達成されている[108]。

　内モンゴルでは、1958 年 9 月 21 日から 29 日までのあいだに 465 の人民公社が設立された。翌 10 月に内モンゴルの 152 万 8,499 の農業戸 855 万 8,449 人から構成される 1 万 1,049 の協同組合が 803 の人民公社に組織された[109]。人民公社の最小規模は 200 戸、最大規模は 1 万 4,000 戸である[110]。計算してみると、1 農業人民公社あたり平均 1,903 戸になる。全国の平均戸数（4,756 戸）よりは少ないが、もとの協同組合（ひとつの協同組合を平均 138 戸で構成）に比

---

105 「農村の人民公社設立についての中共中央の決議」日本国際問題研究所現代中国研究部会編『中国大躍進政策の展開——資料と解説』（上巻）日本国際問題研究所、1973 年、246–249 頁。
106 『人民日報』1958 年 11 月 31 日。
107 たとえば、『人民日報』1958 年 12 月 19 日付では「人民公社の出現は、偶然ではなく、それがわが国の経済、政治の発展の産物であり、党の社会主義整風運動、社会主義建設総路線および 1958 年における社会主義建設の大躍進の産物であることを示している」と宣伝されている。
108 『広西日報』1958 年 9 月 16 日；『人民日報』1958 年 10 月 24 日；当代中国民族工作編輯部『当代中国民族大事記（1949〜1988）』民族出版社、1989 年、122–124 頁。
109 『内蒙古日報』1958 年 9 月 30 日。
110 『内蒙古日報』1958 年 10 月 9 日。

べ14倍に拡大されたことになる。同時に、内モンゴルの農業地域には 1 万2,353の公共食堂、 1 万9,067の保育園、2,063の裁縫組などがつくられた[111]。

4-2-2　牧畜地域における人民公社化政策

農業地域における人民公社化の展開につれて、牧畜地域における人民公社化も始まったのである。

1958年 6 月20日～ 7 月 9 日にシリンゴル盟シリンホト市で開催された内モンゴル党委第 7 次牧畜地域活動会議では、社会主義建設の総路線のもとでの内モンゴルの牧畜業における集団経営化が中心的な課題として討論された。会議中の 7 月 7 日に内モンゴル自治区党委書記、政府主席であるオラーンフーがおこなった「おおいに意気ごみ、つねに高い目標をめざし、多く、速く、立派に、むだなく社会主義の新しい牧畜地域を建設する」（"鼓足幹勁、力争上游、多快好省地建設社会主義新牧区"）という題目の総括的報告が、討論の結論となった。以下、この報告のおもな内容についてみてみよう。

第一に、社会主義建設の総路線のもとでの革命の新たな任務は、「ひきつづき経済戦線、政治戦線と思想戦線の社会主義革命を完成させると同時に、積極的に技術革命と文化革命を実現させて、我が国を現代工業、現代農業と現代科学文化を有する社会主義の国家に建設すること。」と指摘された[112]。

さらに、社会主義建設の総路線のもとでのモンゴルの牧畜地域における最も主要な任務は「ひきつづき牧畜業の社会主義的改造を完成させ、牧畜業経済の社会主義的制度を強固にし発展させること」と指摘された。1958年 7 月 7 日時点における牧民戸総数の85％が属する2,083の牧畜業生産初級協同組合[113]を牧畜業生産高級協同組合にきりかえることを指している。このきりかえをおこなう理由としては次の二点があげられている。一つは、従来組織された牧畜業生産協同組合は「半社会主義的」性格をもつものであり、「完全な社会主義的」性格の牧畜業生産協同組合化へ移行させる必要があること

---

111 常振玉「内蒙古農村人民公社化運動的初歩総結」『内蒙古日報』、1958年10月 9 日。なお、常振玉は、当時、内モンゴル党委農牧部長を担当していた人物である。

112 「鼓足幹勁，力争上游，多快好省地建設社会主義新牧区——烏蘭夫同志在第七次牧区工作会議的総結報告」（1958年 7 月 7 日）内蒙古檔案館11-12-146。

113 同上。

である。この報告がされた時点での協同組合の規模は当時進行中の「大躍進」運動に適応するためのものであるとされた。もう一つは、二つの路線の問題である。すなわち、協同組合化が実現したのち、社会主義の道を歩むか否か、「促進派」になるか「促退派」になるかが、牧畜地域におけるふたつの路線の闘争の中心的な問題であるとみなされた。また、第2節ですでに述べたように、1956〜1957年の間に牧畜業において進められた協同組合化の過程において、強制的な集団化の影響で、牧民の生産の意欲がくじかれ、対象家畜の屠殺と売却がおこなわれたが、オラーンフーはこれを資本主義の傾向として批判した[114]。

　第二に、牧畜業生産高級協同組合を組織する際の基準として「大部分の家畜を集団所有化することと、収益を労働に応じて分配する原則を実施すること」が示された。ただし依然として、牧民の「自留家畜」を留保すること、「自留家畜」の数量については旗政府と牧民とのあいだの相談のうえで定めること、そして高級協同組合を組織する際には盟級の機関の承認を得ることが必要であるとされた[115]。ここからは、牧畜業生産高級協同組合を設立する際の内モンゴル党委の慎重な姿勢がうかがえる。

　報告ではさらに、高級協同組合の規模について、放牧地や居住条件を考慮し、生産や指導に有利になるようにすることを原則として、一般的には50〜80戸にするべきであり、はじめての協同組合の規模は20〜30戸程度が適切であるという基準が示された。そしてひとつの協同組合を中心にして複数の協同組合で構成される連合協同組合を設立し、のちに合併して高級協同組合にする、という計画も提示された[116]。

　このように、報告は、牧畜業初級協同組合をより高い集団経営の性格をもつ高級協同組合へ移行させることの理論的根拠を提示するとともに、その必要性の強調と、組織する際の手順の提起を内容としていた。

　内モンゴル党委はこの報告を「牧畜地域における社会主義建設の総路線を具体化したものであり、一定の期間の牧畜地域における工作綱領である」とみなしたうえで、「各級党委、政府の党組織は真剣に討論して徹底しよう」

---

114 同上。
115 同上。
116 同上。

と呼びかけた。さらに、報告で提起された方針を実施するために「報告の方針を命令や指示の形で通達すること、報告の趣旨に反する過去のすべての法令を修正あるいは廃止すること」という指示が、1958年7月31日内モンゴル党委により出された[117]。

　上述のことから、1958年7月末までは、「総路線」の内モンゴルの牧畜業における実施とはおもに、牧畜業初級協同組合を高級協同組合へ移行させることを指していたと理解できよう。

　その後、北戴河会議で「農村の人民公社設立についての中共中央の決議」が採択され、中国全体の人民公社化が進行するなかで、しだいに内モンゴルの牧畜業における人民公社化にも目が向けられるようになった。

　牧畜業初級協同組合をより大きな協同組合に編成する問題と人民公社を設立する問題がはじめて討論されたのは、内モンゴル党委の東部地域盟・市書記会議（8月中旬、通遼市）、西部地域の盟・市書記会議（同月下旬、フフホト市）においてである。その後内モンゴル党委の盟・市委第1書記会議（8月31日）、盟・市委書記電話会議（9月9〜10日）での議論を経て、9月21日に開催された内モンゴル党委第1期8次全体委員（拡大）会議において「人民公社化を実現させる初歩的計画に関する内モンゴル党委の決議」が採択された[118]。

　「決議」では、人民公社の建設が農業地域、牧畜地域の大衆の共通の目標とされ、牧畜地域においても漸次人民公社を設立することが提起された[119]。一方、「決議」では、年内は人民公社の組織、設立をしないことが決定されたが、牧畜業における集団経営化に対しては、工業、農業、商工業、学校、軍事の一体化の若干の内容と方法を牧畜業生産協同組合にも応用していく方針が提起された。

　方針のおもな内容は次の通りである。(a)牧畜業の生産や組織の方法については協同組合でおこなわれていたものを引きつづき採用するとともに、ひと

117　同上。
118　「内蒙古党委関於実現人民公社化初歩規劃的決議——内蒙古党委第一届第八次全委拡大会議通過」（1958年9月21日）中共内蒙古自治区委員会党史研究室編『"大躍進"和人民公社化運動』中共党史出版社、2008年、178–185頁。
119　すでにふれた内モンゴルの農業地域における人民公社化も、この「決議」の採択後、急速に進められた。

つの協同組合あるいは連合協同組合を中心に工業生産の拡大、商店の建設、民兵の組織、学校の設立などをおこなう。(b)これらをおこなう場合は、必ず牧畜業生産の発展に有益でなければならないということを前提とする。

　このように「決議」で提起された方針は、協同組合に関する提案にとどまっていた。この決定を打ち出した内モンゴル党委には、内モンゴルの牧畜業における人民公社化について次のような認識があった。

　第一に、牧畜業における協同組合化は完了したばかりで、しかもほとんどが牧畜業生産初級協同組合および公私共同経営牧場の段階にある。この段階でのもっとも差し迫った任務は、牧畜業生産協同組合を整頓し、牧畜業生産の発展を保障することであるという認識。

　第二に、農業における人民公社化も進行過程のただなかにあり、牧畜業における人民公社化にとって参考となる完成した方法や経験を提供することは不可能であるという認識。

　第三に、牧畜業の人民公社化には、農業人民公社化とは異なる方法が必要だが、それは、未解決の課題であるという認識[120]。

　これらをふまえた方針は、牧畜業における協同組合化の進展状況とそれにともなって生じた諸問題などの実情を考慮した内モンゴル党委の慎重な姿勢を示していると考えられる。しかし、中国全体の農業人民公社化の急速な進行の影響を受け、内モンゴルの牧畜業における人民公社化も急ピッチで進められていくことになる。

4-3　牧畜地域における人民公社化の加速

　内モンゴル牧畜業における人民公社化がいかに急速に推進されていったのかについて、いくつかの具体的な実例をあげてみよう。

　第一に、盟単位での人民公社化については、シリンゴル盟の例をあげることができる。1958年 9 月23日、内モンゴル最初の牧畜業人民公社——シリンゴル盟正藍旗の上都河人民公社が設立された。この人民公社は、当時、牧畜業人民公社の模範例として「共産主義の花」と呼ばれた[121]。そして、それ

---

120 「内蒙古党委関於実現人民公社化初歩規劃的決議——内蒙古党委第一届第八次全委拡大会議通過」（1958年 9 月21日）前掲『"大躍進" 和人民公社化運動』184–185頁。

121 前掲『内蒙古畜牧業発展史』、158頁。

までに存在した812の牧畜業生産初級協同組合が、年末までに34の牧畜業人民公社に編入された[122]。これにより、シリンゴル盟の全牧畜戸総数の99.8%にあたる戸が牧畜業人民公社に組織された。こうして、この盟では、内モンゴルのなかでもっとも早く牧畜業人民公社化が実現した。

　第二に、より小さい単位であるソム（内モンゴルの牧畜地域の行政単位。一般の漢人農業地域の郷とはほぼ同等）での事例として、イフジョー盟ハンギン旗のアスラント・ソム、ハルチャイダン・ソムをとりあげてみよう。1958年11月の時点で、ふたつのソムにそれぞれ牧畜業人民公社が建設され、20の牧畜業協同組合に属していた1,766戸（7,658人）の牧民全員が、牧畜業人民公社に編入された[123]。

　第三に、人民公社が複数の民族で構成された事例として、達賚人民公社をとりあげることができる。フルンボイル盟新バルガ右翼旗の達賚人民公社は、1958年11月に設立された。これは11の牧畜業初級協同組合と2つの公私共同経営牧場が合併されたものであり、全戸数は414戸、人口は1,804人である。民族構成からみれば、モンゴル人、ダウール人、マンジュ人、エベンキ人によって構成されていた[124]。なお、このような多民族で構成される人民公社が設立された[125]という点は、農業地域においても同様である。

　第四に、内モンゴル牧畜地域全体をみると、1958年9月から12月末までのあいだに設立された152の人民公社に9万9,334戸の牧民が編入されている（表2–9を参照）。計算してみると、1牧畜業人民公社あたり521戸になる。翌年春には、牧畜業人民公社は160になり、牧畜地域の牧民の全員が人民公社に編入された。また、122の公私共同経営牧場が42の公私共同経営牧

122　内蒙古自治区統計局『内蒙古自治区国民経済統計資料（1947〜1958）』（内部資料）24–25頁。
123　「暴彦巴図同志関於牧区人民公社当前的情況、存在的問題和解決意見的報告」（1958年11月）内蒙古党委政策研究室・内蒙古自治区農業委員会編印『内蒙古畜牧業文献資料選編』第二巻（上冊）、呼和浩特、1987年、468頁。
124　中共内蒙古自治区委員会調査組「達賚湖畔的新面貌——内蒙古新巴尔虎右翼旗達賚人民公社調査」（1959年10月24日）新華通信社『農村人民公社調査彙編』上、内部資料、1960年、186頁。
125　たとえば、イフジョー盟ハンギン旗の永勝農業人民公社は、モンゴル人、漢人、回人から成る22の高級協同組合の5,434戸で（人口は2万3,831人）構成された。また、ジリム盟ホルチン左翼中旗架嗎吐農業人民公社は、蒙・漢雑居地域の104の高級協同組合により編成された農業人民公社であり、そのうち、漢人人口は4万4,500人、モンゴル人人口は1万8,000人であった（中共内蒙古自治区委員会調査組「蒙漢協作的強大威力——内蒙古科左中旗架嗎吐人民公社的新景象」前掲『農村人民公社調査彙編』181頁）。

場に合併された。これで、内モンゴルの牧畜地域における人民公社化が完了した[126]。

　以上のことから、内モンゴルの牧畜業における人民公社化がいかに急速に進められたかはあきらかであろう。

表2-9　内モンゴル牧畜業人民公社情況（1958年末）

	人民公社数	組織された牧民戸数
内モンゴル全体	152	79,334
フルンボイル盟	28	7,380
ジリム盟	3	1,447
ジョーオダ盟	28	22,686
シリンゴル盟	34	21,514
オラーンチャブ盟	20	5,007
イフジョー盟	23	12,256
バヤンノール盟	16	9,044

出所：内蒙古自治区統計局『内蒙古自治区国民経済統計資料（1947〜1985）』（内部資料）をもとに筆者作成。

　牧畜業における人民公社の建設が急激であったことは、ほかの少数民族地域についても言える。1957年末にほとんどの牧畜地域は協同組合化の初歩的な段階にあった。新疆、青海の協同組合加入牧民が牧民総数に占める割合は、それぞれ38％、18％にしか達していなかった。また、協同組合化の進展が遅い甘粛、四川においては、協同組合加入牧民が牧民総数に占める割合は、それぞれわずか3％と0.2％であった。ところが、1958年末から1959年春に、チベットを除くすべての少数民族地域においては、人民公社化が「達成」されたのである[127]。

　1958年の年内は牧畜地域においては人民公社を建設しない、という決定が内モンゴル党委から出されていたにもかかわらず、なぜ、牧畜地域における人民公社化は急速に進められたのであろうか。その要因を検討してみたい。

126　内蒙古自治区畜牧庁修志編史委員会編『内蒙古畜牧業大事記』内蒙古人民出版社、1997年、92頁。

127　鄧力群・馬洪・武衛主編『当代中国的民族工作』下、当代中国出版社、1993年、79頁。

第一に、「おおいに意気ごみ、つねに高い目標をめざし、多く、速く、立派に、むだなく社会主義を建設する」という社会主義建設の総路線のもとで、中国全体にわたる農業地域における人民公社建設の高まりがあったことである。

　第二に、イデオロギー上の圧力があったことである。これこそがもっとも注目すべき要因といえよう。1957年から1958年にかけての反右派闘争のなかで、少数民族地域では「地方民族主義」「民族右派分子」がおもな標的にされた。民族にかかわる一連の問題、たとえば、(a)少数民族の発展の道の問題——社会主義の道を歩むか、資本主義の道を歩むか、(b)少数民族地域においてもいかに社会主義を建設するかの問題——「多く、速く、立派に、むだなく」の路線を選択するか、「少なく、遅く、平凡で、むだに」の路線を選択するか、(c)少数民族地域では「大躍進」ができるかどうか、などをめぐって大討論がおこなわれた。

　この大討論のなかで、少数民族側からは、社会主義の道に賛成したうえで、社会主義建設の方法、方式と進展過程において、民族や地域の特徴およびその他の条件が異なることを根拠として、実際の状況にもとづく方法をとることが主張されたが、この立場が「右寄りの保守思想」とみなされることになった。さらに、こうした意見には、いわゆる少数民族地域の「特殊論」「後進論」「条件論」「漸進論」であるという政治的レッテルが貼られ、おおいに批判された[128]。

　このような大討論、大批判の情勢のなかで、1958年9月下旬、中共中央統一戦線部と中央民族事務委員会の主催により、全国民族活動現場見学会議が広西チワン族自治区の三江侗族自治県で開催された。会議のおもな内容は、民族活動におけるいわゆる「右寄りの保守思想」への批判であり、その目的は、全国の少数民族地域における「大躍進」運動と人民公社化を推進することであった。会議の総括は、少数民族地域における「大躍進」運動と、人民公社化ではふたつの路線の闘争での勝利を得ることにより、社会主義建設上の「右寄りの思想」を撃破することができると指摘した。そして「特殊論」「後進論」「条件論」「漸進論」を徹底的に排除するように、全国の少数

128　同上書、127–128頁。

民族活動家（"民族工作者"）、少数民族幹部・大衆に呼びかけた[129]。

　同年12月には第11次全国統一戦線活動会議が開かれ、「我が国の社会主義民族関係は速やかに形成し発展している。各民族のあいだの共通性はますます多くなり、区別はますます少なくなり、民族融合の要素は増えつつある」「少数民族地域における社会主義建設をはやめ、今後15年、20年あるいはより長い期間内に少数民族を経済、文化の面で漢人のレベルに追いつかせる、あるいは近づかせる」という民族融合論が提起された[130]。このような理論が強調したのは、人民公社の組織形式を備えれば、少数民族が先進民族（漢人）の発展レベルに追いつき、民族のあいだの区別がなくなるという見方であった。

　第1節ですでに述べたように、少数民族地域のなかでもとくに、漢人の入植がもっともはやい時期からおこなわれ、漢人人口がすでに地域人口の多数を占めるようになっていた内モンゴルにおいては、「民族融合の風」がもっとも強かった。たとえば、この地域において社会主義的改造が推進された際、民族的特徴を無視し一般化した手法をそのままあてはめた急激な協同組合化がモンゴル人農民の収入減少を招いたという事実を、内モンゴル党委も認めていた。しかし整風運動においては、この問題についての批判的意見が「反民族連合社論」（民族連合社とは、モンゴル人・漢人の連合農業協同組合を指す）とされ、「民族右派言論」批判の対象になっていた。

　人民公社化の過程において生じた問題に対する意見なども「三面紅旗に反対、社会主義制度に反対、党の民族政策への攻撃」という「罪」で批判され、その意見を提起した者が処分される事件が多発した。具体的には次のような人びとが批判と処分の対象となった。

　　(a)人民公社化、鋼鉄生産および民族政策の実施中に生じた問題と欠点に対する意見を述べた者あるいは批判した者。かれらは「三面紅旗」への系統的な攻撃者とみなされた。

　　(b)公共食堂や供給制度に反対したり、自留地や自留家畜を求めたりする者。かれらも「三面紅旗」への反対者とみなされた。

　　(c)「五風」（共産化の風、大ボラふきの風、命令風、幹部特殊風、生産

のデタラメな指揮の風）の誤りに対する意見を述べた者、あるいはそ
れらの誤りを阻止しようとする言動を起こした者。かれらは共産党や
指導に反対しているとみなされた。

(d)高すぎる指標（目標）に対する意見を提起した者、上級からの過大な
任務を達成することができなかった者。かれらは「右寄り」「白旗」
（非社会主義思想）とみなされた。

(e)大衆の生産や生活のなかに存在する問題、大衆の意見と要求などを上
級の党組織に報告した者。かれらは成果や大躍進を否定する者とみな
された[131]。

フルンボイル盟牧畜業4旗（エベンキ民族自治旗、新バルガ右旗、新バル
ガ左旗、ホーチンバルガ旗）を実例にすれば、エベンキ民族自治旗、新バル
ガ右旗、新バルガ左旗の統計によると、1958～1962年のあいだに批判され
処分された幹部は、地方幹部総数の29.5％にも達した。また、新バルガ左旗
のジャブラント人民公社の場合は、58人の幹部のうち29人が批判され処分
された[132]。

このように、人民公社化に対する異論をもつ者が批判され処分された。こ
のことは、人民公社化がいかに強制的に推進されたかを物語っている。ま
た、逆にいえば、牧畜地域における人民公社化が急激に進められた要因が理
解できるであろう。

4-4　牧畜地域における人民公社の方法

牧畜業の人民公社化においては、家畜のあつかいが重要な意味をもってい
た。

牧畜業人民公社の特徴のひとつは、その組織方法であった。家畜は牧民の
生産手段であるとともに生活手段である。牧畜業における「民主改革」の際
には、そのことを考慮して、農業地域の土地改革でおこなわれた耕地再分配
のような家畜の再分配はおこなわれなかった。そののち、協同組合化が牧畜
業において実施された際には、牧民の家畜所有に大きな差異があったため、

131「内蒙古党委批転内蒙古党委組織部、監委関於最近幾年来受過批判和処分的幹部、党員的甄別
　　工作意見」内蒙古党委学習編委会編印『学習』第340期。
132「関於牧区幹部工作情況及改進意見的報告」内蒙古党委学習編委会編印『学習』第368期。

牧民に対する労働報酬は、提供した家畜数と労働力に応じて分配する、あるいは、提供した家畜を金額に換算して一定の利息を払う、または、家畜相当分を徐々に支払うなどの方法がとられた。提供家畜の数量を考慮したこのような分配は、協同組合の段階から牧畜業人民公社の時期まで一貫して維持された。

　人民公社化に際しては、牧民が人民公社に供出した家畜に対し、一定の代価が支払われた。具体的には、以下の 3 つの方法がとられた。

　　(a)牧民が人民公社に供出した家畜を金額に換算するか、あるいは評価点を付ける。牧民に対する労働報酬は、提供した家畜数と労働力に応じて分配する。家畜からえられた利益の30％を産品または現金のかたちで牧民に分配する。

　　(b)牧民が人民公社に供出した家畜を金額に換算して、毎年約 2 ～ 3 ％の利息を支払い、労働力に応じて分配する。

　　(c)牧民が人民公社に供出した家畜を金額に換算し、きめられた期間内に還付する。

　これらの方法が、農業地域における人民公社化の際におこなわれた生産手段（耕地、生産道具）の公有化と異なっていたことはあきらかである。

　もうひとつの特徴は、「自留家畜」の存在であった。「自留家畜」という呼び方は農業地域の「自留地」に由来する。自留家畜とは、牧民がみずからの食用（乳・肉など）や乗用などに使用する家畜のことであるが、「自留地」とは以下の点で異なっていた。

　　(a)全体に占める割合。一般の農業地域の「自留地」が全耕地面積の 4 ％に過ぎなかった[133]のに対し、内モンゴルの牧畜地域の「自留家畜」は家畜総数の 5 ～ 7 ％であり、牧畜業人民公社に属する 1 戸あたりにすれば、乗馬 1 ～ 2 頭、乳牛 1 ～ 4 頭、役畜（ウシ・ウマ・ラクダ・ロバ・ラバ） 1 ～ 2 頭、羊10～20頭であった[134]。ただしこれは、モンゴル人民共和国（当時）のネグデル（農牧業協同組合）員の私有家畜が

133　アジア政経学会『中国政治経済総覧』日刊労働通信社、1963年、453頁。

134　同上書、267頁。

約50〜70頭（1959年)[135]であったのに比べれば、少なかった。

(b)所有権。「自留地」の所有権は、農民にではなく人民公社に属していたので、農民は土地を自由意志で処分することができず、売却、譲渡することができるのは生産した農産物のみであった。他方、「自留家畜」とその畜産品、繁殖した仔畜などはすべて牧民の私有物で、その処分も当然自由であった。

(c)時期。「自留地」などの個人経営が進められたのは1958年12月の武昌会議以降のことであるが、「自留家畜」の制度は人民公社化開始以前から存在した。

4-5　牧畜業人民公社の特徴と問題点

　人民公社による生産が内モンゴルの牧畜地域におけるおもな形態であったことは、農業地域と変わりがなかった。そして「集団経営の単位が大きければ大きいほどよく、公有化の程度がいっそう徹底しているほどよい」とみなす姿勢でとりくまれるようになったことも、農業地域の農業人民公社と同様であった。より具体的に記せば、次のようなことがあげられる。

　第一に、「平均主義」の問題である。牧畜業人民公社は、工業、農業、商業、文化、教育、軍事を包括した基本単位となり、単なる経営組織の範疇を超えるものだった。牧畜業人民公社の規模は、それまでの初級牧畜業生産協同組合（平均的戸数は23戸）の83倍、互助組（平均的戸数は18戸）の106倍となり、人民公社1社の平均的戸数は1,903戸になった。規模の拡大とともに、牧畜業人民公社を組織する際、経済条件や所有状況、生産・経営状況の異なる初級協同組合や互助組がひとつの人民公社に編入されるようになった。そして、規模拡大の過程において、収益を計算する際に、それぞれの牧民について人民公社化前の家畜所有状況（家畜の数と質の差異）や貧富の差を考慮することなく牧畜業人民公社全体が一律のものとしてあつかわれた。このような極端な「平均主義」は内モンゴルの牧畜業経済の実状からかけ離れていた。

　第二に、「共産化の風」の問題である。内モンゴルの牧畜業人民公社にお

135　二木博史「農業の基本構造と改革」青木信治編『変革下のモンゴル国経済』アジア経済研究所、1993年、116頁。

いては、牧民の労働力や、生産隊・生産大隊の物資、家畜、財産などを無償で調達する「徴発主義」がとられた。全体の 3 分の 1 の牧畜業人民公社では、家畜の公社化の際に、本来支払われるべき代価がないものとされた。無償での家畜の提供を嫌った牧民により、日常的な必要によらない家畜の屠殺が数多くおこなわれた[136]。

　牧民の日用品までもが公社の所有に移された。そのうえ、個人の消費する食料の数量も制限された。イフジョー盟ハンギン旗の阿色朗図人民公社、哈老柴登人民公社の例では、1958年の冬から1959年の春までの 6 カ月間に、人民公社から提供された食肉は 1 人あたり平均7.5〜9.0kg であった。人民公社化以前の1957年の食用家畜の屠殺が 1 人あたり3.77頭であったことと比較すると、圧倒的に少ない量である[137]。

　また、生活の集団化も実施されたが、これは、自然の草原を利用し分散的牧畜業をいとなむ牧畜地域の現状を無視したものであった。実例をあげれば、フルンボイル盟のハイラルとシリンゴル盟のシリンホトの周辺では1,000以上のゲル（遊牧民が用いる組み立て式の伝統的な家屋。骨組みを木で作り、その上をフェルトで覆う）が集められ、集団生活をおこなうこととされた。この巨大な集団では「労働に応じた分配」が否定されて、食料、衣料、住宅、医療、教育など13項目にわたり無償提供（いわゆる「十三不要銭」）が提起されたという[138]。

　第三に、人民公社からの「デタラメな指揮」の問題である。牧畜業人民公社は、農業人民公社と同様「政社合一」の体制であり、同時にいわゆる「組織の軍事化、行動の戦闘化」が実施された。すなわち、牧畜業人民公社は軍隊の編成を模して牧民を「班」「排」「連」「営」に組織し、指揮することになった。一切は人民公社の集団の利益のために、人民公社の幹部が命令を発し、重大な事に関しても大衆との相談なく、主観的かつ強制的に物事を決め

136「巩固建設牧区人民公社、貫徹執行牧業八項措施、為穏定地、全面地、高速度地発展畜牧業而奮闘——王鐸同志在第八次牧区工作会議上的総結報告」前掲『内蒙古畜牧業文献資料選編』第二巻（上冊）、492頁。
137「暴彦巴図同志関於牧区人民公社当前的情況、存在的問題和解決意見的報告」前掲『内蒙古畜牧業文献資料選編』第二巻（上冊）、470頁。
138 前掲『内蒙古畜牧業発展史』159頁。

るようになった[139]。その結果、この点でも牧畜地域の地域的特徴と牧畜生産の特徴は無視され、人民公社からの「デタラメな指揮」がなされた。たとえば、牧畜地域での利水事業では、6,900の井戸と67の用水路が設けられた。しかし、こういった利水設備自体、方針が不明確な、盲目的ともいえる建設による実用性のない無駄なものが多かった[140]。

小結

第一に、内モンゴルの牧畜地域における個人牧民経営に対する社会主義的改造の実態解明をすることが、本章の課題の一つであった。内モンゴルの牧畜業の社会主義的改造においては、当初、当該地域の牧畜業経済の実状に適合した諸政策、方針、方法などが打ち出され、それらはほかの非漢人地域にも広く推進された。このことは、内モンゴルが「模範自治区」と称されるにいたった由来のひとつになったとおもわれる。社会主義的改造により組織された牧畜業生産の互助組と協同組合が内モンゴルの牧畜業の発展に一定の役割を果たした。

また、内モンゴルの牧畜業の社会主義的改造のプロセスは、地域によってその進行状況が異なった。農業地域に囲まれている、あるいは農業地域に接近している牧畜地域、産業形態的に農業化された地域、すなわち、農業地域と半農半牧地域においては社会主義的改造の進展が速かった。しかし同時に、問題の発生が著しかったのも、民族関係の複雑なこれらの地域であった。このことは、社会主義的改造の急進化の問題を検討する際、民族地域でのひとつの例を示しているだろう。

第二に、本章のもう一つの課題は、牧場主の社会主義的改造の政策の提起とその要因、牧畜地域の階級状況の変化と牧場主の基準牧場主に対する社会主義的改造の方法、プロセスを究明すること。内モンゴルの牧場主の社会主義的改造をふくむ各領域における社会主義的改造は、自治区の第1次五ヵ年

---

139 前掲「暴彦巴図同志関於牧区人民公社当前的情況、存在的問題和解決意見的報告」472頁。
140 「巩固建設牧区人民公社、貫徹執行牧業八項措施、為穏定地、全面地、高速度地発展畜牧業而奮闘──王鐸同志在第八次牧区工作会議上的総結報告」前掲『内蒙古畜牧業文献資料選編』第二巻（上冊）、490頁。

計画のなかでの牧畜業における基本任務であった。そのなかで、牧場主に対して引き続き「家畜分配をせず、階級区分をせず、階級闘争をせず、家畜主と牧畜労働者の両方の利益になる」（「不分不闘、不劃階級、牧工牧場主両利」）政策を実施することは、中共中央内モンゴル・綏遠分局第 1 次牧畜地域工作会議において提起され、討論された。それには、牧場主の牧民大衆のなかでの影響力が大きかったこと、牧場主経営は基本的には資本主義の性質をもつことになり、中国の新民主主義経済の構成部分になったこと、牧畜業経済の基礎はきわめて不安定であったこと、などの要因があった。

1950年代半ばの内モンゴルの牧畜地域における各階級の比重と所有する家畜の状況は、40〜45％の貧困戸は家畜総数の約15％を所有し、54.3〜59.3％の中等戸と富裕戸は家畜総数の約73％を所有し、0.67％の牧場主が家畜総数の約11.5％を占めていたが、地域によって階級状況はことなるのである。地域によっては、貧困戸の戸数は減少しつつあり、中等戸の戸数は増加しつつあり、牧場主の戸数も増加しつつあった。

「家畜分配をせず、階級区分をせず、階級闘争をせず、家畜主と牧畜労働者の両方の利益になる」政策が実施されてきたことにより、牧畜地域においては階級区分がおこなわれなかったが、実際、牧場主の判定は党内で把握するかたちで進められてきた。1956年 3 月に開かれた内モンゴル党委第三次牧畜地域活動会議において、牧場主に対する総合政策は、政治、経済の面において適切に配慮する政策が提起された。

牧場主に対する社会主義的改造の方法は、牧場主との共同経営牧場の方法と牧場主を協同組合に加入させる方法であった。これらの方法で、牧場主経営に対する社会主義的改造が1958年に完了した。そのプロセスにおいては、牧場主への報酬が統一されていなかった問題、牧場主の家畜に付けた価格が安かった問題などが生じた。

第三に、内モンゴルの牧畜地域における人民公社化の政策策定には特殊な背景があった。一般の農業地域における人民公社化は、それまでにすでに組織されていた農業生産高級協同組合をさらに格上げし、規模を拡大して設立されたものであった。しかし、内モンゴルの牧畜地域の場合は、人民公社化が開始される直前の1958年 7 月頃に協同組合化が完了したばかりだったうえ、組織された協同組合のほとんどが牧畜業生産初級協同組合であり、また

一部は互助組の段階であった。このような協同組合化の進展状況のもとで、内モンゴルの牧畜地域における集団経営化の任務は、牧畜業生産初級協同組合を高級協同組合へ移行させることであった。そのため、1958年内は牧畜業においては人民公社を組織しない方針が内モンゴル党委により定められた。これは、牧畜業における協同組合化の進展状況、とくに協同組合化の過程において生じた諸問題や、牧畜業の人民公社化には農業とは異なる方法が必要であることなどの実状を考慮した内モンゴル党委の慎重な政策であったと考えられる。

　しかし、中国全体の農業人民公社化の急速な進行の影響を受け、内モンゴルの牧畜業における人民公社化も急速化していった。そのもっとも重要な原因は、政治的イデオロギーの圧力であった。すなわち、少数民族地域における反右派闘争（1957～1958年）において「地方民族主義」「民族右派分子」がおもな標的となり、そのなかで、牧畜地域の民族的、地域的特徴にもとづく社会主義建設方法を主張する見解が「右寄りの保守思想」とみなされたことである。こうした意見は、いわゆる少数民族地域の「特殊論」「後進論」「条件論」「漸進論」という政治的レッテルが貼られ、おおいに批判された。さらに、そういった批判が理論的根拠としていたのは「各民族のあいだの共通性が多くなり、区別性が少なくなり、民族融合の要素が増しつつある」という「民族融合論」であった。この「理論」によれば、人民公社の組織形式を備えれば、少数民族が先進民族（漢人）の発展レベルに追いつき、民族のあいだの区別がなくなるとみなされた。この「理論」のもとで、人民公社化に存在する問題に対する意見などが「三面紅旗に反対、社会主義制度に反対、党の民族政策への攻撃」という「罪」で批判され、その意見を提起した者が処分される事件が多発した。これらの事態は、牧畜地域における人民公社化の急進化を物語っているであろう。また、内モンゴルの牧畜地域における人民公社化には、農業地域の人民公社と同様に「一大二公」の「平均主義」「共産化の風」「デタラメな指揮」などの問題が生じた。

第 3 章

牧畜業における「撥乱反正」

1　「文化大革命」期における牧畜業の実態

　現代中国の「極左」路線の頂点となる「文化大革命」において、内モン ゴルのモンゴル人はもっとも甚大な被害をこうむった。すなわち、「文化大 革命」期に内モンゴルで発生したいわゆる「オラーンフー反党集団」「内モ ンゴル二月逆流」「新内モンゴル人民革命党」という三大冤罪事件およびそ れと関連する4,800あまりの冤罪事件での被害者の数は683,747人（自治区 総人口の5.3％）に達したが、そのうち、モンゴル人被害者の数は211,809 人で、モンゴル人人口の12％に相当する。被害者のうち27,994人は死亡し、 124,719人は障碍者になった[1]。この規模は中国で最大であり、中国全体のな かでも集団的に受けた被害としては最も深刻であった。さらに、内モンゴル の経済、文化、教育などの各分野、とくにモンゴル人の伝統的な産業である 牧畜業は大きな被害や影響を受けたが、その実態は究明されていない。

　「文化大革命」により、内モンゴルの牧畜業にはどのような混乱がもたら されたのか、それまでの牧畜業に関する政策、方針などは、いかに否定さ れ、批判や攻撃の対象となったのか、その結果は、内モンゴルの牧畜業にな にをもたらしたのか、などの問題は従来の研究では究明されていない。これ らの問題をあきらかにするのが、本章のねらいである。

1　王鐸『五十春秋──我做民族工作的経歴』内蒙古人民出版社、1992年、544頁。

1–1 「文化大革命」の勃発と牧畜業領域の混乱

　よく知られているように、1966年5月16日の「中国共産党中央委員会通知」（すなわち「五一六通知」）の通達により「文化大革命」が始まった。その直後の5月21日〜7月25日に開かれた中共中央華北局工作会議（北京の前門飯店で開催されたことにより、「前門飯店会議」と通称される）において、当時内モンゴルの指導者であったオラーンフーが内モンゴル党委第一書記、内モンゴル政府主席、内モンゴル軍区司令官兼第一政委などの一連のポストから罷免された。すなわち、「文化大革命」期の1967年1月23日付「中発（67）31号」の「中共中央文件」――「オラーンフーの誤りに関する報告」（「関於烏蘭夫錯誤問題的報告」）では、「オラーンフーの誤りは、反党（中国共産党）、反社会主義、反毛沢東思想の錯誤であり、祖国の統一への破壊、独立王国の民族主義、修正主義の錯誤であり、実質上の内モンゴル自治区党組織のなかで最大の資本主義の道を歩む実権派である」と断罪された[2]。さらに、1967年8月29日『内蒙古日報』社説では、オラーンフーは「反革命守勢主義分子、民族分裂主義分子、大野心家、大陰謀家、封建王公、牧場主、地主、ブルジョアジー階級の代理人」と批判された[3]。こうして彼は「文化大革命」において打倒された自治区、省級の第一書記のなかで第1号となったばかりでなく、彼に対する批判や糾弾も最も徹底的なものとなった。その後「文化大革命」ではモンゴル人が甚大な被害を受けることになるが、これはその発端であったともいえる。

　内モンゴルにおける「文化大革命」の被害は、農業、牧畜業などの各領域に及んだ。そのなかで、牧畜業における被害は最も深刻であったといえよう。1967年10月21日、内モンゴル自治区革命委員会範籌備小組（省級における革命委員会範籌備小組のうちで最も早く設立された）が設立され、同年11月1日、内モンゴル自治区革命委員会が発足し、1968年7月1日までに各盟、旗、県にも革命委員会が設立された。1968年9月に設立された内モンゴル自治区革命委員会生産建設指揮部は、牧畜業庁を各業務の庁、局に入れ替えさせたため、各級の牧畜局なども廃止された。同時に、従来の牧畜業

2　楊海英『モンゴル人ジェノサイドに関する基礎資料（3）――打倒ウラーンフー（烏蘭夫）』風響社、2011年、208–209頁。

3　「打倒烏蘭夫」『内蒙古日報』（社論）1967年8月29日。

系統の人員は、いわゆる「闘争、批判、改造」（「闘、批、改」）に参加した
ことと、それまでの牧畜業に対する専門的指導、専門的機構、専門的隊伍、
専門的会議の「四つの専門」（"四専"）制度が廃止された。さらに、1966年
冬以降、「文化大革命」が内モンゴルの末端単位にまで展開されたことによ
り、自治区、盟、市、旗、人民公社ないし生産大隊と各級の牧畜業業務技術
部門は、攻撃の標的となった。関係部門の幹部が批判され、攻撃され、迫害
を受けたことにより、牧畜業生産全体が麻痺や混乱状態に陥ったのである。

　他方では、「ブルジョアジー階級の反動的学術に反対しよう」と「知識が
多いほど反動的である」といったスローガンのもとで、牧畜業関係の大学、
専門学校と牧畜業系統の科学研究機構などの専門家、学者、教員と指導者は
批判され、知識人階級は打倒する対象となる地主、富農、反革命分子、悪質
分子、右派分子、裏切り者、スパイ、資本主義の道を歩む実権派の後に並べ
られ、「臭老九」と蔑称されるようになった。その大部分の者は迫害を受け、
各研究や技術の活動は麻痺や半麻痺の状態に陥った。当時の唯一の牧畜業
関係の大学——内モンゴル農牧学院は、「授業を停止し革命をおこなう」と
いったスローガンのもとで、1966〜1971年の 6 年間においては新入学生の
募集はおこなわれなかった[4]。

1-2　従来の牧畜業に関する政策、方針の否定

　「文化大革命」においては、それまでの内モンゴルにおける牧畜業活動の
すべては否定され、オラーンフーの指導のもとでの数多くの正しかった牧畜
業に関する方針、政策などは「修正主義」とみなされ、批判された。その内
容は以下の通りである。

　(1)内モンゴルの牧畜地域における民主改革と社会主義的改造の政策、原則
が否定され、批判された。

　1947〜1952年の間、内モンゴル自治政府と内モンゴル中国共産党工作委
員会は、その管轄地域であるフルンボイル盟、シリンゴル盟、チャハル盟の
全域または大部分の地域および興安盟、納文幕仁盟、ジョーオダ盟、ジリム
盟の一部の牧畜地域において、封建特権を廃止する民主改革をおこなった。

4　内蒙古自治区畜牧業庁修志編史委員会編『内蒙古畜牧業発展史』内蒙古人民出版社、2000年、202頁。

これらの牧畜地域における民主改革に際しては、「牧場主の家畜分配をせず、牧場主に対し階級区分をせず、階級闘争をせず、牧場主と牧畜労働者の両方の利益になる」（「不分不闘、不劃階級、牧工牧場主両利」）政策が実施された。この「三不両利」政策とは、農業地域における土地改革の地主に対する闘争のように牧場主に対する闘争をせず、牧場主の家畜分配をせず、労働牧民大衆の中で公開的な階級区分をおこなわないことを指す。「牧場主と牧畜労働者の両方の利益になる」政策は、牧場主の牧民に対する過酷な経済的搾取を廃止し、旧「スルク」制度を新「スルク」制度に改造し、牧畜業労働者の賃金を増加させることを指した。

　これらの政策は、内モンゴルの牧畜業経済の発展の歴史と特徴に関する分析がおこなわれたうえで確定されたものであり、内モンゴルの牧畜地域の実状と牧畜業経済の発展の流れに適応したものであった。また、内モンゴル牧畜地域における民主改革の実現のみならず、そのほかの少数民族地域における社会改革にも重要な役割を果たしたことにより、中央からも高評価が与えられた。のちの内モンゴルの牧畜業における社会主義的改造においても、この「三不両利」政策は引き続き実施された。さらに、中央人民政府国務院は、「三不両利」政策を各少数民族地域へ伝達し、推進したのである[5]。

　1953〜1958年の間に内モンゴルの牧畜業において進められた社会主義的改造では、「穏、寛、長」という原則が制定された。「穏」とは、政策がおだやかという意味である。すなわち、牧畜業生産の発展にもとづき社会主義的改造をおこなうこと。「寛」とは、社会主義的改造の方法はゆるやかにということである。すなわち、個人牧民と牧場主に対する改造方法はゆるやかに、自主性の原則にしたがって、牧畜業生産協同組合に加入させ、強制的にならないようにすること。「長」とは、「穏」と「寛」を実現するために、ゆっくりと時間をかけて社会主義的改造をおこなうこと。これは、内モンゴルの牧畜業経済の特徴に適合した政策であったのである。

　しかし、「文化大革命」においては、上記の政策、原則などは、「別の道路論」「階級闘争終息論」「牧場主搾取有功論」などのレッテルを貼られ、批判

5　*Öbör Monggol-unöbertegenjasaquorun Sui yuan Kökenagurjergegajar-un maljiquorun-u mal ajuaqui-yin tuqaiündüsündüng*, Öbör Monggol-un arad-un keblel-ünqoriy-a, Kökeqota, 1955 on.

の対象となった[6]。

　(2)牧畜地域における放牧地の開墾禁止、放牧地を保護する政策が否定さ
れ、放牧地が開墾され破壊された。内モンゴルの牧畜地域においては、長期
間にわたって「開墾禁止、放牧保護」政策を実施してきたのである。例え
ば、臨時憲法の役割を果たした『中国人民政治協商会議共同綱領』（1949年
9月29日）の第34条においては、「牧畜業を保護し発展させる」方針が明文
化された[7]。

　また、1950年代においては、綏遠省人民政府からも数多くの放牧地を保
護し、放牧地開墾を禁止するための指示・命令が出された。実例をあげれ
ば、1951年12月5日に公布された『綏遠省蒙旗土地改革実施方法』の第4
条では、「土地改革は必ず牧畜業の発展に配慮して、放牧地と家畜群を完全
に保護し、放牧地の開墾を絶対に禁止する」と規定している[8]。1952年4月5
日に出された『綏遠省放牧地保護に関する指示』においては、「土地を開墾
して耕作する際には、放牧地を破壊してはならない。モンゴル人牧民は、放
牧地に依拠して生業を営んでいるので、放牧地を必ず保護する」「放牧地が
区画されたあとには、耕作地と放牧地の境界線を厳守し、放牧地を保護し、
放牧地を破壊してはならない」と明記されている[9]。そして、1953年7月25
日に出された『綏遠省人民政府放牧地保護に関する再指示』において、放牧
地保護に関して、再び次のように指示がなされた。①1953年に開墾された
放牧地は、即時に閉鎖するとともに、放牧地の破壊的な開墾をおこなった事
件の責任者を厳正に処分する。②1950年秋から1952年にかけて開墾された
放牧地は、原則として一律に閉鎖する。③今後、放牧地を開墾する者が発見
された場合、一律に法律によって処罰する[10]。

6　「内蒙古自治区革命委員会関於在阿巴嘎旗召的牧区劃階級現場情況報告」（1968年9月6日）
　　内蒙古党委政策研究室・内蒙古自治区農業委員会編印『内蒙古畜牧業文献資料選編』第二巻
　　（下冊）、呼和浩特、1987年、220頁。

7　『中国人民政治協商会議共同綱領』（1949年9月29日中国人民政治協商会議第一届全体会議通
　　過）中共中央文献研究室編『建国以来重要文献選編』中央文献出版社、1992年、9頁。

8　内蒙古党委政策研究室・内蒙古自治区農業委員会編印『内蒙古畜牧業文献資料選編』第二巻
　　（上冊）、呼和浩特、1987年、55頁。

9　内蒙古党委政策研究室・内蒙古自治区農業委員会編印『内蒙古畜牧業文献資料選編』第四巻、
　　呼和浩特、1987年、123頁。

10　同上書、138頁。

そのほか、モンゴル人の放牧地を保護し、民族間のトラブルを慎重に処理するため、綏遠省人民政府により「漢人がモンゴル人の放牧地を開墾する際には、必ずモンゴル人の許可を得ないといけない」と規定された[11]。さらに、放牧地開墾事件を真剣に調査し処理する通達も綏遠省人民政府により出されていた[12]。

　しかし、「文化大革命」の期間においては、「牧民はみずから穀物を生産すべき」（「牧民不吃虧心糧」）のスローガンのもとでの放牧地開墾がおこなわれ、中華人民共和国建国以降第2回目の大規模な放牧地開墾の高まりが訪れた。「文化大革命」の10年間に開墾された放牧地の面積は5,442万ムーに至り、当時の内モンゴル自治区における牧畜地域の草原面積の10分の1を占めた[13]。

　大量の開墾により、草原が破壊された。開墾してはならない草原までが開墾され、生態系が甚だしく破壊されたため、草原の砂地化が生じた。すなわち、「一年目に草原が開墾され、二年目に穀物が僅かに収穫され、三年目に砂地になる」（「一年開草場、二年打点粮、三年変沙梁」）、「農業が牧畜業を侵食し、砂が農業を破壊してしまう」（「農業吃掉牧業、沙子吃掉農業」）という悪循環になってしまった[14]。内モンゴルにおいて砂漠化した面積は、1960年代の3.4億ムーが1980年代には4.5億ムーにまで至った。ホルチン左翼後旗を例にすれば、砂漠化した面積は1956年の18万ムーから1979年の180万ムーに増加した。このような砂漠化した土地は、いまや内モンゴルの総面積の16％を占め、自治区全体の90の旗・県のうちの66の旗・県にまで拡大しているという[15]。

　(3)牧畜地域においては、階級区分がおこなわれた。1940年代末から1950年代にかけての大きな社会変動のなかにおいても、内モンゴルの牧畜地域では階級闘争がおこなわれなかった。すなわち、内モンゴルの牧畜地域では

11　「綏遠省人民政府為規定漢人在蒙人牧場草灘開荒手続的令」（1949年9月21日）前掲『内蒙古畜牧業文献資料選編』第四巻、122頁。
12　「綏遠省人民政府為認真検査処理開墾牧場事件的通報」（1952年9月4日）綏遠省人民政府弁公庁編『法令彙編』第六集、1953年2月、80–82頁。
13　敖日其楞『内蒙古民族問題研究与探究』内蒙古教育出版社、1993年、191頁。
14　閻天霊『漢族移民与近代内蒙古社会変遷研究』民族出版社、2004年、424–425頁。
15　同上書、420–421頁。

「放牧地をモンゴル人の公有地とし、封建特権を排除し、封建的な放牧地所有制を廃止し、自由に放牧する」などを基本策とする「民主改革」が、国共内戦期の土地改革とほぼ同時に1947年11月から開始された。その過程において、一般の農業地域での土地改革が「地主の土地・家屋などの没収と貧農への分与」を基本内容としたのに対し、内モンゴル牧畜地域における「民主改革」では「家畜分配をせず、階級区分をせず、階級闘争をせず、家畜主と牧畜労働者の両方の利益を図る」という具体策がとられた。その後の内モンゴル牧畜業における社会主義的改造（1953〜58年）においては、牧場主に対しては引き続き「三不両利」政策が実施された。より具体的には、牧場主経営に対し、主に公私共同経営牧場を組織し、一定の条件の下で牧場主の牧畜業生産協同組合への参加を許可するといった方法が適用された[16]。内モンゴルの牧畜地域の場合、続いておこなわれた人民公社化では、牧場主も、牧畜業互助組織や協同組合の牧民と同様に、牧畜業人民公社あるいは規模が拡大された公私共同経営の牧場に編入された[17]。

　要するに、内モンゴルの牧畜業における「民主改革」と社会主義的改造、それに続く人民公社化という一連の社会変動においては、経営形態と所有制度の面での変化はあったが、階級闘争や家畜分配は終始おこなわれなかったのである。

　さらに、1960〜63年に牧畜地域で実施された人民公社の整頓運動（「整風整社」）の際にも、階級教育と社会主義教育は強調されたが、牧民大衆の中で階級区分をおこなわないことが内モンゴル党委第十三次全体委員拡大会議（1961年1月25日開催）において明確にされた[18]。そののちの「四清運動」（1963〜66年）の初期においても、富裕牧民を貧困牧民と区別せず一緒に階級教育に参加させ、牧畜地域では階級の区分を公開的におこなう必要はないとされた[19]。しかし、1965年11月以降になってから階級区分をおこなうよう

16　リンチン「内モンゴルの牧畜業の社会主義的改造の再検討」『アジア経済』第49巻第12号、2008年、10–13頁。

17　リンチン「内モンゴルの牧畜業における『三面紅旗』政策に関する一考察」『中国研究月報』第62巻第2号、2008年、29–30頁。

18　「内蒙古党委第十三次全体委員拡大会議関於農村牧区整風整社問題討論紀要」（1961年2月9日）前掲『内蒙古畜牧業文献資料選編』第二巻（下冊）、1–3頁。

19　同上、153–156頁。

になった[20]。

1965年11月24日に公布、実施された「牧畜地域の階級構成要素の区分に関する内モンゴル党委の規定」には、内モンゴルの牧畜地域における階級区分の基準が次のように定められた。①階級や階層の区分は、所有する生産手段の分量、生計に占める労働収入と搾取収入の割合、労働生活の時間と搾取生活の時間の比較、の3つの面からおこなう。②階級区分の期間は、その地域の「解放」当時（地域によって異なり、一般的に東部地域は1947年、西部地域は1949年）を起点にし、連続する3年間に遡って搾取生活を送っていた者を「搾取者」に区分する。③牧畜地域の階級は基本的には牧場主階級と牧民階級に区分する。牧民階級はさらに、貧困牧民、非富裕牧民、富裕牧民の3階層に分けられる[21]。

各階級区分に関する具体的な規定は次の通りである。①牧場主。大量の家畜を所有し、搾取収入が純収入の60％以上を占め、搾取生活が3年間続いた者。②牧場主の子。「解放」当時16歳未満だった者は、一般的に牧畜業労働者に区分される。③民族上層部、宗教上層部。民族上層部（モンゴル人の中で影響力のあった旧貴族、旧官吏など）と宗教上層部（宗教指導者の活仏、高僧など）は牧場主階級の政治的代表であり、本人は政治上においては牧場主と同様の扱いを受け、家族は経済状況によって区分される。④富裕牧民。多くの家畜を所有し、搾取収入が純収入の60％以下（60％含む）の者。⑤職業的宗教者。「解放」以降、労働に参加せず、宗教方面の収入に依拠して生活を維持する者。⑥非富裕牧民。所有する家畜の数が少なく、完全に自己労働に依拠し、多少の搾取を受ける者。⑦貧困牧民。少量の家畜を所有する、あるいは所有する家畜がなく、労働の収入で生活を維持する者[22]。

上記の基準と規定にもとづき1965年末までに30の牧畜業人民公社と牧場の牧畜業戸7,695世帯に対する階級区分がおこなわれた。その結果、貧困牧民は4,594戸（牧畜業世帯総数の59.70％）、非富裕牧民は1,775戸（同23.07％）、富裕牧民は861戸（同11.18％）、牧畜業労働者は97戸（同1.27％）、

20　その具体的なプロセスについては、詳しくはリンチン「内モンゴルにおける「四清運動」をめぐって」『相関社会科学』第19号、2010年、97–98頁を参照。
21　「内蒙古党委関於劃分牧区階級成份的規定」（1965年11月24日）前掲『内蒙古畜牧業文献資料選編』第二巻（下冊）、200頁。
22　同上書、200–204頁。

牧場主の子は24戸（同0.31％）、職業的宗教者は81戸（同1.05％）、牧場主は227戸（同2.94％）、民族上層部と宗教上層部は263戸（同3.41％）であった[23]。これで階級区分が実施された牧畜地域の牧民世帯総数の6.35％（うち、牧場主は2.94％、民族上層と宗教上層は3.41％）が搾取階級に区分されたことになる。

　このような階級区分にもとづき、闘争の対象が定められた。対象とされたのは、「搾取階級」（牧場主、民族上層部、宗教上層部）と「富裕牧民」であった。これにより、闘争の対象世帯数は、階級区分が実施された牧畜地域の牧民世帯総数の17.53％（うち、富裕牧民は11.18％）にものぼることになったのである。

　内モンゴルの牧畜地域における「四清運動」の中でこのように実施された階級区分は、中国の他地域と同様に文化大革命の開始により終結した。しかし、中国共産党の極左路線の頂点となる「文化大革命」期においては、いわゆる「改めて階級区分をおこなう」（「重劃階級」）運動が進められ、「牧畜地域における階級区分と階級構成要素の清理に関するいくつかの規定（草案）」（1968年8月10日）では、内モンゴルの牧畜地域の階層は、それまでの貧困牧民、非富裕牧民、富裕牧民という3階層から牧場主、富裕牧民、上中牧民、中牧民、中下牧民、貧困牧民の6階層に区分し直された。そのうち、搾取階級には、もともとそれに含まれていた牧場主や民族上層部と宗教上層部の他に、新たに富裕牧民が加えられた[24]。

　当該規定における各階級区分に関する具体的な条規は次の通りである。①牧場主。大量の家畜を所有し、労働せず、搾取に依拠して生活する者。ここで、従来の「搾取収入が純収入の60％以上を占め、搾取生活が3年間続いた者」といった条件もなくなった。②富裕牧民。多くの家畜を所有し、労働に参加するが「スルク」などによる搾取収入が純収入の50％以上の者。すなわち、富裕牧民として区分される基準は、搾取収入が純収入の60％以下（60％含む）から搾取収入が純収入の50％以上に下がった。③上層中牧民。

23　「内蒙古党委関於牧区社会主義教育運動中幾個政策問題的請示」（1965年11月24日）前掲『内蒙古畜牧業文献資料選編』第二巻（下冊）、197頁。
24　「内蒙古自治区革命委員会関於在牧区劃分和清理階級成份的幾項政策規定」（1968年8月10日）前掲『内蒙古畜牧業文献資料選編』第二巻（下冊）、213–214頁。

比較的多くの家畜を所有し、生活状況は中牧以上であり、生活は自己労働に依拠し、軽い搾取をするものの、その搾取収入が純収入の50％を超えない者。④中層牧民。一定の家畜を所有し、生活は完全に自己労働に依拠し、搾取をすることはなく、自給自足の者。⑤下層中牧民。所有する家畜が少なく、生活は自己労働に依拠し、しかも一定の搾取を受ける者。⑥貧困牧民。所有する家畜がない、または少量の家畜のみを所有し、主に労働力の売出あるいは「スルク」を請け負って生活を維持する者[25]。

　その一方で、1963年6月に開かれた全国牧畜業会においては、牧畜業における社会主義的改造の際の「労働牧民に依拠し、団結して一切の力を集結させる」といった階級路線について、「労働牧民に依拠するとは、貧困牧民と非富裕牧民、富裕牧民を団結の対象とすることである」と解釈された[26]。そののちの「四清運動」期間の1965年においても、「貧困牧民、非富裕牧民に依拠し、富裕牧民と団結して一切の力を集結させる」といった階級路線が提起された[27]。すなわち、それまで提起された牧畜地域における階級路線の中で団結の対象とされていた富裕牧民は、団結の対象から外されて闘争の対象になった。

　こうして、政治運動において、攻撃され、被害を受ける者の範囲が広がっていったのである。牧場主、富裕牧民、封建上層階級、宗教上層分子と断定されたすべての者は、批判され、闘争を受ける対象となり、各級の政権機関、人民公社、公私公営牧場など各機構における職務から外され、地域の牧民の平均的生活水準を超えたすべての財産が没収された。その人数は、牧畜地域の総人口の10％以上に達し、多いところでは、40～50％にも達した。実例をあげれば、シリンゴル盟においては、牧場主、富裕牧民などの搾取階級に区分された牧民は、当該盟牧民全体戸数の15％以上にのぼり、一部の人民公社、生産大隊、生産隊においては、40％以上にも達した[28]。同様に、オラーンチャブ盟チャハル右翼中旗の場合、搾取階級に区分された牧民は、

25　同上書、214–215頁。
26　「内蒙古党委関於牧区社会主義教育運動中幾個政策問題的請示」（1965年11月24日）前掲『内蒙古畜牧業文献資料選編』第二巻（下冊）、198頁。
27　同上。
28　前掲『内蒙古畜牧業発展史』204頁。

牧民全体戸数の50％以上であった[29]。

　(4)牧畜地域における国民経済調整の政策が否定された。中国では、1958年から「総路線」「大躍進」「人民公社」のいわゆる「三面紅旗」[30]政策が実施され、政治、経済、社会、軍事、対外関係、文化、教育などの諸領域にわたって深刻な影響を与えた。とくに、経済建設の方面では混乱と大飢饉がもたらされ、数多くの餓死者が出るという社会主義史上最大の惨事に至った[31]。

　内モンゴルの牧畜業における人民公社化においては、「平均主義」[32]、「共産化の風」[33]、「デタラメな指揮」[34]などの「一大二公」（「第一に大きいこと、第

29　前掲『内蒙古蒙古民族的社会主義過渡』285頁。

30　簡単にいえば、「総路線」とは、「おおいに意気ごみ、つねに高い目標をめざし、多く、速く、立派に、むだなく社会主義を建設する」をスローガンに社会主義を目指すものである。「大躍進」とは、「総路線」のもとで工業、農業の大幅な増産計画を推進する運動を指す。「人民公社」とは、従来の農村の協同組合が拡大され、大規模に集団化された、行政と経済組織が一体化（「政社合一」）した組織である。

31　「大躍進」運動期における飢餓や栄養失調による非正常死亡者数については2,000万人（丁抒著・森幹夫訳『人禍　餓死者2,000万人の狂気（1959〜1962）』学陽書房、1991年、346頁）であったとも3,000万人（ベッカー、ジャスパー著・川勝貴美訳『餓鬼[ハングリー・ゴースト]——秘密にされた毛沢東中国の飢饉』中央公論新社、1999年、3頁）、4,000万人（叢進『曲折発展的歳月』河南人民出版社、1989年、272–273頁）であったとも言われている。いずれにせよ、その被害は、1929〜1933年にソ連が強行した集団化が招いた飢餓による死亡者1,450万人（蘇暁康ほか『廬山会議——中国の運命を定めた日』毎日新聞社、1992年、485頁）を上回る。

32　内モンゴルの牧畜業人民公社の規模は、それまでの初級牧畜業生産協同組合（平均的戸数は23戸）の83倍、互助組（平均的戸数は18戸）の106倍となり、人民公社1社の平均的戸数は1,903戸になった。規模の拡大とともに、牧畜業人民公社を組織する際、経済条件や所有状況、生産・経営状況の異なる初級協同組合や互助組がひとつの人民公社に編入されるようになった。そして、規模拡大の過程において、収益を計算する際に、それぞれの牧民について人民公社化前の家畜所有状況（家畜の数と質の差異）や貧富の差を考慮することなく牧畜業人民公社全体が一律のものとして扱われた。

33　内モンゴルの牧畜業人民公社においては、牧民の労働力や、生産隊・生産大隊の物資、家畜、財産などを無償で調達する「徴発主義」がとられた。全体の3分の1の牧畜業人民公社では、牧民の主要な生産手段であり生活手段でもある家畜の公社化の際に、本来支払われるべき代価はないものとされた。

34　牧畜業人民公社は、農業人民公社と同様「政社合一」の体制であり、同時にいわゆる「組織の軍事化、行動の戦闘化」が実施された。すなわち、牧畜業人民公社は軍隊の編成を模して牧民を「班」「排」「連」「営」に組織し、指揮することになった。一切は人民公社の集団の利益のために、人民公社の幹部が命令を発し、重大な事に関しても大衆との相談なく、主観的かつ強制的に物事を決めるようになった。その結果、この点でも牧畜地域の地域的特徴と牧畜生産の特徴は無視され、人民公社からの「デタラメな指揮」がなされた。

二に公的であること」）の問題が発生したのである[35]。

　1961年から1965年の間の国民経済調整期においては、上記の諸問題に
対する解決措置、方針などがとられた。例えば、「共産化の風」について、
1961年7月27日に「内モンゴル自治区牧畜地域人民公社条例」には、家庭
副業について「人民公社の牧民の家庭副業は、社会主義的経済の必要な補充
部分である。集団経済の発展を妨げない条件のもとで牧民の家庭副業を発
展させ、収入を増加させ、市場を活発させる」（第三十六条）と規定された。
さらに自家所有家畜（"自留家畜"）については「1戸あたりに1～2頭の
馬、1～2頭の牛、ラクダの所有家畜、10～20頭の羊などの所有家畜とそ
の繁殖家畜は完全に個人所有である」（第三十七条）と明記された[36]。

　このように家庭副業の経営や自家所有家畜の飼育の許可の結果、自家所有
家畜の数は、1961年の373万頭から1962年に592万頭まで増加した。さらに、
1964年には926万頭にも至り、2年間で56％増加した。その年間増加率も、
19.9％から25.3％になった[37]。

　上で取り上げた事例からわかるように、「共産化の風」の見直しの措置が
とられたことにより、牧畜業生産の発展の目印となる家畜の数が増加したの
はあきらかである。しかし、「文化大革命」期間においては、「内モンゴル自
治区牧畜地域人民公社条例」は、否定され、修正主義のものとみなされた。

1-3　「文化大革命」期間の牧畜業生産の落ち込み

　上で述べてきたように、「文化大革命」によりもたらされた混乱とそれま
での牧畜業政策や方針が否定されたことの結果、「文化大革命」期間におい
て内モンゴルの牧畜業生産は停滞的な状態に陥った。具体的にいえば、以下
のような三回にわたる落ち込みの時期があった。

　(1)内モンゴルの牧畜業生産の第一回目の落ち込み。すなわち、1961～65
年間の国民経済調整期を経ての経済回復後、「文化大革命」の勃発による混

35　詳しくは、リンチン「内モンゴルの牧畜業地域における人民公社化政策の分析」『言語・地域
　　文化研究』第16号、2010年、49–67頁を参照。
36　「内蒙古自治区牧区人民公社工作条例」（1961年7月27日）前掲『内蒙古畜牧業文献資料選編』
　　第二巻（下冊）、59–60頁。
37　「烏蘭夫同志関於自留家畜問題的報告」（1965年6月30日）前掲『内蒙古畜牧業文献資料選編』
　　第二巻（下冊）、170–171頁。

156

乱の結果、1966年の内モンゴルの牧畜業生産は落ち込んだ。1966年末の内モンゴルの家畜総数は、1965年末より298.66万頭（8.33％）減少した[38]。

その後の1970年8〜10月、周恩来の主催で北方農業活動会議が開催され、国民調整期に制定された「農村人民公社工作条例（修正草案）」（1961年6月15日）の規定が依然として現段階の基本政策に適応するとされた。その精神のもとで、1971年5月中国共産党内モンゴル自治区第三回代表大会が開かれ、中国共産党内モンゴル自治区第三期委員会が再開された。そののちに、内モンゴルの各旗、県、市にも中国共産党委員会が再生され、末端機関までの中国共産党組織が回復された。ゆえに、社会秩序、生産秩序と生活秩序は比較的に安定化した。その後9月に内モンゴル自治区党委によって全自治区農村、牧畜地域政策座談会が開催され、「内モンゴル党委の当面の農村牧畜地域の若干政策問題に関する規定」が採択され、1971年10月18日に公布された。この「規定」では、「内モンゴル自治区牧畜地域人民公社条例」は、相当長い期間において、内モンゴルの牧畜地域の活動や牧畜業生産建設に適応するものである、と再び肯定されるようになった[39]。

また、同日に「牧畜地域における階級再調査活動に関する決定」が内モンゴル党委より出された。この「決定」では、引き続き階級区分がおこなわれることが決定された一方、「牧畜地域における階級区分と階級構成要素の清理に関するいくつかの規定（草案）」（1968年8月18日）に対する制限的な規定と説明がなされた。おもに牧場主と富裕牧民、富裕牧民と上中牧の区分境界などの階級区分の基準が明確化され、牧場主、富裕牧民、封建上層階級、宗教上層部の区別に対応する政策が明文化された[40]。そのため、階級区分が拡大されたことによる問題がある程度修正された。実例をあげれば、鑲黄旗における階級区分の再調査においては、誤って搾取階級に区分された64戸、136人に対する名誉回復がおこなわれ、誤った階級階層に区分された170戸、546人に対する階層分類の修正がおこなわれた[41]。

38　前掲『内蒙古畜牧業発展史』206頁。
39　「内蒙古党委関於当前農村牧区若干政策問題的規定」（1971年10月18日）前掲『内蒙古畜牧業文献資料選編』第二巻（下冊）、221–233頁。
40　「内蒙古党委関於在牧区開展階級復査工作的決定」（1971年10月18日）前掲『内蒙古畜牧業文献資料選編』第二巻（下冊）、233–236頁。
41　前掲『内蒙古畜牧業発展史』208頁。

上記の諸措置がとられた結果、「文化大革命」期間における内モンゴル牧畜業生産の復興がみられた。1971年末の内モンゴルの家畜総数は、1970年末より2.8％増加した[42]。

　(2)内モンゴルの牧畜業生産の第二回目の落ち込み。1974年には「批林批孔」運動が推進された。運動の矛先は周恩来に向けられ、周恩来指導のもとでの諸整理措置が「修正主義の黒線の復帰」とみなされたころから、各領域における活動は再び混乱した状態に陥った。内モンゴルの場合も、同様に「批林批孔」運動が展開され、牧畜業領域の幹部は再び批判や攻撃の対象となった。かれらは、「復活勢力の代表」「逸民」と蔑称されるようになった。そのため、少し復興したばかりの牧畜業は、再度落ち込んだ。すなわち、1974年における内モンゴルの牧畜業生産目標が達成できなかったのみならず、1973年より後退したのである[43]。

　1975年1月の第四期全国人民代表大会以降、鄧小平が実質上の中央の日常活動を指導するようになり、国民経済を発展させるために工業、農業、軍事などの面における整理がおこなわれた。1975年9月に全国牧畜地域活動座談会が開催され、国務院より「全国牧畜地域活動座談会紀要」が転載され、「牧畜業を中心とする」方針と「開墾禁止、放牧地保護」政策が再度強調されるようになったほか、牧畜業生産を発展させる政策も定められた。その後、内モンゴルにおいても、牧畜業生産方針と草原開墾問題などについての座談会が開かれ、問題解決の具体的意見が提起された。さらに、10月に内モンゴル党委は各旗、県の党委書記会議を開催し、牧民の家庭副業、自家所有家畜は「資本主義傾向のもの」から除外された。上述のような措置がとられたため、牧民の牧畜業生産の積極性が発揮され、牧畜業生産は「批林批孔」運動の影響の停滞状態から回復し、内モンゴルの牧畜業生産の第二回目の復興がみられた。内モンゴルの家畜総数は、1975年12月時点では1974年12月より4.54％増加し、牧畜業生産総額も6.62％増えた[44]。

　(3)内モンゴルの牧畜業生産の第三回の落ち込み。1976年2月から始まった「鄧小平を批判し右からの巻き返しの風に反撃する」(「批鄧、反撃右傾翻

42　同上、210–211頁。

43　同上、211頁。

44　同上、212頁。

案風」）運動においては、鄧小平の各分野における整理は、「文化大革命に不満である。仕返ししようとしている。つまり、文化大革命にケリをつけようしている」とみなされ[45]、鄧小平の大部分の職務は停止された。この運動の衝撃により、各部門の整理は中止を余儀なくされ、全国は再度の混乱に陥った。内モンゴルも同様に整理活動は中断され、生産秩序と活動秩序は再度の混乱の状態に陥って、生産水準は大幅に後退した。とくに、内モンゴルの牧畜業は最も深刻な被害を受け、牧畜業生産総額は1975年より7％も下がり、家畜総数は1975年より5.6％減少した[46]。

　以上のように、「文化大革命」の勃発による混乱と「批林批孔」運動、「鄧小平を批判し右からの巻き返しの風に反撃する」運動により、内モンゴルの牧畜業生産は、三回にもわたる落ち込みがみられた。さらに、「文化大革命」期間の10年間の内モンゴルの牧畜業生産状況を全体的にみても、表3-1、図

表3-1　内モンゴル全体の家畜総数

(単位：万頭)

年	大家畜	羊	合計
1965	716.6	2,619.20	3,335.40
1966	680.4	2,295.00	2,975.40
1967	680.9	2,531.00	3,211.90
1968	679.8	2,349.00	3,028.80
1969	665.1	2,311.20	2,976.30
1970	689.1	2,356.40	3,045.50
1971	712.2	2,363.40	3,075.60
1972	717.2	2,372.30	3,089.50
1973	738.2	2,519.40	3,257.60
1974	752.3	2,532.60	3,284.90
1975	766.8	2,638.10	3,404.90
1976	748.7	2,397.80	3,146.50

出所：内蒙古自治区統計局編『奮闘的内蒙古　1947〜1999』
　　　中国統計出版社、1989年、307-308頁より筆者作成。

45　陳東林ら主編・加々美光行監修『中国文化大革命事典』中国書店、1997年、697頁。
46　前掲『内蒙古畜牧業発展史』212頁。

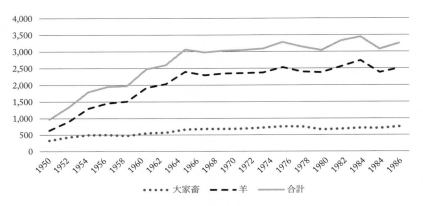

図3-1　内モンゴル全の家畜総数（単位：万頭）

出典：内蒙古自治区統計局編『奮闘的内蒙古　1947～1989』中国統計出版社、1989年、307-308頁より筆者作成。

表3-2　内モンゴル全体の家畜総数

（単位：万頭）

年	大家畜	小家畜	合計
1965	294.18	1,798.20	2,092.38
1966	252.53	1,471.20	1,732.73
1967	233.9	1,552.58	1,786.48
1968	235.24	1,515.97	1,751.21
1969	228.14	1,499.23	1,727.37
1970	235.13	1,470.24	1,705.37
1971	248.49	1,482.38	1,730.87
1972	251.07	1,490.27	1,741.34
1973	243.2	1,465.47	1,708.67
1974	258.53	1,532.08	1,790.61
1975	276.17	1,576.91	1,853.08
1976	277.39	1,498.45	1,775.84

出所：内蒙古自治区畜牧局『畜牧業統計資料　1947～1986』（内部資料）、1988年、48頁より筆者作成。

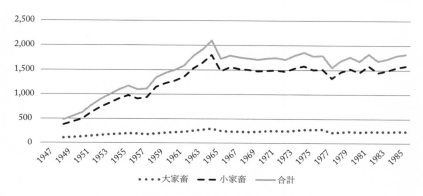

図3-2　内モンゴル全体の家畜総数（単位：万頭）

出典：内蒙古自治区畜牧局『畜牧業統計資料　1947～1986』（内部資料）、1988年、48-49頁より筆者作成。

3-1で示しているように、主要家畜である大家畜（牛、馬、ロバ、ラクダ、ラバ）と羊の増加率は、停滞ないし後退していた。同様に、表3-2、図3-2で示しているように、内モンゴル牧畜地域の大家畜と小家畜（羊、山羊）の増加率も、停滞ないし後退していた。

2　民族活動における「撥乱反正」

　中国では、「文化大革命」終結後に中国共産党の第11期3中全会が開催されたことを契機に各領域における「撥乱反正」（混乱を治めて、秩序をとりもどす）が展開された。1981年の中国共産党の第11期6中全会において「建国以来の党における若干の歴史問題に関する決議」が採択されたことで思想上の「撥乱反正」が実現され、1982年の中国共産党の第12期大会の開催によって「撥乱反正」は基本的に完了したとされている。

　本節の狙いは、内モンゴルの民族活動における「撥乱反正」において、「オーランフー反党叛国集団」、「内モンゴル二月逆流」、「新内人党」（「新内モンゴル人民革命党」）などの冤罪事件は、いかに名誉回復されたのか？少数民族言語政策・少数民族幹部政策などの民族区域政策はいかに回復され実施されたのか？　そのプロセスをできるだけ具体的にたどって、これらの

問題とそれがモンゴル人地域社会にもたらした影響を究明することにある。

2-1　三大冤罪事件とその名誉回復

「文化大革命」の期間に内モンゴルで発生したいわゆる「オラーンフー反党叛国集団」「内モンゴル二月逆流」、「新内モンゴル人民革命党」という三大冤罪事件およびそれと関連する4,800あまりの冤罪事件での被害者の数は68万3,747人（自治区総人口の5.3％）に達したが、そのうち、モンゴル人被害者の数は21万1,809人で、モンゴル人人口の12％に相当する。被害者のうち2万7,994人は死亡し、12万4,719人は障碍者になった[47]。いわゆる「オラーンフーの黒線を掘り出し、オラーンフーの流毒を粛正する」キャンペーン期間において、辺境地域の8,000世帯の牧民は強制的に「内地」へ移転させられ、その過程において死に至った者は1,000人を超えた[48]。この規模は中国で最大であり、中国全体のなかでも集団的に受けた被害としてはもっとも深刻であった。

　1966年5月21日、中共中央華北局会議が北京で開かれ、内モンゴルからは内モンゴル党委第一書記オラーンフー、同党委書記処書記奎璧、王鐸、高錦明、権星恒、劉景平、同党委常務委員会委員吉雅泰、雷代夫、克力更及び自治区関係部門と各盟、市、旗の代表などの146人が参加した。内モンゴル分会は、北京の前門飯店で開かれたため、この会議は「前門飯店会議」とも呼ばれる。会議開催の43日間で8回の内モンゴル党委常務委員会、6回の盟、市党委書記の会議、16回にわたる全体会議が開かれた。会議においては、「中共中央のプロレタリア文化大革命についての通知」（「五一六通知」）が伝達されたのちに、オラーンフーに対する批判や攻撃が始まった。7月27日に作成された「オラーンフーの誤りの問題に関する報告」では、「オラーンフーの誤りについての暴露と批判は、党内に埋められた時限爆弾を掘り出したものであり、毛沢東思想の偉大な勝利である」ということが強調された。さらに、オラーンフーには「共産党に反対し、社会主義に反対し、毛沢東思想に反対し、祖国の統一を破壊し独立王国をつくった民族分裂主義、

47　王鐸『五十春秋──我做民族工作的経歴』内蒙古人民出版社、1992年、544頁。
48　「関於内蒙古自治区工作情況的彙報」（1981年7月16日）内蒙古党委政策研究室・内蒙古自治区農業委員会編印『内蒙古畜牧業文献資料選編』（第一巻）1987年、310頁。

修正主義の誤りを犯した」といった5つの罪名が挙げられた。11月2日、「報告」は中共中央に批准され、公布された[49]。

　このようにして、当時の中共中央政治局候補委員と国務院副総理、国家民族委員会主任、内モンゴル自治区の党・政府・軍の第一責任者などの職位を担当していたオラーンフーは打倒された。オラーンフーは、「文化大革命」において省・市・自治区の第一書記のなかで打倒された最初の者であった。さらに、オラーンフー、奎璧、吉雅泰、畢力格巴図爾などの数多くの幹部、とくにモンゴル人幹部は「オラーンフーの黒一味」とされ、打倒された。これは、内モンゴルにおける「文化大革命」の第一の大冤罪事件、いわゆる「オラーンフー反党叛国集団」である。

　いわゆる「二月逆流」は、1966年冬から1967年の春にかけての「文化大革命」で迫害を受けた旧幹部を無罪にしようとする、審判くつがえしの風潮が、1967年2月に最高潮となったことから名づけられたのである。この審判くつがえしの風潮は、国務院副総理陳毅、李富春、聶栄臻、譚震林らの高級幹部によって引き起こされた。かれらは、中国共産党第八回大会第11総会そのものを非法とし、同総会で採択された決議をくつがえし、「劉鄧ブルジョア司令部」に対する審判をくつがえそうとしたものであり、また、同時に紅衛兵を反党非法組織とし、この運動に対する報復措置をとろうとしたものであった。しかし、結局、毛沢東を支持する文革派によって弾圧された。

　3月以降、中央から地方まで大規模な「二月逆流」に対する攻撃のキャンペーンが展開された。「内モンゴル二月逆流」は、この「二月逆流」の内モンゴルでの連鎖的反応であり、構成の一部分である。1967年4月13日、中央により発せられた「内モンゴルの問題の処理に関する決議」においては、内モンゴル党委書記であった王鐸、王逸倫は資本主義の道を歩む実権派であり、オラーンフーの代理人であると批判した。それとともに、内モンゴル軍区の一部の指導者が、左派を支持することにおいて路線の誤りを犯したとし、内モンゴル軍区が改組され、北京軍区の副司令官騰海清は内モンゴルに派遣された。かれは、実質上、内モンゴルの実権を握った。

49　「内蒙古党委落実政策領導小組関於進一歩解決挖一"新内人党"歴史錯案遺留問題幾項具体規定」（1978年6月27日）中共内蒙古自治区党史研究室編著『撥乱反正——内蒙古巻』中共党史出版社、2008年、63頁。

そののちに、王鐸、王逸倫らは、いわゆる「オラーンフー審判くつがえしの二月逆流」の代表であるとみなされた。さらに、数多くの各級の幹部、大衆は、資本主義復活の「黒いやり手」、「急前衛」「右派」と見なされて連座し、打倒され、迫害を受けた。これは、内モンゴルにおける「文化大革命」のなかでの第二の大冤罪事件である。

　いわゆる「新内人党」事件は、内モンゴルにおける「文化大革命」のなかで捏造された「地下反革命組織」なるものをえぐり出す運動を指す。1968年2月、内モンゴル地域における「高錦明右翼日和見主義路線」批判が始まり、それに続いて内モンゴル全域において、オラーンフーが内モンゴルで資本主義を復活させて作り上げたとされる「新内人党」[50]の摘発が始まった。全自治区に届け出の指示と「届けた者には寛大に、隠した者には厳罰を」の運動が広く展開された。フフホト市の公安機構軍事管理委員会は「『内人党』およびその亜流の組織の届け出に関する第2号通告」を公布し、そのなかで、「新内人党」の性格を「組織があり、計画性があり、綱領をもち、統一的な指導と指揮をおこない、大規模な広い活動をおこなっている反革命組織である」[51]と断定している。

　そのため、半年もたたないうちに内モンゴル全域においては40〜50人が「内人党」分子として摘発された。そのなかの大部分は、牧民や党政機関・軍・学校・商業部門の一般の幹部であり、一部の労働者や青年学生まで含まれていた。各級機関の指導幹部も大部分がその巻き添えに遭った。一時は人を捕まえることが時流となり、私設の法廷が作られたり、様々の刑罰がおこなわれたりした。自殺したり、殴り殺されたりした者は1,000人を超え、多くの死体は荒野に放置された[52]。

　5月初め、毛沢東の「内モンゴルは闘争を拡大しすぎた」という指示が伝達された。5月7日、内モンゴル自治区革命委員会常務委員会拡大会議は「誤って『新内人党』分子とされた人々の名誉回復とそれに関わる問題に

50　「内人党」とは、内モンゴル人民革命党の略称である。1925年に中共中央の許可を得て成立した政党である。1925年の第一次国内革命戦後、元党中央委員会委員長の白雲梯は公然と中共中央を裏切り、一部の党員は脱党し、残りは中国共産党の指導の下で、引き続き活動を続けてきた。「内人党」は、この時点から事実上再び存在することはなかったのである。

51　前掲『中国文化大革命事典』610頁。

52　同上。

ついてのいくつかの意見」を制定した。その主な内容は、以下のとおりである。

①確実な証拠のない者は全員名誉回復させる。

②中心的分子と重大な嫌疑のある者は引き続き取り調べをおこない、取り調べが完了してから処分をおこなう。

③「新内人党」をえぐり出す過程で「旧内人党」分子が取り調べを受けたのは当然である。

④無実を認められた者の名誉回復をおこなう時は、これまでのやり方の範囲内で名誉回復会議を開き、大衆の前で名誉回復をおこなうこと。それとともに名誉回復の情況を巻き添えとなった家族・親族の所属する職場にも通知する[53]。

　6 月末、内モンゴル自治区公安庁軍事管理委員会は、公安庁内には「新内人党」はいなかったことを発表し、その後、多くの「えぐり出し」の重点目標とされた職場や機関が次々と自分たちの所には「新内人党」はいないと発表した。不完全な統計によれば、内モンゴル自治区全体では34万6,000人が取り調べ、吊し上げ、投獄などを受けた。そのなかで、モンゴル人は75％を占め、8 万7,180人が拷問によって身体障碍者となり、1 万6,622人が殺されたり死に追い込まれたりした[54]。

　そのほか、民族問題に与えた影響が大きかったものとして、以下のような冤罪事件が挙げられる。

①牙寒章冤罪事件。内モンゴル言語研究所所長を務めていた牙寒章の1974年 4 月25日の内モンゴル大学における民族政策の再教育の座談会での発言が、「中国共産党に反対、毛沢東の思想に反対」、「民族間の団結への挑発」、「民族間団結の破壊」、「民族分裂をおこなった」とみなされた[55]。

②「1968年 5 月の内モンゴル軍区の内モンゴル体育系統の命令」では、内モンゴル自治区体育委員会は「独立王国」、「黒い巣」とみなされ、体

53　同上、610頁。
54　同上、611頁。
55　前掲『撥乱反正――内蒙古巻』65頁。

育活動の従事者は「独立王国の公民」とされた[56]。

③トメド左旗沙爾沁公社の小営子の「オラーンフーの反革命の黒拠点、地主庄園」冤罪事件。小営子は、1961年に内モンゴル党委に農業・牧畜業・林業・副業・漁業の生産の試験的地域として確定された。しかし、「文化大革命」において「オラーンフーの反革命の黒拠点」、「地主庄園」と誹謗された[57]。

④トメド左旗の「黒四清」冤罪事件。「文化大革命」において、「四清運動」当時、オラーンフーが指導した「四清運動」は「黒四清」と誹謗され、数多くの運動当時の「工作隊員」は「中国共産党に反対、社会主義に反対、毛沢東思想に反対」といった罪名を得て、迫害を受けた[58]。

「文化大革命」終結後の1976年11月、内モンゴル党委に「撥乱反正」の最初の機構としての「清査弁公室」が設立された。1978年12月10日、内モンゴル党委に「清査弁公室」をもとにした、冤罪事件の再審査、名誉回復の専門機構としての「運動弁公室」が設けられた。各盟・市にも専門機構としての指導小組が組織された。

1978年4月20日、尤太忠（内モンゴル党委第一書記）、池必卿（内モンゴル党委第二書記）、候永（内モンゴル党委秘書長）らは、「『新内人党』を掘り出す問題をより一層解決することに関する意見の報告」を中共中央に提出した。

本報告では、まず、いわゆる「新内人党」は存在しなかったことと、当時の「新内人党」をえぐり出す決定は間違っていたことが指摘された[59]。

次に、いくつかの冤罪事件の解決方法が提起された。①死亡した幹部と大衆には名誉回復をおこない、かれらに対する全面的で正確な評価を出して、その家族と所属していた機関に通知する。②党政組織と指導幹部は、死亡者の家族と身体障碍者の実際の困難を解決し、死亡者の家族に手当を与え、身体障碍者には治療費を補助する。③死傷者が多数で、集団の負担が過重の生産隊に対し、国家から経済的な補助を与え、かれらの生産の発展を援助す

56　同上、65頁。
57　同上、66頁。
58　同上。
59　尤太忠・池必卿・候永「関於進一歩解決挖"内人党"問題的意見的報告」（1978年4月20日）前掲『撥乱反正——内蒙古巻』160頁。

166

る。④ごく少数の確実な証拠のある階級報復をおこなおうとした階級敵、厳重な規律違反を犯した刑事犯罪分子に対し、盟・市以上の党委の審査を経て、法によって厳罰に処する。⑤幹部や大衆の提起した要求のなかでの合理的なものに対し、検討をおこなって解決する[60]。この報告は、中共中央により、修正され批准された。

　6月27日、内モンゴル党委の政策実施小組によって「『新内人党』を掘り出す歴史的錯誤案件の遺留問題の解決に関するいくつかの具体的規定」が制定された。「規定」においては、「新内人党」冤罪事件の名誉回復の範囲、関係する資料の焼却などについて、以下のように規定された。

　①名誉回復の範囲は、「新内人党」及びそれと関連する組織である。「新内人党」を掘り出す当時に強制的に登録され、学習班に参加させられ、審査され、脅迫的に自白と証明資料を書かされた者のすべては、名誉回復の対象になる。

　②「新内人党」に関する資料の整理、焼却について、次のようないくつかの原則を定める。「新内人党」に関するすべての資料は、保管していた党組織により整理され、公開的に焼却すること。個人文書と公安文書のなかでの「新内人党」に関わる資料は、各級の党政組織、人事部門と労働部門により公開的に焼却すること。個人によって書かれた資料は、本人に返却すること。文書資料と公安文書においての「新内人党」に関わる資料について、「廃棄」という公印を押し、文書資料として厳格に保管し、閲覧と抄録を厳禁すること。「新内人党」に関わる資料を私蔵、複写、移動する者に対し党の規律と国法にしたがって厳罰すること。

　③「新内人党」を掘り出した事件による死亡者に対し、公傷死亡の扱いにしたうえ、その名誉回復をおこなう。死亡者の遺族の生活費は、都市部居住者には毎月15元（人民元、以下同）、牧畜地域居住者には毎月13元、農村地域居住者には毎月10元を与える。死亡者の子女は、18歳までの生活費が与えられる。

　④「新内人党」を掘り出した事件において、被害を受けて身体障碍者になった者全員に対し、公傷証明書を発行する。死に至った者と重い身体障碍

60　前掲『撥乱反正──内蒙古巻』160–161頁。

者の子女は職業配置の際に優先的待遇を受ける。

　⑤家宅捜査され持ち出された物資の賠償の問題について、原則上は原物があった場合、原物を元の持ち主に返却し、原物をなくした場合、適切に賠償し、原物を横領し窃盗した場合、厳罰する。

　⑥ごく少数の報復をおこなった階級敵と規律法令違反者、刑事犯罪者に対し、盟・市以上の党委の審査、批准を経て、法律によって厳罰に処する。

　⑦生活困難の農民、牧民と都市部の居住民、負担過重の生産隊に対する補助問題については、次のように規定された。「新内人党」事件において、死に至った者の遺族と身体障碍により労働能力を喪失した者には、定期、定量の生活補助を与える。その基準は、都市部の1世帯1人の場合毎月8〜10元、1世帯2人の場合毎月12〜13元、1世帯3人以上の場合毎月15〜16元を与える。農村部の1世帯1人の場合毎月4〜6元、1世帯2人の場合毎月10元、1世帯3人以上の場合、毎月14〜15元を与える。子女の場合18歳まで補助する[61]。

　1979年1月15日、内モンゴル党委は中共中央に「『オラーンフー反党叛国集団』、『内モンゴル二月逆流』の冤罪事件を徹底的に覆すことに関する報告」を提出した。「報告」では、内モンゴルの「『文化大革命』までの19年間は、党の民族政策が輝いた19年であり、民主改革と社会主義革命の歴史的実践において、オラーンフーを第一書記とする内モンゴル党委は党の民族区域自治政策を貫徹し、自治区の革命と建設に大きく貢献した。三大冤罪事件は、内モンゴルの客観的現実から離れ、敵味方の関係を混同し、革命の隊伍を分裂させ、民族間の団結を破壊し、自治区の革命と生産に極めて大きな損失と影響をもたらした。そのため、われわれは、『オラーンフー反党叛国集団』、『内モンゴル二月逆流』の冤罪事件を徹底的に覆し、被害者の名誉回復を回復するよう建議する」と述べた[62]。

　この「報告」は、数日後の21日に中共中央によって批准された。その翌日、内モンゴル党委は「報告」と中共中央の批准を人民公社党委まで発し、

61　「内蒙古党委落実政策領導小組関於進一步解決挖"内人党"歴史錯案遺留問題的幾項具体規定」（1978年6月27日）前掲『撥乱反正——内蒙古巻』163–166頁。
62　「内蒙古党委関於徹底推倒"烏蘭夫反倒叛国集団"和"内蒙古二月逆流"冤假案的請示報告」（1979年1月15日）前掲『撥乱反正——内蒙古巻』200頁。

「オラーンフー反党叛国集団」、「内モンゴル二月逆流」の冤罪事件の名誉回復が展開された。

　さらに、1979 年 2 月 7 日、冤罪事件の解決の政策問題に関する次のような原則・規定が内モンゴル党委・革命委員会により出された。すなわち、冤罪事件において迫害を受けた幹部と大衆に対し、貼られた罪名を取り消し、事実に基づく政治的な結論を出して、一律に名誉回復させる。専門的な機構を設けて、冤罪事件の資料を整理し焼却させる。個人とその連座した親族の中で無実の罪をきせられたものの資料を一律に焼却する。冤罪事件により、刑事・行政処分、党籍・団籍除名などの処分を受けた者は、一律に名誉回復させる。強制的に辺境地域から「内地」へ移住させられた者は本人の意志によって、従来の居住地域に復帰させる。家宅捜索され持ち出された物資を積極的に賠償する。迫害を受けて死傷するに至った者には、公傷証明書を発行し、民政部門による経済的補助、子女に職場を与えるなどの公傷による待遇を提供する[63]。

　上で述べてきたこれらの原則と規定に沿って、専門機構である運動弁公室の指導のもとで、「文化大革命」および1957年からそれまでの内モンゴルにおける冤罪事件に対する検査、再審と名誉回復が進められ、1981年に基本的に終了した。すなわち、冤罪事件における 90％の被害者が名誉回復された。刑事・行政処分、党籍・団籍除名の処分を受けた者には、一律に証明書を発給する。職を解かれた者に対しては一律に元の職場に復帰させ、解除された期間の給与を支払った。そのほか、1978〜1981年の 3 年間に被害者へ支給した医療費などは3,500万元に達し、 3 万5,000人に対し職を与えた[64]。

　1978年から1981年 3 月までに3,447人の右派分子の帽子が外され、誤って右派分子とされた5,716人に対する見直しもおこなわれ、3,067人に改めて職を与えた。また、自治区全体の 6 万5,669人の地主、富農、悪質分子に対する再審査がおこなわれ、そのなかの 6 万1,000人の帽子が外され、誤って地主、富農、悪質分子とされた3,545人の処分を是正した[65]。

63　「内蒙古党委、革命委員会関於進一歩解決冤、錯、假案政策問題的原則規定」（1979年 2 月 7
　　日）前掲『撥乱反正——内蒙古巻』219–220頁。

64　前掲『撥乱反正——内蒙古巻』17頁。

65　同上。

また政治的に迫害され巻き添えにされた幹部、大衆に対する名誉回復が進められ、関係する文書資料の整理と焼却もおこなわれ、党、団内部の処分と刑事処分なども廃止された。そのなかで、冤罪事件で死亡した元内モンゴル自治区党委常務委員会・人民委員会の副主席であった吉雅泰、元内モンゴル自治区党委常務委員・高級人民裁判所長（法院院長）・政治協商委員会副主席であった特木爾巴根、元内モンゴル自治区政府副主席・第四期全国政治協商委員会常務委員であった哈豊阿、元内モンゴル自治区党委書記兼公安庁長であった畢力格巴図爾、元内モンゴル自治区農業庁党組織書記・庁長であった高布澤博などは、名誉回復がなされた。

　経済的な面においては、冤罪事件による死亡者・身体障碍者とその家族には救済金、治療費が与えられ、その子女にも職が与えられ、没収された物資も返却された。また、損失が深刻であった牧畜地域の人民公社や生産隊の生産は、回復できる程度まで援助がなされた。

2-2　民族区域自治政策の復興
2-2-1　モンゴル言語・文字の復興
　多民族国家である現代中国においては、55の少数民族のうち、回人、マンジュ人が漢語をもちいるほか、各少数民族はすべて独自の言語を有しており、27の民族が独自の文字をもっている。現代中国では、少数民族の言語・文字は「民族を構成する要素のひとつであり、その民族の人民が日常生活と社会活動のなかで思考し考えを交流させる道具であり、民族文化の重要な表現形式である」と定義されている[66]。現代中国では、各民族の平等、団結、共同繁栄の実現を民族問題解決の基本原則として掲げ、憲法やそのほかの法律のなかに記されてきた。

　まず、少数民族言語の権利は、憲法によって保護されている。臨時憲法の役割を果たした「中華人民共和国政治協商会議共同綱領」においては、中国の少数民族の言語に関する権利が初めて法律の形で定められ、「各民族は、いずれもその言語・文字を発展させ、その風俗習慣及び宗教信仰を保持ある

66　呉宗金著『中国民族法概論』西村幸次郎訳、成文堂、1998年、119頁。

いは改革する自由を有する」（第53条）と[67]、規定されている。

　次に、1954年9月20日に公布された「中華人民共和国憲法」にも少数民族の言語権利について、「各民族は、すべて自己の言語を使用し発展させる自由をもち、すべて自己の風俗習慣を保持しまたは改革する自由をもっている」（第3条）。「自治区、自治州、自治県の自治機関は、職務の執行にあたって、その地域の民族に通用する一種または数種の言語を使用する」（第71条）。「各民族の人民は、すべてその民族の言語・文字を用いて訴訟をおこなう権利をもっている。人民法院は、その地域に通用している言語・文字を、通じない当事者に対しては通訳すべきである。少数民族が集中的に居住し、あるいはいくつかの民族が雑居している地域では、人民法院は、その地域に通用している言語を用いて審問をおこない、その地域に通用する文字を用いて判決書、告示および他の文書を公表しなければならない」（第77条）と[68]、明記されている。

　続いて、「中華人民共和国民族区域自治実施綱要」においても、「各民族自治区の自治機関はその自治区内に通用する民族語を採用して職権を行使するための主要な用具とすることができる。このような文字を使用しない民族に対して職権を行使するときには、その民族の文字を併用しなければならない」（第15条）。「各民族自治区の自治機関は諸民族各自の言語を採用し、それによって各民族の文化教育事業を発展させることができる」（第16条）。「各民族自治区の自治機関は、自治区内の各民族がすべて民族平等の権利を享有するよう保障し、各民族人民が互いにその言語・文字、風俗習慣及び宗教信仰を尊重するよう教育し、民族間の差別と圧迫を禁止し、民族紛争を煽動するいかなる行為も禁止しなければならない」（第25条）と定められている[69]。

　さらに、「中央人民政府政務院による地方民族民主連合政府実施方法に関する決定」においては、「各民族の代表は、人民代表会議の協商委員会ある

67　中央人民政府法制委員会『中央人民政府法令彙編（1949年〜1950年）』法律出版社、1982年、27頁。
68　日本国際問題研究所中国部会編『新中国資料集成』第四巻、日本国際問題研究所、1970年、238-248頁。
69　中央人民政府法制委員会編『中央人民政府法令彙編（1952年）』法律出版社、1982年、68-69頁。

いは常務委員会の席上で自己の民族言語を使用する権利がある。会議での重要な報告、文章や発言はできる限り、会議に参加する各民族の言語・文字に翻訳するか、通訳者を置き口頭で通訳しなければならない」と明記されている[70]。

　上記のことからは、次のいくつかの点があきらかになる。まず、各自治区の党・政府機関が各民族向けの公文書を配布する場合、たとえそこで使われている言語が多数を占める民族のあいだで通用しても、通用しない民族が存在するときには、その民族の文字の併用が法的に保障されること。次に、自治区内の各民族が自民族の言語を用いる形で、各民族の文化を繁栄させ、民族教育を推進させることを、法的に保障していること。最後に、自治区内の各民族は人口数の多少、社会発展の程度などに関係なく一律平等であるとして、少数派民族の平等、合法的な権利と利益が保障されることが、明文化されたこと。

　要するに、各少数民族が自民族の言語を使用し発展させることと、すべての領域において自民族の言語権利を行使することは、最高法規である憲法によって賦与された権利である。

　しかし、1957年の反右派闘争以降の「極左」路線のもとで、内モンゴルでは「蒙漢兼通」なるスローガンが打ち出され、モンゴル人が漢語を身につけることを求める運動がおこなわれた。さらに、少数民族言語・文字事業においては、「言語融合論」が提唱され、その最も注目すべき観点は、いわゆる「各民族の共同言語論」である。このいわゆる「各民族の共同言語論」の核心的な内容の一つは、「社会主義国家の社会主義時期においては民族言語・文字は融合し消滅すべきである」という点である。もう一つは、中国における言語の融合においては、漢語を「各民族の共同言語」にすべきである、という点である。その理由として漢人人口は多数を占め、漢人の経済、文化は先進的なものであり、漢語への融合は「少数民族言語の発展の道である」とされた[71]。

70　「中央人民政府政務院関于地方民族民主連合政府実施弁法的決定」（1952年2月22日政務院第125次政務会議通過）中共中央文献研究室編『建国以来重要文献選編』（第三冊）、中央文献出版社、1992年、87頁。

71　色那木吉拉「繁栄発展民族語文是党在社会主義歴史時期的重要任務」内蒙古語委弁公室『内蒙古自治区語文工作文献選編』1985年、118頁。

　さらに、「文化大革命」の時期には「民族問題は階級問題」とされ、民族的なものはすべて否定された。内モンゴルにおいては、モンゴル言語・文字は「後れた」「無用」な言語・文字であると否定された。それまでのモンゴル言語・文字の活動は「黒線独裁」「修正主義路線の推進」とされ、モンゴル言語・文字に関する出版、科学研究、文化教育に関する部門は「黒拠点」とされた。モンゴル言語・文字に関する活動をおこなっていた者は、「黒組」「黒線人物」として打倒された。モンゴル言語・文字活動の機構は廃止され、その活動従事者は解散させられ、関係資料は焼却された。モンゴル語教師も当然のこととして迫害、追放された。例えば、内モンゴル自治区の首府フフホト市には、「文化大革命」の直前にはモンゴル人小学校が10校あったが、「文化大革命」中にすべて廃校に追い込まれ、モンゴル語教師93人のうち、迫害を受けた 3 人が死亡、55人が学校を追われ、29人が転勤させられた[72]。内モンゴル全体においても、モンゴル人学校の廃止、教育言語の漢語化、特別経費の打ち切りのために、モンゴル語関連の事業は大きく後退した[73]。

　モンゴル言語・文字の復興は、「文化大革命」終結後であった。中国共産党の11期 3 中全会以降の「撥乱反正」により、内モンゴルのモンゴル語事業は恢復、発展がなされた。

　まず、少数民族言語・文字政策が宣伝、貫徹された。1977年11月と1978年 7 月の二回にわたって八省・自治区（内モンゴル自治区、黒竜江省、吉林省、寧夏回族自治区、甘粛省、青海省、新疆ウイグル自治区）のモンゴル語事業の協力会議が開催された。1979年 3 月には、内モンゴル自治区モンゴル語活動会議が開かれた。これらの会議において、「文化大革命」期間の上述の少数民族言語文字活動に関する罪名が是正された。さらに、各少数民族の自民族の言語文字を使用し発展させることは、各少数民族人民の権利であることと、少数民族の言語文字の重要性が強調された。

　続いて、モンゴル語に関する科学研究が進められ、モンゴル語の規範化が促進された。八省・自治区モンゴル語事業協力グループの指導のもとで、これらの地域のモンゴル語活動従事者によって、現代モンゴル語、古代モンゴル語、文法、辞書などについての書籍がつくられ、モンゴル語活動の進展

72　毛里和子『現代中国の構造変動』、東京大学出版会、2001年、114頁。
73　曽憲東「内蒙古首届民族理論科学討論会側記」『内蒙古社会科学』1981年第三期。

がなされた。そのなかで、1977年11月に開かれた協作小組会議においては、303の専用名詞・学術用語、2,800の機関名・企業名、18の句読点が確定、統一された[74]。

　最後に、「文化大革命」終結後、内モンゴル革命委員会は民族言語政策に対する再審をおこない、モンゴル語を自治区全体の通用語にすることを強調し、党政機関により発せられた公文書、モンゴル人が参加する各種会議、新聞出版機構、文化芸術事業およびモンゴル人大衆の生産と生活に密接に関係する交通、郵便、商業、サービス事業などにおいては言語の使用を注意するように指示した。さらに、内モンゴル自治区の各級党政機関においても翻訳部門が設置され、翻訳の人員が配置され、中央や自治区より発せられた公文書および自治区の重要な会議文書、牧畜地域への公文書などはモンゴル語の翻訳文を並送するように要求された。

　1979年7月1日、「内モンゴル自治区革命委員会によるモンゴル語の学習、使用の奨励方法」が公布された。「奨励方法」では、奨励の範囲は、自治区の各級の国家機関、党・大衆団体、事業・企業部門、各種の学校とその幹部、職員、教員とモンゴル語事業従事者である、と明記された。続いて、奨励の条件は、党の民族政策を真剣に貫徹、執行し、モンゴル語の学習と使用を重視し、モンゴル語事業従事者の育成に顕著な成績のある機関と個人。機構・機関の幹部・職員を組織し、モンゴル語の学習や使用、または科学研究に一定の成績のある機関と個人。モンゴル語の教育を重視し、モンゴル語の教育方法を改善し、その教育の質の向上に貢献した機関と個人[75]、と規定された。

　この「奨励方法」が実施されたのちに、モンゴル語学習のキャンペーンは内モンゴル地域全体に展開され、数多くの機関と個人が奨励を受けた。通遼市を例にすれば、1979年に107の機関、4,000人余りの個人が、「奨励方法」による奨励を受けた[76]。

　同時に、モンゴル語の新聞、雑誌、出版物も復興がなされた。例えば、

74　前掲『撥乱反正——内蒙古巻』73頁。

75　内蒙古自治区革命委員会「内蒙古自治区革命委員会関於学習与使用蒙古語文的奨励方法」（1979年7月1日）前掲『内蒙古自治区語文工作文献選編』51–55頁。

76　色那木吉拉「三年多来蒙古語工作情況和今後任務」前掲『内蒙古自治区語文工作文献選編』78頁。

1981年の時点では、モンゴル語の新聞は10種類、モンゴル語の雑誌は27種類になり、284種類のモンゴル語の出版物が182万冊出版されるようになった[77]。

　モンゴル語事業の機構も基本的に回復された。1982年までに内モンゴル自治区の12の盟・市、83の旗・県にモンゴル語の専門的機構であるモンゴル語工作委員会が設置された。多くの旗・県以上の機関においては、翻訳事業の機構が回復され、翻訳人員が配置されるようになった。1982年4月までの統計によれば、自治区級の7つの党政機関にモンゴル語・漢語の翻訳機構が設けられ、31の機関に121人の専門職の翻訳幹部が配置された。そのほか、地方の8の盟、38の旗にも同様の翻訳機構が設けられ、451人の専門職の翻訳幹部が配置された。また3の都市にモンゴル語工作委員会が設置され、20人余りの幹部が配置された[78]。

　上記のこれらの機構とその幹部は、各級の漢語の公文書をモンゴル語へ翻訳することを担当する。1982年時点では、多くの各機関においては、モンゴル語・漢語の二種類の公文書が配布されるようになった。実例を挙げれば、内モンゴル党委弁公庁から配布された100万字余りの公文書、自治区政府弁公庁から配布された165万字余りの公文書は、基本的にモンゴル語・漢語が併用されるようになった。また、イフジョー盟オトク旗党政機関から配布された134件の公文書のうちの131件はモンゴル語に翻訳され、全体の97.7％を占めた。同様に、シリンゴル盟党政機関から配布された公文書の92％はモンゴル語に翻訳され、西ソニト旗と東ソニト旗の場合はその多くの公文書は直接にモンゴル語のものが配布された[79]。

　他方では、モンゴル人学校も復興がなされた。実例をあげれば、1980年の内モンゴルのモンゴル人小学生数は、33万6,374人になり、児童入学率は92.5％に達した。モンゴル語で授業を受けるモンゴル人小学生は33.6万人であり、モンゴル人小学生全体総数の66.5％占めた。大学と専門学校でのモンゴル語で授業を受けたモンゴル人学生は2,084人であり、全体総数の62.6％を占めた。師範学校でのモンゴル語で授業を受けた学生は2,654人であり、

77　前掲『内蒙古自治区語文工作文献選編』275頁。
78　前掲『内蒙古自治区語文工作文献選編』263頁。
79　前掲『内蒙古自治区語文工作文献選編』264頁。

全体の78％を占めた[80]。1982年までには、大学・専門学校のなかでのモンゴル語で授業を受ける学生とモンゴル語を学習する学生の人数は、それぞれモンゴル人学生総数の62％と78％を占めるようになった[81]。

2-2-2　少数民族幹部育成、採用

　自治機関の民族化とは何か。中国共産党の民族区域自治政策と中華人民共和国憲法、民族区域自治実施綱要などの規定によれば、その主な内容は、区域自治を実施する民族幹部が、民族語と民族形式を運用して自民族の事務を管理し、自治権を実行することであるとされている[82]。また、民族幹部と民族人民大衆との関係は密接であり、民族幹部は民族発展の事業のために熱烈な願望を持っており、自民族人民の念願をもっとも反映することができるし、もっとも自民族の利益を代表することができる。したがって、民族幹部の育成、採用は民族区域自治政策の根幹をなすと考えられる。

　内モンゴルはモンゴル人が主体的に自治をおこなう自治区である。ゆえに、内モンゴルにおける民族幹部とは、主にモンゴル人幹部を指し、内モンゴルにおける自治機関の民族化は、そのモンゴル人幹部がモンゴル語、モンゴル民族形式によって自民族の事務を管理し、自治権を行使することであると考えられる。

　区域自治地域において区域自治を実施する民族出身の民族幹部を養成、採用することは、民族区域自治の核心的なものもあり、民族区域自治の基幹である。1950年代から民族幹部の養成、採用に関する法令、政策は多く出されていた。

　1950年11月24日に公布された『少数民族幹部養成試行方案』においては、少数派の民族幹部の養成に関する原則、方針、方法が規定された。とくに、「区域自治の実現と民族政策の需要を満たすために、政治、経済、文化などの社会各領域にわたるあらゆるところで大量に各少数民族出身の幹部を養成すべきである」と明記されている[83]。

80　龍幹「総結経験教訓，発展民族教育」前掲『内蒙古自治区語文工作文献選編』126–127頁。
81　前掲『撥乱反正——内蒙古巻』74頁。
82　王鐸「内蒙古自治区実現自治機関民族化的成就」『内蒙古自治区成立十周年紀念文集』内蒙古人民出版社、1957年、25–34頁。
83　『民族政策文献彙編』人民出版社、1953年、6頁。

　つづいて、中国共産党の民族区域自治政策を制度化、法律化し、中国共産党の民族政策の基幹をなす「中華人民共和国民族区域自治実施綱要」（1952年8月9日に公布）には少数民族幹部に関して以下のように規定されている。

　　①各民族自治区人民政府機関においては、区域自治を実施する民族を主要な構成員として組織すること（第12条）。

　　②各民族自治区自治機関は適切な措置をとって、当該地域人民と密接な関係をもつ少数民族幹部を育成すること（第17条）。

　　③上級人民政府は、各民族自治区機関を援助してその地域の少数民族幹部を育成すること（第32条）[84]。

　1953年6月、中央民族委員会による「民族区域自治を推し進める経験に関する基本総括」では、「自治機関民族化」政策が提起された。「自治機関民族化」とは、自治機関は区域自治を実施する民族を主要な構成員とし、自治区内に通用する民族言語文字を自治機関の職権を行使する主要な道具として、活動のなかで民族形式を活用するというものである[85]。そのなかでも、大量に民族幹部を養成し採用することは自治機関民族化の中心的一環であったと考えられる。

　そののちの1956年7月、中華人民共和国主席毛沢東は政治局会議において、「少数民族の党員幹部を養成し、少数民族幹部をして漸次漢族幹部にとって替わらせる」「県、州、区の少数民族を年々増加させ、少数民族から書記を選抜し、委員のなかで民族幹部が多数を占めるようにする」「われわれの言っている民族自治とは、少数民族地域においては少数民族を主とし、漢人を従とすること」と指摘した[86]。

　要するに、区域自治地域の人民政府の構成員は、区域自治を実施する民族出身の幹部を中心にすることと、中央人民政府及び自治区人民政府少数民族出身の民族幹部を養成しなければならないことを法律で定めているのである。

　しかし、「文化大革命」期においては、少数民族出身の幹部の育成と選抜

84　前掲『民族政策文献彙編』166–167頁。

85　張崇根主編『中国民族工作歴程　1949〜1999』遠方出版社、1999年、420頁。

86　同上、420–421頁。

が中断されたことのみならず、少数民族出身の幹部は深刻な被害を受けた。内モンゴルの場合、自治区党政機関から末端の人民公社まで、少数民族出身幹部の幹部全体のなかで占める割合は大幅に下がった。実例を挙げれば、「文化大革命」以前では、内モンゴル自治区第一期人民委員会の9人の主席、副主席のうちの5人はモンゴル人であり、第二期人民委員会の14人の主席、副主席のうちの7人はモンゴル人であり、第三期人民委員会の11人の主席、副主席のうちの6人はモンゴル人であった。すなわち、モンゴル人幹部は幹部全体の50%を超えていた。

「文化大革命」期間の第一期革命委員会員5人と第二期革命委員会員4人のうち、モンゴル人は1人であった。第三期革命委員会員14人のうち、モンゴル人は2人しかいなかった[87]。換算すれば、「文化大革命」期間のモンゴル人幹部は、幹部全体総数の11〜14%しか占めていなかった。

その結果、「文化大革命」期間に少数民族幹部の「十年間の断層」が発生し、少数民族幹部の老年化が著しくなった。中国共産党の第11期3中全会後、少数民族幹部の育成や抜擢は、内モンゴル党委により重視されるようになった。内モンゴル党委組織部により少数民族幹部の育成の方針と具体的措置が制定された。その主要な内容は、以下の通りである。

①同等の条件のもとで、少数民族出身の幹部を優先的に抜擢し、とくに辺境地域の旗においては、その地域出身の少数民族幹部の育成、抜擢に留意すること。

②少数民族出身の専門技術に習熟した幹部を数多く育成することを重視し、その地域の経済、文化、教育、科学技術などの諸事業の発展に適応させること。

③各種の形式と方法を用いて、少数民族幹部の業務能力と文化水準を向上させること。

④幹部の配置においては、民族構成と各民族の集中的居住、雑居状況によって、区域自治を実施する民族幹部数の幹部総数のなかで占める割合を、その民族の人口の総人口のなかで占める割合より多く抜擢し、モンゴル人、漢人とそのほかの少数民族幹部の適切な比率を保障する

87　前掲『撥乱反正──内蒙古巻』69頁。

こと[88]。

上記の措置がとられた結果、幹部の抜擢において、少数民族幹部を主要な指導的職位に就任させた。具体的には、自治級の幹部のなかでの少数民族幹部は、同級の幹部全体総数の41.4％を占め、盟・市級の幹部のなかでの少数民族幹部は、同級の幹部全体総数の33.9％を占め、旗・県級の少数民族幹部は、同級の幹部の全体総数の44.3％を占めるようになった。そのため、自治区の少数民族幹部は、自治区の幹部全体総数の17.5％を占めるようになった[89]。

2-2-3　内モンゴル自治区の管轄領域の復元

「文化大革命」期間の1969年7月5日、中共中央は「戦争準備」を口実に内モンゴルのフルンボイル盟の突泉、ホルチン右翼前旗を除く地域を黒龍江省に、ジリム盟とフルンボイル盟の突泉県、ホルチン右翼前旗を吉林省に、ジョーオダ盟を遼寧省に、バヤンノール盟のアラシャン左旗とアラシャン右旗のウリジ、アラタンオボーなどの5の人民公社を寧夏回族自治区に、バヤンノール盟のアラシャン右旗（寧夏回族自治区に管轄される地域をのぞく）とエジナ旗を甘粛省に管轄させることが決められた。これにより、内モンゴル自治区の領域は、6部分に分けられた。その結果、モンゴル人の民族区域自治の権利が損害され、モンゴル人の経済、文化の建設事業の発展に悪影響を及ぼし、モンゴル民族の繁栄と発展も障害を受けた。さらに、地域の民族間の団結と辺境地域の安全保障にも影響をもたらしたのである。

このような措置は、国内での「文化大革命」という不安定な状況と対外関係における中ソ関係の悪化のなかで、少数民族が集中的に居住する辺境地域に対して中央指導部が懸念をもっていたことを示している。それには、以下のような背景があったと思われる。

第一に、国際情勢の視点からみれば、中華人民共和国成立後の外交は、「対ソ一辺倒」の「中ソ蜜月」から1950年代末の中ソ関係の亀裂、1960年代の中ソ関係の悪化、対立や軍事衝突へと変化した[90]。そのため、中国は、ソ

88　「積極的選抜少数民族幹部」『内蒙古日報』1980年8月21日。
89　同上。
90　中ソ関係の詳細については、毛里和子『中国とソ連』岩波書店、1989年を参照。

連とその衛星国であったモンゴル人民共和国（現在のモンゴル国）をソ・蒙「修正主義」とみなした。そのような情勢下で、中国の北部に位置し、ロシア・モンゴルと4,221kmという長い国境線を接する内モンゴルは、中国の反ソ・蒙「修正主義」の最前線になった。

　第二に、もうひとつの背景として、中国北方国境沿いの牧畜地域に居住する牧民の同胞であるモンゴル人が、国境をまたいだモンゴルやロシアにも多く居住していたこと、さらに、モンゴル人たちが、過去に何度も全モンゴル統一運動をおこなってきたことが挙げられる。つまるところ過去の歴史上の問題である。全モンゴルを合併させる運動、すなわち、内モンゴル、外モンゴル、あるいはブリヤート・モンゴルを統一した大モンゴル国の建設を目的にした運動は、1910年代から試みられ、1919年の時点でかなり具体化した[91]。この時の運動は失敗したが、モンゴル人に大きな影響を与えた。1945年8月以降の内外モンゴル合併運動は人々に広く知られており、モンゴル人にとっては決して消すことのできない歴史であった。しかし、その後の反右派闘争、「四清運動」と「文化大革命」において、内外モンゴルの統合への動きや主張があったことは、確認されていない。

　第三に、「文化大革命」期の内モンゴルにおいては、自治区の全領域にわたって全面的な厳しい軍事統制が実施された。これは中国のほかの地域にはみられない。さらに、内モンゴルの北方のソ連、モンゴルと隣接する国境沿いに住むモンゴル人牧民（計7,950戸）が「内地」（国境から離れた内モンゴルの南の方の地域）へと移住させられた[92]

　「文化大革命」終結後の1979年5月30日、中共中央・国務院により「内モンゴル自治区のもとの行政区域を恢復することに関する通知」が発布された。「通知」では、現時点で遼寧省に管轄されるジョーオダ盟、吉林省に管轄されるジリム盟とホルチン右翼前旗、突泉県、黒龍江省に管轄されるフルンボイル盟とオロチョン自治旗、モリンダワ・ダウール族自治旗、甘粛省に管轄されるエジナ旗、アラシャン右旗、寧夏回族自治区に管轄されるアラシャン左旗は、1979年7月1日から内モンゴル自治区に管轄される、と明

91　二木博史「大モンゴル臨時政府の成立」『東京外国語大学論集』54号、1997年、37–58頁。
92　楊海英「ジェノサイドへの序曲──内モンゴルと中国文化大革命」『文化人類学』第73巻第3号、2008年、436頁。

記された。このようにして、内モンゴルの管轄領域は、回復された。

3　牧畜業における「撥乱反正」の検討

　現代中国の「極左」路線の頂点となる「文化大革命」において、内モンゴルのモンゴル人はもっとも甚大な被害をこうむった[93]。さらに、内モンゴルの経済、文化、教育などの各分野、とくにモンゴル人の伝統的な産業である牧畜業は大きな被害や影響を受けた。

　中国では、「文化大革命」終結後に中国共産党の第11期3中全会が開催されたことを契機に各領域における「撥乱反正」（混乱を治めて、秩序をとりもどす）が展開された。1981年の中国共産党の第11期6中全会において「建国以来の党における若干の歴史問題に関する決議」が採択されたことで思想上の「撥乱反正」が実現され、1982年の中国共産党の第12期大会の開催によって「撥乱反正」は基本的に完了したとされている。

　「文化大革命」終結後の牧畜業における「撥乱反正」により、内モンゴル牧畜業の復興のための政策、方針、措置などがいかに打ち出され、どのように実施されたのか、その結果、牧畜業の復興や発展の状況はどうだったのか、また、どのような問題が残されていたのか、などに関する回答は従来の研究からは得られない。これらの問題を明らかにするのは、本節の狙いである。

3-1　内モンゴルの牧畜業における「撥乱反正」

　内モンゴルでは、中国の他の地域と同様に1976年10月から1982年9月までの6年間において、政治、経済、思想の各方面で「撥乱反正」が進められた。例えば、政治面、組織面においては、「オラーンフー反党叛国集団」、

93　「文化大革命」の期間に内モンゴルで発生したいわゆる「オラーンフー反党叛国集団」「内モンゴル二月逆流」「新内モンゴル人民革命党」という三大冤罪事件およびそれと関連する4,800あまりの冤罪事件での被害者の数は683,747人（自治区総人口の5.3%）に達したが、そのうち、モンゴル人被害者の数は211,809人で、モンゴル人人口の12%に相当する。被害者のうち27,994人は死亡し、124,719人は障碍者になった（王鐸『五十春秋──我做民族工作的経歴』内蒙古人民出版社、1992年、544頁）。この規模は中国で最大であり、中国全体のなかでも集団的に受けた被害としてはもっとも深刻であった。

「内モンゴル二月逆流」、「新内人党」などの冤罪事件に関する名誉回復がおこなわれた[94]。

内モンゴルの牧畜業における「撥乱反正」は、1977年1月28日から2月1日の間に開かれた内モンゴル自治区牧畜業活動座談会から始まった。会議では、まず、「牧畜業なしの経済は、不完全な国民経済である」として、牧畜業は内モンゴル自治区の国民経済の重要な構成部分であることが強調された[95]。さらに、「内モンゴル草原は、全国の四大牧畜地域の一つであり、牧畜業の発展は、農業の発展と集団経済を強力に促進し、工業建設の支援となり、市場を繁栄させることにより、人民生活の向上などの面において重要である。国民経済の発展に伴い、牧畜業の地位はますます重要となっている」、「内モンゴル自治区は、祖国の北部の辺境地域に位置し、その1,600km余りの国境線沿いは牧畜地域であり、牧畜業はモンゴル人の主な産業であるため、牧畜業を発展させることは生産の問題のみならず、少数民族の繁栄、各民族間の団結の強化、辺境地域の開発と国防の強化などにも関わる重要な問題である」と牧畜業の重要性が指摘された[96]。

次に、牧畜地域においては「牧畜業を主な産業として、牧畜業生産を中心に多種経済を発展させる」方針の下、「開墾禁止、放牧地保護」の政策と「内モンゴル自治区草原管理条例」（1973年公布）を真剣に実行するように要求がなされた。放牧地保護の面においては、「今後いかなる機関によっても放牧地を開墾してはならず、牧畜地域においては副食品の基地を建設してはならず、また農民は牧畜地域へ行き、放牧地を耕地化してはならない」などの指示が出された。

さらに、牧畜業生産を発展させるため、適齢のメスの家畜を保護し、屠殺や売り出すことを禁止する政策を実施し、家畜の繁殖や生活率を向上させ、家畜の質を向上させるようにとの指示が出された。また、経営上においては、基本採算単位は、生産隊や生産組に対し、生産量や労働力を決め、水準

94　仁欽「内モンゴルの民族活動における「撥乱反正」の検討」『愛知大学国際問題研究所紀要』第149号、134–143頁。

95　内蒙古党委政策研究室・内蒙古自治区農業委員会編印『内蒙古畜牧業文献資料選編』第一巻、呼和浩特、1987年、290頁。

96　前掲『内蒙古畜牧業文献資料選編』第二巻（下冊）、290–291頁。

を超えた生産に対し奨励をおこなう制度を実施することも提起された[97]。

　要するに、今回の会議を通じて、牧畜業の重要性が重視されるようになり、内モンゴル自治区国民経済における牧畜業の地位が回復されたといえよう。会議後の 2 月 28 日、「牧畜地域人民公社基本採算単位の家畜群生産組に対して生産量及び労働力を決定し、卓越した生産に対し奨励をおこなう制度」（「牧区人民公社基本核算単位対畜群生産組実行定産、定工、超産奨励制度」、以下「両定一奨」と略す）が、内モンゴル革命委員会により公布された。これは、1963 年 12 月 19 日、内モンゴル党委により公布された同制度の試行方法に修正を加えたものである。

　「両定一奨」では、a）家畜群生産組の組織とその規模について、基本採算単位は、水草条件、労働力の多少、居住などの状況などにもとづき、地域の諸状況に適した家畜生産組を組織する。家畜生産組は、一般的に 3 〜 4 つの家畜群、 3 〜 5 戸の牧民、 7 〜 8 人の労働力により構成される（第三条）。b）基本採算単位は、家畜群生産組に対し労働力、家畜群、放牧地、設備、器具、役畜の「 6 つの固定」（「六固定」）を実施する。生産組は、基本採算単位による統一された生産計画・労働力の調整・家畜群の調整・水草地及び生産器具の調整・基本建設・畜産品の処理・分配の「 8 つの統一」（「八統一」）の原則に従う（第四条）。c）「生産量及び労働力を決め、卓越した生産に対し奨励をおこなう」制度における生産量の主要項目は、①保畜率――7 月 1 日までの新生仔畜総数をもとに、年度内の仔畜飼育の成活率、②繁殖率――生育適齢のメスの家畜の頭数をもとに、確定できる繁殖した仔畜数、③羊毛、牛乳、乳製品などの畜産品の産量である（第六条）。d）労働力は、労働定額（労働による収益額）によって決められる。労働定額は基本採算単位により統一的に定められ、また各種の労働定額は中等労働力の労働能力で達成できる数量と質を基準にする。各種労働の技術の高低、労働量の多寡と生産における重要性によって分業し、それぞれの労働定額は、放牧労働者を基準にする（第十一条）。e）賞罰にあたっては、水準以上に生産された家畜と畜産品は基本採算単位によって所有され、卓越した量の生産者は奨励し、

97　同上、292–293 頁。

減産者は処罰される（自然災害による減産を除く）（第十二条）[98]。

　この制度が公布、実施されたことにより、内モンゴルの牧畜生産の経営管理が改善され、牧畜業生産の秩序も回復、牧民の牧畜業生産発展に対する積極性が発揮された。その結果、1977年の大きな雪害においても、家畜の損失が少なかった。同年末の統計では、大家畜と羊の数は、3,840.4万頭であり、豊作であった1976年の水準を維持することができた[99]。

　1978年2月28日、「当面の農村牧畜地域における若干の経済政策問題に関する規定」が内モンゴル党委により発せられた。「規定」では、牧畜地域（農業地域、半農半牧地域の純牧畜業人民公社や生産隊を含む）においては、牧畜業を中心に多種経済を発展させる方針が明記された。さらに、「開墾禁止、放牧地保護」の政策を厳守すること、平均主義の傾向を修正し「労働に応じて分配する」原則を貫徹すること、家庭副業を奨励すること、放牧地を建設することなども規定された[100]。

　同年6月、内モンゴル自治区牧畜地域草原建設活動会議が開催された。会議では、「文化大革命」期間に提起された「牧民はみずから穀物を生産すべき」（「牧民不吃虧心糧」）のスローガンを批判したうえ、牧畜地域においては「牧畜業を中心に」という方針と「開墾禁止、放牧地保護」政策を堅持するよう指摘された。

　中国共産党第11期3中全会ののちの1979年2月7日、「内モンゴル自治区の農牧業生産を向上させることに関する意見」が内モンゴル党委により打ち出された。「意見」においては、内モンゴルの牧畜業生産の遅れの原因が次のように指摘された。第一に、自留家畜、家庭副業が禁止されたことにより、牧民の牧畜業を発展させようという意欲がくじかれた。第二に、集団所有制は深刻な破壊を被り、生産隊の自主権と所有権は失われ、平均主義が氾濫した。第三に、地域の土壌、気候などの自然状況を無視し、一律に「食糧を中心」にしたため、放牧地の大幅な開墾がおこなわれ、草原生態環境は深刻な打撃を受け、「農業が牧畜業を侵食し、沙が農業を破壊してしまう」

98　内蒙古党委政策研究室・内蒙古自治区農業委員会編印『内蒙古畜牧業文献資料選編』第七巻、呼和浩特、317–320頁。

99　中共内蒙古自治区委党史研究室『「大躍進」和人民公社化運動』中共党史出版社、2008年、98頁。

100　前掲『内蒙古畜牧業文献資料選編』第二巻（下冊）、339–352頁。

（「農業吃掉牧業、沙子吃掉農業」）という悪循環に陥ってしまった。このような状況に鑑み、牧畜業人民公社、生産大隊と生産隊の所有権と自主権は必ず法律によって保護される、労働に応じる分配原則を執行し平均主義を克服する、家庭副業を発展させる政策を貫徹する、草原の回復をおこなうなど15項目の牧畜業を発展させる政策と措置が提起された[101]。

　翌日、内モンゴル党委、革命委員会による「農村牧畜地域における若干の政策問題に関する決定」が内モンゴル自治区の各級の党政機関、大衆団体、幹部や大衆に向けて公布及び実施された。「決定」の主な内容は、次の通りである。人民公社、生産大隊と生産隊の所有権及び自主権は必ず法律によって保護されること、農牧民の負担を減少させ、生産隊の労働力、資金、生産物などの無償転用または占有を禁止すること、労働に応じた分配の原則を実施し、平均主義を克服すること、食糧政策を正しく実施すること、集団経済を発展させると同時に家庭副業を発展させる政策を貫徹すること、農村牧畜地域の市場貿易を開放すること、放牧地の開墾を禁止し、放牧地を保護すること[102]。

　上記の一連の政策、方針と措置が実施されたことにより、内モンゴルの牧畜業は復興・発展した。その実態を以下のようにまとめることができる。

　第一に、牧畜業生産の復興・発展により商品率と家畜頭数が増加し、牧畜業人民公社、生産隊及び牧民の収益が増えた。1980年の大旱魃災害が発生した状況の下で、牧畜地域の人民公社、生産隊の家畜頭数は1979年の1,878.8万頭から2,038.2万頭に増加し、8.5％増加した。とくに、シリンゴル盟、オラーンチャブ盟、イフジョー盟、バヤンノール盟は、1977年に史上最大の雪害に遭い、家畜総数は1,147万頭から889.4万頭まで、21.85％減少したが、1980年には1,210.4万頭に増加し、災害以前の家畜頭数より5.53％増加した[103]。

　牧畜地域の人民公社の総収益は、1979年に10.6％増加したうえ、1980年には22,931.3万元に達し、前年比4.73％増加した。牧民一人あたりの平均年間収入も130.4元になり、前年比2.3％増加した。そのなかで、一人あたりの

101　同上、354–364頁。
102　同上、365–371頁。
103　前掲『内蒙古畜牧業文献資料選編』第七巻、354–355頁。

平均年間収入が400元を超えた生産隊は19で全体の0.5%、300元に達した生産隊は69で全体の1.82%、200元を超えた生産隊は509で全体の13.95%をそれぞれ占めた[104]。同時に、1977〜79年の間で、内モンゴルの牧畜地域から国家に対し900万頭の役畜、食用家畜を提供するに至った[105]。

　第二に、自留家畜と家庭副業を発展させる政策が実施されたため、牧畜地域の自留家畜の頭数は、1979年の188.6万頭から1980年には319.3万頭まで69.3%増加し、家畜総数の15.7%を占めるようになった。牧民の家庭副業による収益も増加した。例えば、シリンゴル盟フベートフフ旗における調査によれば、1980年における家畜と畜産品売却収入は261.7万元に達し、一人あたりの平均に換算すれば86.8元にのぼった[106]。

　第三に、牧畜業の生産条件が改善された。牧畜地域の草刈場、畜舎、井戸などが大幅に増加し、固定資産総額は19,912万元に達し、生産隊ごとに換算すれば5.2万元にのぼった。機動資金の総額は11,483万元であり、生産隊ごとに換算すれば3万元となった[107]。また、家畜の質も向上した。例えば、1981年に改良がなされた家畜頭数は1,261万頭になり、1978年より990万頭増加し、増加率は27.4%であった[108]。

　第四に、牧畜業生産請負責任制の実施が以前より徹底された。1980年の段階で、牧畜地域の生産隊（基本採算単位）は3,566であり、そのうちの96.7%の生産隊には請負責任制度が実施された。さらに、そのなかでの95.5%の生産隊に対し「両定一奨」「三定一奨」が推進された。統計によれば、1980年において牧民へ与えた賞金は322.2万元（賞品となった家畜は含まれない）であり、1979年より37.2%増加した[109]。これにより、牧民の牧畜業生産への意欲がより発揮されるようになった。

　しかしながら、他方では内モンゴルの牧畜業人民公社において、経済政策の実施と経営管理の面で生じていた問題も少なくない。

　まず、家畜の買取価格の問題である。1979年に家畜や畜産品の価格を引

---

104 同上、355頁。
105 前掲『内蒙古畜牧業文献資料選編』第二巻（下冊）、392頁。
106 前掲『内蒙古畜牧業文献資料選編』第七巻、355頁。
107 同上、356頁。
108 同上。
109 同上。

186

き上げる政策がとられ、家畜の買取価格は31〜41％程度引き上げすると内
モンゴル自治区により規定された。しかし、事実上の買取においては規定
価格には至らなかった。シリンゴル盟、オラーンチャブ盟、イフジョー盟、
バヤンノール盟の統計によれば、1979年の大家畜の買取価格は1頭あたり
平均244.6元であり、前年比49.5元の値上にとどまり、値上率は25.6％にし
か過ぎなかった。小家畜の買取価格は1頭あたり平均20.5元であり、前年
比14.7元の値上にとどまり、値上率は39.5％にしか過ぎなかった。さらに、
1980年になると家畜の買取価格は1979年より下がってしまい、大家畜の買
取価格は1頭あたり平均200元に下がり、値下率は18.2％に至った。小家畜
の買取価格は1頭あたり平均20.1元に下がり、値下率は2％であった。内モ
ンゴルの牧畜地域全体からみると、1980年の大家畜平均1頭の買取価格は
1979年より38.08元下がり、小家畜平均1頭の買取価格は0.68元下がった。
大小家畜の買取価格の実際上の低下により、畜業生産隊の平均収入は588.3
万元減少したのである[110]。

　次に、分配上の平均主義の問題。内モンゴルの牧畜業人民公社における分
配上の平均主義の問題は少なくない。一つは、統一採算単位内部の平均分
配の問題である。牧畜地域の食肉の分配は、一般的には統一採算単位内の人
口に対し、低価格で平均的になされる。例えば、1980年において牧畜地域
の牧民に分配された食肉は、大家畜は11.2万頭であり、平均価格は国家買取
価格226.1元の70.7％であった。小家畜は138.7万頭であり、平均価格は国家
買取価格の20.3元の48.8％であった。合計価格差は3,162.2万元であり、当
該年度の分配総額の24.2％を占める[111]。その結果として、一戸あたりの労働
力の多寡が考慮されず、同じように食肉を分配されることになった。もう一
つは、地域的平均分配の問題である。人民公社化が実現された1959年の牧
畜地域の分配対象人口は36.8万人であり、集団に分配された収入は一人平均
117.4元であった。その後、自治区内の農業地域と自治区以外の地域から大
量の人口が、内モンゴルの牧畜地域へ流れ込み、1980年末には牧畜地域人
口は69.6万人に達した。そのなかで、従来の牧畜地域の人口の増加率を2％
と計算すれば、その増加人口は55.8万人であり、流れ込んだ人口は13.8万人

110　同上、349–350頁。
111　同上、350頁。

で総人口の19.8％を占める。21年間で牧畜地域の収入は1.62倍増加したが、一人あたりの平均的収入は156.4元に止まり、39.1元しか増加しなかった。流れ込んだ人口の増加により、従来の牧畜地域の1980年における牧民の一人あたりの平均収入は38.8元減少した[112]。すなわち、流れ込んだ人口と従来の牧畜地域の人口に対し平均的に分配したことの結果であるといえる。

小結

　以上、「文化大革命」期間の内モンゴルの牧畜業の実態と「文化大革命」終結後の牧畜業における「撥乱反正」について検討してきた。

　まず、「文化大革命」期間の内モンゴルの牧畜業の実態について得られたものを以下のようにまとめることができる。

　(1)「文化大革命」勃発により、各級の革命委員会が従来の牧畜局に入れ替えられ、牧畜業の専門的制度が廃止され、関係部門の人員も批判や攻撃の対象となった。その結果、内モンゴルの牧畜業生産は麻痺や混乱の状態に陥った。

　(2)オラーンフーが打倒されたことにより、牧畜地域における民主改革における「牧場主の家畜分配をせず、牧場主に対し階級区分をせず、階級闘争をせず、牧場主と牧畜労働者の両方の利益になる」政策、社会主義的改造における「穏、寛、長」という原則、長期にわたって実施されてきた「開墾禁止、放牧地保護」政策、国民経済調整期の諸政策などのそれまでの内モンゴルにおける牧畜業活動のすべては否定され、「修正主義」とみなされ、批判された。さらに、それまでの階級路線も否定され、「改めて階級区分をおこなう」運動も強硬的に推進され、攻撃され、被害を受ける者の範囲が拡大されていったのである。

　(3)上述の(1)(2)のうえ、「文化大革命」期間の「批林批孔」運動、「鄧小平を批判し右からの巻き返しの風に反撃する」運動などの影響により、家畜数の落ち込みが三回にもわたってあらわれ、全体的にも停滞ないし後退していたのが、内モンゴルの牧畜業の実態であった。

---

112 同上、351頁。

　次に、内モンゴルでは、中国の他の地域と同様に1976〜1982年の間において、政治、経済、思想の各方面で「撥乱反正」が進められた。

　内モンゴルにおける「文化大革命」において発生したいわゆる「オラーンフー反党叛国集団」、「内モンゴル二月逆流」、「新内モンゴル人民革命党」という三大冤罪事件およびそれと関連する数多くの冤罪事件では、被害者の数は当時の自治区総人口の5.3％に達し、モンゴル人人口の12％に相当する。この規模は中国で最大であり、中国全体のなかでも集団的に受けた被害としてはもっとも深刻であった。さらに、少数民族言語政策・少数民族幹部政策などの民族区域政策も廃棄された。

　「文化大革命」終結後、内モンゴルの民族活動における「撥乱反正」においては、まず内モンゴル党委により「撥乱反正」の具体的な方法、措置などの提案を中央へ提出し、中央の許可を経て、それから実施する形で進められた。冤罪事件に巻き込まれた者は名誉回復がなされ、死傷者とその家族に対する補償、救済などがおこなわれた。民族区域自治政策も復興され、モンゴル語の学習と使用は復活し、モンゴル人幹部育成、採用もされるようになった。しかし、「文化大革命」が内モンゴルの民族活動にもたらした影響は少なくない。

　内モンゴルの牧畜業における「撥乱反正」は、内モンゴル自治区牧畜業活動座談会（1977年1月28日〜2月1日）から始まった。この会議においては、牧畜業の重要性が指摘され、放牧地保護の具体的な指示が出され、牧畜業を発展させるための奨励制度も提起されたことにより、内モンゴル自治区国民経済における牧畜業の地位が回復されたといえる。会議後、「両定一奨」が公布され、実施されたため、内モンゴルの牧畜生産の経営管理が改善され、牧畜業生産の秩序も回復され、牧民の牧畜業生産発展に対する積極性が発揮されるようになった。さらに、「当面の農村牧畜地域における若干の経済政策問題に関する規定」、「内モンゴル自治区の農牧業生産を向上させることに関する意見」、「農村牧畜地域における若干の政策問題に関する決定」などの一連の政策、方針と措置が実施された結果、内モンゴルの牧畜業は復興・発展した。しかし、他方では内モンゴルの牧畜業人民公社において、経済政策の実施と経営管理の面で生じていた問題も少なくない。

第4章

「改革開放」初期の牧畜地域社会

　中国共産党第11期3中全会以降、内モンゴルの牧畜地域は、中国のほか
の農村、牧畜地域と同様に新たな歴史的な変革を迎えた。すなわち、全面請
負制などの各種の請負制の推進により、20年余りも続けられた農牧業人民
公社が漸次解体された。

1　「改革開放」までの内モンゴルの牧畜業経営の変遷プロセス

　内モンゴルの牧畜業における「改革開放」を検討するために、内モンゴル
自治政府樹立[1]からそれまでの社会変動の中での内モンゴルの牧畜業経営の
変遷プロセスを概観しておきたい。
　1947～1952年の間、内モンゴル自治政府と内モンゴル中国共産党工作委
員会は、その管轄地域であるフルンボイル盟、シリンゴル盟、チャハル盟
の全域または大部分の地域および興安盟、納文幕仁盟、ジョーオダ盟、ジリ
ム盟の一部の牧畜地域において、封建的特権を廃止する民主改革をおこなっ
た。これらの牧畜地域における民主改革においては、「牧場主の家畜分配を
せず、牧場主に対し階級区分をせず、階級闘争をせず、牧場主と牧畜労働者
の両方の利益になる」政策が実施された。この政策は、同時期の農業地域で
土地改革を中心とする民主改革がおこなわれた時期における、内モンゴル
牧畜地域での基本的政策であった。当時、一般農業地域の土地改革において

1　1947年5月1日にオラーンホト（王爺廟）に樹立された内モンゴル自治政府は、1949年12月
　に内モンゴル自治区政府と改称された。

は、地主・富農・中農・貧農・雇農という階級区分をおこなったうえで耕地分配がおこなわれたことを考慮すると、これは穏歩前進的な政策、措置であった[2]。

続いて、1953～58年の間の内モンゴルの牧畜業における社会主義的改造において、引き続き「牧場主の家畜分配をせず、牧場主に対し階級区分をせず、階級闘争をせず、牧場主と牧畜労働者の両方の利益になる」（三不両利）政策が実施された。

これらの政策や原則のもとで、内モンゴルの牧畜地域における民主改革と社会主義的改造が実現された。その過程において、様々の問題が生じたが[3]、内モンゴル牧畜業生産は一定の前進を見せた[4]。しかし、1958年から実施された内モンゴルにおける「大躍進」運動では、農業地域であるか牧畜地域であるかを問わずに「農業を基礎にする」という方針と「牧畜地域で農業をおおいにいとなむ」というスローガンが打ち出され、農業地域と牧畜地域を区別することなく、土地が農業に適するかどうかも問われることなく一律に土地の開墾がおこなわれたのである。開墾された土地の規模は中華人民共和国建国からそれまでの期間で最大であった。ところが、穀物増産という目的とは正反対に穀物の生産量が減少の一途をたどる結果になった。さらに、開墾してはならない草原までが開墾され、生態系が甚だしく破壊されたため、草原の砂地化が生じ、放牧に利用できる草原の面積が縮小していった。生産手段である放牧地が失われていったことにより、牧畜業生産は日増しに衰退した[5]。

その後の1960年代初期の国民経済調整期の諸調整政策を経て、「牧畜業を

2　詳しくは、仁欽「フルンボイル盟牧畜地域における民主改革に関する一考察」『愛知大学国際問題研究所紀要』第145号、2015年、117–142頁と同「「三不両利」政策の歴史的背景の検討」『中国研究論叢』第16号、2016年、23–40頁を参照。

3　例えば、内モンゴルに牧畜業における社会主義的改造において、大量の家畜が屠殺されたり、売り出されたりした結果、社会主義的改造の期間中、家畜総数の増加率が低くなり、総頭数の減少という現象さえおこった。詳しくは、リンチン「内モンゴルの牧畜業の社会主義的改造の再検討」『アジア経済』第49巻第12号、2008年、2–23頁を参照。

4　1947～1957年の10年間で、内モンゴルの家畜頭数は毎年平均で11％増加した（扎那「建設繁栄昌盛的内蒙古、大力発展牧畜業生産」中国共産党中央委員会『紅旗』1984年第18期、11頁）。

5　詳しくは、仁欽「内モンゴルの牧畜業における「三面紅旗」政策に関する考察」『中国研究月報』第720号、2008年、20–39頁と同「「大躍進」期の内モンゴルにおける放牧地開墾・人口問題」『現代中国研究』第25号、2009年、93–108頁を参照。

中心に」の方針が執行され、「家畜の増産を第一にする」といったスローガンのもとで、内モンゴルの牧畜業生産は漸次復興し、回復を遂げた[6]。そのため、1960〜63年には上海・江蘇・浙江・安徽などの地域の孤児3,000人を受け入れることが可能であった[7]。

　しかし、現代中国の「極左」路線の頂点となる「文化大革命」において、内モンゴルのモンゴル人はもっとも甚大な被害をこうむった[8]。モンゴル人の伝統的な産業である牧畜業は大きな被害や影響を受けた。オラーンフーの指導のもとでの数多くの適正であった牧畜業に関する方針、政策などは「修正主義」とみなされ、批判されたことにより、内モンゴルの牧畜業生産は麻痺・混乱の状態に陥って、全体的にも停滞ないし後退した[9]。

　「文化大革命」終結後の内モンゴルでは、中国の他の地域と同様に1976年10月から1982年9月までの6年間において、政治、経済、思想の各方面で「撥乱反正」が進められた。例えば、政治面、組織面においては、「オラーンフー反党叛国集団」、「内モンゴル二月逆流」、「新内人党」などの冤罪事件に関する名誉回復がおこなわれた[10]。

　内モンゴルの牧畜業における「撥乱反正」においては、「牧畜業を主な産

6　中共内蒙古自治区党委党史研究室編『六十年代国民経済調整（内蒙古巻）』中共党史出版社、2001年、76–85頁を参照。

7　オラーンフーの指導のもとで、胡尓欽（内モンゴル自治区衛生庁長）・白雲（内モンゴル自治区民政庁長）・朱明輝（内モンゴル自治区衛生庁副長）らをリーダーとして、自治区の民政庁・衛生庁の10名の幹部から構成された孤児受け入れ担当の専門機構が設置された。この機構のもとで、孤児を受け入れる具体的な活動が始まり、各盟・市にも同様に専門機構が設置された。1960〜63年に上海・江蘇・浙江・安徽などの地域の孤児3,000人（生後数カ月〜7歳）を内モンゴルの各地域に受け入れた。そのうち、上海の孤児は約1,800名、ほかの都市の孤児が約1,200名であった（郝玉峰「烏蘭夫与三千孤児」内蒙古烏蘭夫研究会『烏蘭夫与三千孤児』中共党史出版社、1997年、1–5頁。朱明輝「三千孤児落戸草原的回憶」同6–14頁。武辺「錫林郭勒盟接収安置南方孤児調査」同156–159頁）。

8　「文化大革命」の期間に内モンゴルで発生したいわゆる「オラーンフー反党集団」「内モンゴル二月逆流」「新内モンゴル人民革命党」という三大冤罪事件およびそれと関連する4,800あまりの冤罪事件での被害者の数は68万3,747人（自治区総人口の5.3％）に達したが、そのうち、モンゴル人被害者の数は21万1,809人で、モンゴル人人口の12％に相当する。被害者のうち2万7,994人は死亡し、12万4,719人は障碍者になった（王鐸『五十春秋──我做民族工作的経歴』内蒙古人民出版社、1992年、544頁）。

9　詳しくは、仁欽「「文化大革命」期間における内モンゴルの牧畜業の実態の検討」『日本とモンゴル』第51巻第2号、2017年、130–145頁を参照。

10　詳しくは、仁欽「内モンゴルの民族活動における「撥乱反正」の検討」『愛知大学国際問題研究所紀要』第149号、2017年、133–157頁を参照。

業として、牧畜業生産を中心に多種の経済を発展させる」方針、「開墾禁止、放牧地保護」の政策と「内モンゴル自治区草原管理条例」（1973年公布）などが実行されるようになった。そのため、牧畜生産の経営管理が改善され、牧畜業生産の秩序も回復がなされ、牧民の牧畜業生産発展に対する積極性が発揮されたことにより、内モンゴルの牧畜業は復興され発展した。

2　牧畜地域における全面請負制度

2-1　牧畜業における「両定一奨」制度の復興

「文化大革命」終結後の1977年2月28日、「両定一奨」（「牧畜地域人民公社基本採算単位の家畜群生産組に対して生産量及び労働力を決定し、卓越した生産者に対し奨励をおこなう制度」（「牧区人民公社基本核算単位対畜群生産組実行定産、定工、超産奨励制度」））が、内モンゴル革命委員会により公布された。これは、1963年12月19日、内モンゴル党委により公布された同制度の試行方法に修正を加えたものである（第3章3-1参照）。

中国共産党第11期3中全会後の1979年6月26日、内モンゴル自治区革命委員会より「牧畜業における『両定一奨』制度を真剣に実施することに関する通知」が1979年第164号の公文書の形で発され、内モンゴルの牧畜地域における「両定一奨」制度が推進された[11]。

「両定一奨」制度の実施上においても問題は少なくなかった。内モンゴルの牧畜業人民公社における分配上の平均主義の問題を例にすれば、一つは、統一採算単位内部の平均分配の問題である。牧畜地域の食肉の分配は、一般的には統一採算単位内の人口に対し、低価格で平均的になされる。例えば、1980年において牧畜地域の牧民に分配された食肉は、大型家畜は11.2万頭であり、平均価格は国家買取価格226.1元の70.7％であった。また小型家畜は138.7万頭であり、平均価格は国家買取価格の20.3元の48.8％に過ぎなかった。合計価格差は3,162.2万元であり、当該年度の分配総額の24.2％を占め

11　内蒙古自治区革命委員会弁公庁「関於認真総結、落実牧区“両定一奨”制度的通知」（1979年6月26日）。

た[12]。その結果として、一戸あたりの労働力の多寡が考慮されず、同じように食肉を分配されることになった。もう一つは、地域的平均分配の問題である。人民公社化が実現された1959年の牧畜地域の分配対象人口は36.8万人であり、集団に分配された収入は一人平均117.4元であった。その後、自治区内の農業地域と自治区以外の地域から大量の人口が内モンゴルの牧畜地域へ流れ込み、1980年末には牧畜地域人口は69.6万人に達した。従来の牧畜地域の人口の増加率を2％と計算すれば、その増加人口は55.8万人であり、流れ込んだ人口は13.8万人で総人口の19.8％を占める計算となる。21年間で牧畜地域の収入は1.62倍増加したが、一人あたりの平均的収入は156.4元に止まり、39.1元しか増加しなかった。流れ込んだ人口の増加により、従来の牧畜地域の1980年における牧民の一人あたりの平均収入は38.8元減少した[13]。すなわち、流れ込んだ人口と従来の牧畜地域の人口を区別せず一律に分配したことの結果であるといえる。

　オラーンモド人民公社は、ホルチン右翼前旗の唯一のモンゴル人が集中的に居住する純粋の牧畜地域であり、総面積は5,522.13m²に及び、モンゴル国との国境線が旗領域内に10kmにわたって存在している。人民公社領域内には36の自然村（1983年、以下同）、20の生産大隊、1つの人民公社経営牧場があり、総戸数は2,311戸、総人口は1万4,804人で、そのうち労働力人口は3,879人であった。また共有放牧地は730万ムー、耕地は3万347ムー、林業地は90万ムーであり、家畜総数は29万3,151頭、そのうち自家所有家畜は4万1,420頭であった[14]。

　オラーンモド人民公社おいては、「両定一奨」の責任制が実施された牧民戸数は2,099戸、人口は1万2,585人、労働力人口は3,156人に達し[15]、家畜群全体の50％を占める215の家畜群で「両定一奨」制度は実施された[16]。

　「両定一奨」制度が実施されたオラーンモド人民公社においては、次のい

12　内蒙古党委政策研究室、内蒙古自治区農業委員会編印『内蒙古畜牧業文献資料選編』第七巻、呼和浩特、1987年、350頁。

13　同上、351頁。

14　科右前旗落実草原 "三権" 試点工作組「関於烏蘭毛都人民公社落実試点工作的総結報告」（1983年7月10日）科右前旗檔案館67-1-146。

15　「烏蘭毛都人民公社生産隊生産責任制情況」（1980年）科右前旗檔案館67-1-107。

16　旗・社両級調査組「烏蘭毛都公社牧業生産責任制的調査報告」（1982年9月11日）科右前旗檔案館67-1-134。

くつかの問題が生じた。(1)放牧地の建設、家畜の改良と家畜の疫病防止などの面に置ける指導が欠けていた。(2)長距離遊牧の物資の供給が困難となった。(3)一部の住民は指導者の指導に従わず、勝手に家畜を屠殺することや売出すことが発生した。(4)家畜群組の規模が大きすぎたことにより、大平均主義(「大鍋飯」)から小平均主義(「小鍋飯」)へ変わることとなった。(5)請負の指標値が高すぎたことにより、目標が達成できなくなった[17]。

そのため、オラーンモド人民公社を含む内モンゴルの牧畜地域において、1981年から牧畜業全面請負制が導入されたのである。

2-2　牧畜業における全面請負制の実施

牧畜業生産の全面請負制とは、家畜群、放牧地などの生産手段の集団所有権は変わらず、労働力、人口、戸などに基づいて家畜株を平均的に分配し、従来の家畜群組を解散せず、集団の家畜を志願的に組織された家畜群組に請け負わせて経営させる方式をいう。その際に、「三つの保持」(元本保持、価値の保持、純増保持)、「三つの固定」(家畜群の固定、放牧地の固定、畜舎の固定)が執行され、請け負う期間は三年であり、一年に一回の精算がおこなわれる。請負者の労働点数は生産隊より集計せず、すべてのコストは生産隊からは投資せず、請負組が負担し、畜産品の収入は請負組によって所有される。牧畜業税と家畜、畜産品の買い上げ業務は、各々請負組により完了させる。役畜と羊の分娩補助用の用具以外の生産用具は価格を決めて請負組に請け負わせ、その用具の価格金は3〜5年内に返還させる。役畜は価格を決めて請負組に使用させ、損失した場合に賠償させる。役畜が老弱の場合には交換可能であり、羊の分娩(「接羔場」)に対し適切な減価償却費を払わせる。家畜の防疫は、集団により統一的におこなわれ、そのコストは請負者に負担させる[18]。

全面請負制は、1981年10月からオラーンモド人民公社のアーリンイヘ生産大隊とオラーンモド生産大隊において試験的に実施された。1982年9月、オラーンモド人民公社管理委員会による独自の「家畜群の全面請負制暫定方法」が作成された。その主な内容を以下のようにまとめることができる。

17　同上。
18　同上。

　第一に、請負原則。①家畜群、放牧地、土地などの生産手段の所有権は集団に属し、売買、転売、貸出、廃止はいずれも禁止である。②組、牧民戸に請負わせる際に、従来の家畜群の規模と頭数を維持し、人口や労働力に平均的に分配してはならない。請負は、牧民大会において民主的議論を経て、生産大隊の批准を得てから達成できる。③請負組は、構成員の志願のもとで組として組織される。④家畜の売出し権利は、生産大隊や牧場にあり、生産大隊や牧場の許可なしで家畜を売出した場合、賠償させるかまた法的責任を追及する。

　第二に、具体的な請負方法。①組また牧民戸の請負は、一つの家畜群に限られ、家畜の増加率などの指標値が達成されたのちのすべての畜産品は請負者に帰し、超過した部分の家畜も請負者に帰する。同時に、すべてのコストは請負者が負担する。生産大隊や牧場からは、請負者に固定した家畜群、畜舎、放牧地などを提供し、一定の指標値を持った契約を結ぶ。一般的契約期間は3年であり、1年に1回の精算をおこなって、人民公社管理委員会の批准を経て、次の年の契約を結ぶことになる。また、精算ののちの契約の際に、不合理な指標値に対する調整も可能であった。②小型家畜群の規模は700〜800頭であり、定員労働力は4〜5人である。牛群、馬群の場合は180頭まで、定員労働力は3〜4人である。③自食、損失、売出しの比率は、請負った家畜頭数をもとに、自食は7％、売出しは8％、損失は5％といった基本基準（羊群）にて契約書に書き込む。④家畜の改良も生産大隊の統一的計画のもとでおこなわれる。⑤請負者は、一定の比率の増加家畜を生産大隊に上納する。その上納比率は、地元家畜群の場合4〜7％であり、改良された家畜群の場合5〜8％であった。⑥生産大隊、牧場は、規定の比率の増加家畜を徴収するほか、衛生、教育などの公共事業のための公益金、管理費、草原建設費も徴収する。とくに草原建設費は集団所有の家畜であるか、自家所有家畜であるかを問わず、一律に家畜頭数に基づいて徴収する。

　第三に、請負組の義務。①増産の措置をとって放牧管理を改善させる。②契約にない内容、または不合理な負担を拒否する権利を持つ。③組内においては、収入益を合理的に管理する権利を持つ。④精算完了ののち、規定指標値の上納分以上の剰余家畜は批准を経て処理できる。⑤必ず生産大隊の統一的な指導や指揮に従う。⑥必ず国家の任務を遂行し、規定の税金額を上納す

る[19]。

翌10月、ホルチン右翼前旗人民政府より「家畜群全面請負制度に関する試行規定」が公布された。その主要な内容は次の通りである。

(1)家畜群の全面請負制は、家畜などの主要な生産手段の集団所有と労働に応じて収益分配する原則の下で、生産大隊と生産隊は集団所有の家畜を群単位で組または戸で請負わせて経営させることを指す。生産大隊と生産隊からは労働点数の集計はなく生産コストへの投資もなしで、請負者は家畜頭数とその価値を確保し、増加させて、国家に売出しする。そのほかの剰余分は、請負者の組または牧民戸に帰する（第一条）。

(2)家畜群の経営各戸請負は、組または牧民戸が管理する一つの家畜群を単位に請負がおこなわれる。その際に、労働力と人口ごとに家畜を平均的に分配して「単幹」させるのではなく、組または牧民戸の労働力を中心にしたうえで人口状況を参考にして、組または牧民戸に家畜群を合理的に請け負わせ、基本的には従来の家畜群の構成や規模を維持させる（第二条）。

(3)家畜の頭数と価値及び一定の増加率を確保する。人民公社や生産隊の具体的な状況をもとに、家畜の種類及び畜産品の生産量など直近3年間の牧畜業生産の実収入と結合させて、人民公社牧民大会において議論をおこない、生産大隊の同意を経て、人民公社の批准を得る。各項目の請負指標値が確定されたあと、集団側と請負側との間に契約が結ばれ、1年に1回の精算がおこなわれる（第三条）。

(4)生産大隊と生産隊の貯蓄として、請負側から管理費、草原建設費などの「提留」[20]を受け取る（第四条）。

(5)国家によって徴収される牧畜業税と家畜、畜産品の買い上げの業務は、請負側が負担する。家畜の売出しは、必ず生産大隊と生産隊の許可をえなければならない。仮に生産大隊と生産隊の許可を得ない場合、その売出した家畜の数量によって罰金がとられ、また請負の家畜の群れを回収し、その法的責任を追及する（第六条）。

19　烏蘭毛都公社管委会「関於畜群大包幹責任制暫定弁法」（1982年9月30日）科右前旗檔案館69-1-9。

20　1980・90年代において、中国の農牧業地域の生産大隊または生産隊から農牧民に対し、公共積立金、公益費、管理費として徴収する費用を指す。

(6)生産大隊と生産隊の統一的な配置により、家畜群の構成や放牧方式が定められる。また、ほかの組または牧民戸の放牧地において破壊的な放牧をおこなう者に対し、その放牧の時間と破壊程度によって賠償させる（第八条)[21]。

1982年の時点では、オラーンモド人民公社全体の50％を占める牧畜業生産隊の179家畜群（内訳は144の羊群、21の牛群、14の馬群）において当該責任制を実施するようになった。全面請負制が実施された家畜群の中で水準以上に繁殖したのは134であり、全体の74.5％を占めた。生産が並であったのは20の家畜群であり、全体の13.5％を占め、減産したのは25の家畜群であり、全体の12％を占めた[22]。次にその内情を具体的に探るために、オラーンモド人民公社のバインウラ生産大隊とアチラント生産大隊を実例としてみてみよう。

(1) バインウラ生産大隊の事例

バインウラ生産大隊の総人口は480人、総戸数は80戸、労働人口は170人であった。当該生産大隊の家畜総数は1万6,231頭であり、一人平均33.3頭、放牧地総面積は6万7,500ムーであった[23]。

1982年2月、当該生産大隊の幹部や一般牧民の要求の下で、人民公社党委の批准を経て全面請負制が実施された。そのやり方は、従来の家畜群を変更せずに牧民戸、労働力、人口に基づき家畜を平均的に分配する。請負後の家畜、放牧地の所有権は依然として集団に所有され、集団の混合家畜群を4〜6人より構成された小組に請け負わせ、「三つの保持」「三つの固定」を実施する。請け負う期間は3年であり、1年に1回の精算がおこなわれる。

「三つの保持」の方法とは、前年の消費の比率を20％として、この規定の20％内の消耗を年度内の仔畜で補充することを元本保持という。一方、家畜群のなかでの成畜を全体の80％維持することは、価値保持という。また生産大隊に家畜総数の4〜10％を上納することは、純増保持という。生産大隊による統一的な採算と分配はおこなわれず、請負者は「三つの保持」の業務

---

21 科右前旗人民政府「畜群大包幹責任的試行規定」（1982年10月26日）科右前旗檔案館2-4-71。
22 旗・社両級調査組「烏蘭毛都公社牧業生産責任制的調査報告」（1982年9月11日）科右前旗檔案館67-1-134。
23 同上。

の完了後に剰余分の家畜と畜産品を所有できる。そのほかの買い上げの業務
は、契約に従って生産大隊と人民公社の批准を経て請負者が完成させる[24]。

「三つの固定」の方法とは、家畜群、放牧地、畜舎を長期に固定し、畜舎
については減価償却費を払わせることをいう。具体的にいえば、生産用具は
価格を決めて請負者に所有させ、期間を分けてその金額を払わせ、役畜も価
格を決めて請負者に所有させて売買を禁止し、損失した場合には賠償させ
る[25]。

この請負責任制は、バインウラ生産大隊の幹部と一般牧民に歓迎され、彼
らの牧畜業生産への積極性が発揮され、牧畜業生産は発展し、一般牧民の
生活水準も向上した。実例を挙げれば、1982年の深刻な自然災害の状況の
下で、価値頭数は1981年の1万5,649頭から1万6,231頭に増加し、純増加
率は3.7％、繁殖率は84.5％、総増加率は19％に達し、成畜保持率は90％で
あった。請け負った17の家畜群全体の家畜数は増加し、生産コストは大幅
に減少した。各請負組の生産コストは500元以下であり、生産大隊全体の生
産コストも8,000元以下で抑えられた[26]。

請負制度が実施される以前の3年間、生産大隊の毎年の生産コストは2万
7,000元で年間総収入の25％を占めていた。これと比較すれば、1982年の生
産コストは70％減少した。羊毛も1981年の5,818.5kgから1982年に8,350kg
まで増加した。羊毛による収入も1981年の2万600元から1982年には2万
5,000元まで増加し、一人あたりの平均年間収入も1981年の157元から1982
年は306元にまで増えた。この内容から分かるように、牧畜業生産が発展し、
牧民の収入が増加したのである[27]。

(2)　アチラント生産大隊事例

アチラント生産大隊の総人口は672人（102戸）、労働人口は182人であっ
た。生産大隊の所有する家畜は2万5,620頭、一人平均38.1頭であり、放牧
地面積は12万ムーであった。請負制度が実施される以前の3年間の総収入
は24万元であり、生産コストは8万4,000元で全体の35％を占め、一人あた

24　同上。
25　同上。
26　同上。
27　同上。

りの平均収入は177元であった。

　当該生産大隊においては1981年10月から牧畜業生産の全面請負制が実施された。具体的な方法は以下の通りである。

　(1)請負組の請負った家畜群は、多い場合は5つの家畜群であり、少ない場合は1つの家畜群であった。最大の請負組の請け負った家畜群の頭数は3,008頭に達し、人口は70人（13戸）、13人の労働力であった。すなわち、それまでの小規模生産隊に相当する。小規模請負組が請負う家畜は900頭であり、人口は16人、労働力は5人であった。(2)家畜の純増加率は最高の場合20％に至り、最低の場合は2％であった。(3)改良種の家畜は生産隊より統一的に管理され、従来種の家畜は各組に分配される。(4)一部の牧民は実状を把握できずに請負組に参加し、また役畜の分配は不合理であり、一部の組では役畜が足りなかったり余ったりしたケースが存在した[28]。

　全面請負制度について、幹部と一般牧民の認識は二つに分けられる。一つは、全面請負制度により、従来の生産大隊の統一的採算の「三定一奨」の方がよいという考えである。その理由は、後方供給費は保証されず、純増加の指標値は高すぎで全部上納することができない、特に災害に遭った1982年には赤字ともなってしまったという点である。もう一つは、不合理な部分を調整し、一つの家畜群を一つの組に請け負わせた方が、一般牧民の生産への積極性を発揮させるには有益であるという考えである[29]。

　以上が、バインウラ生産大隊とアチラント生産大隊における「大包幹」制度が実施された際の基本的状況である。次にオラーンモド人民公社の全体からみれば、以下のような効果と問題があった。

2-3　牧畜地域における全面請負制の改善

　全面請負制の実施の結果からみれば、まず、一般牧民の牧畜業生産への積極性が向上し、集団利益と個人利益が結び付けられた。そのため、強制的な動員がおこなわれなくても、一般牧民は積極的に働くようになり、自食家畜頭数も減少し家畜の損失事故も少なくなった。例えば、1981年の974頭の損失に対し、1982年には180頭の損失にとどまった。同時に、家畜の増加も顕

28　同上。
29　同上。

著であり、1982年のバインウラ生産大隊の家畜の元本保持率は1981年より5.1％増えた[30]。

　次に、牧畜業生産コストは大幅に減少した。例えば、バインウラ生産大隊の生産コストは、従来は3万1,521元であったが、1982年には9,500元にまで下がった。同様に、アチラント生産大隊のコストも、それまでの8万1,590元から1982年には3万5,000元にまで下がった[31]。

　続いて、労働による分配政策が実施され、労働量に応じて収益も多くなり、一人あたりの平均収入が多いところでは273.4元に上り、一方少ないところは29.7元の組もあった[32]。

　最後に、全面請負の実施により、家畜群、放牧地と畜舎の固定ができ、家畜群の管理と放牧地の管理が一致し、一般牧民の放牧地の保護と建設により力を入れるようになった。また、非生産人員も減少した[33]。

　その一方では、全面請負制の実施により次のような問題が生じた。(1)全面請負制が実施された生産隊と牧場においては、指導者の牧畜業生産に対する指導が少なくなった。指導者と一般牧民は共同して請負ったのだから指導者の指導は不要という考えをもつようになった。(2)請負の指標値が高すぎたことにより、その目標に到達することができなくなった。(3)地域の実状に応じた統一基準を設けることができなくなった。(4)一部の生産隊の請負組において過剰な平均主義（「大鍋飯」）の現象があった。(5)一部の請負組においては農業を経営することによる放牧地の開墾、破壊の傾向も現われた。(6)請負制度を実施した組においては、生産隊の許可なしで家畜を売出すことも多発していた[34]。

　上述のような問題に対し、ホルチン右翼前旗とオラーンモド人民公社の連合調査組による調査がおこなわれた。調査組は、オラーンモド人民公社の牧畜業生産の周期が長く、季節性が強く、流動性が大きい、自然への依存性が大きいなどの特殊性と、遊牧生産は後方勤務への依存性が大きいが、後方勤務の内容は多くて複雑であるなどの実状に基づき、以下のような意見や提案

30　同上。
31　同上。
32　同上。
33　同上。
34　同上。

を提起した。

　第一に、オラーンモド人民公社の牧畜業生産における全面請負制について
いくつかの原則が提起された。(1)家畜群、放牧地、土地などの基本的生産手
段の所有権は集団に属し、売買と貸出及び廃棄は禁止であり、違反者の家畜
群は生産隊または牧場に回収される。牧民が経営力を失った場合または転業
する際には、家畜を生産隊または牧場に返還させる。(2)組または牧民戸に請
負わせる際に、家畜群の本来の規模を維持し、牧民の人口や労働力による家
畜株の均等分配をしてはならない。いかなる者によっても家畜群の請負は、
必ず牧民大会における討論を経て、生産大隊の批准を得てから成立させる。
(3)請負組は各構成員の志願のもとで構成される。家畜の売出しの権利は生産
大隊にあり、生産大隊の許可なしに家畜を売出した場合、賠償させるととも
に法的責任が追及される。

　第二に、オラーンモド人民公社の牧畜業生産における全面請負制について
の具体的な方法も規定された。(1)一つの組または牧民戸はそれぞれ一つの家
畜群を請負わせ、請負者は元本保持、価値保持、純増保持の達成が要求され
る。すべての畜産品は請負者に所有権があり、目標値を超過した分も請負者
に所有が認められる。同時に、すべての生産コストは請負者が負担し、請
負者の労働点数は生産隊によって集計されない。生産大隊によって請負者
は家畜群、畜舎、放牧地、労働力が固定され、放牧生産と後方生産を一体化
させ、一定の指標値が求められる契約が結ばれる。請負の期間は一般的には
3年間であり、1年に1回の精算がおこなわれ、人民公社の批准を経て、次
の年の契約が結ばれる。また、再契約する際に、それまでの不合理な指標に
対する調整をおこなうことが可能である。(2)オラーンモド人民公社の実状
から出発し、請負の家畜群の規模は、小型家畜の家畜群は700〜800頭で労
働力は4〜5人であり、牛群と馬群は180頭以内で労働力は3〜4人であっ
た。(3)自食、損失、売出しの消費比率は、自食7%、損失8%、売出し5%
であった。精算がなされる際に、規定の20%を超えた場合の解決方法の一
つは、超過した分を仔畜に換算し、仔畜の中から補わせる。もう一つの方法
としては、自家所有家畜の中から補わせる。(4)請負者は、一定の比率にて家
畜を生産大隊に供出することが決められている。具体的比率は、地元の家畜
群の場合は4〜7%、改良羊の場合は5〜8%、核心的家畜群の場合は6〜

8％であった。(5)公共事業（衛生、教育など）、義務労働（消火、民兵訓練など）と草原の長期建設のために、請負組から公益金、義務労働、管理費、草原建設費などを徴収する。とくに草原建設費は、集団所有家畜か自家所有家畜かを問わず、一律に頭数によって金額を計算して上納させる。(6)永久的な羊分娩補助場を除いた生産用具の請負方法は三つ存在する。一つ目は、生産大隊（または牧場）が価格を決めて請け負わせて、損失した場合は賠償させ、交換する場合は生産大隊（または牧場）が窓口となる。二つ目は、同じく生産大隊（または牧場）が価格を決めて請負者に使用させ、減価償却費を受け取り、更新業務は生産大隊（または牧場）によっておこなわれる。三つ目は、同様に生産大隊あるいは牧場による価格決定を経たのちに請負者に使用させ、その価格を各年度内に返却させ、更新する場合は請負者によりおこなわれる。(7)役畜も価格を決めて請負者に使用させ、売買、貸出は不可とし、老弱の場合は更新が可能である。永久性をもつ羊の分娩補助場も請負者に使用させ、所有権は生産大隊が持ち、その価格に基づいて毎年5〜10％の減価償却費を受け取る。

　第三に、生産大隊の義務と権利については次のように規定された。(1)各季節の生産を統一的に管理すること。(2)各組の生産と財務を点検し監督すること。(3)生産大隊全体の生産を発展させる企画、計画を打ち出すこと。(4)契約実施を監督し、違反者の家畜や固定財産を没収すること。(5)国家計画に従って、所属各級機関に各種の任務を伝えること。(6)増産措置の提出や実行の権利の所持。(7)家畜の売出し権の所持。

　第四に、請負組の義務と権利については次のような意見が提起された。(1)増産措置をとる権利と放牧管理を改善する権利を所持する。(2)契約に適応しない要求と不合理な負担を拒否する権利を持つ。(3)組内の所得に対する支配権を持つ。(4)請負組は必ず生産大隊の統一的な指導に従うこと。(5)国家に対する任務と税金支払いを必ず完遂すること。(6)契約通りに必ず生産大隊（または牧場）へ各種の「提留」を供出すること。

　第五に、財務の点検と管理については次のように規定がなされた。(1)集団所有の財産を整理、点検して帳簿を作成し、生産大隊（または牧場）の国家からの借金を集団によって返還させる。(2)牧場主の家畜株報酬を1966年9月まで、一般牧民の家畜株報酬を1980年まで遡って支払う。(3)生産大隊（ま

たは牧場）の各種の貯蓄を信用銀行に入金させて専用金として使用し、他の用途に使用してはならない、違反者に対しては厳罰をおこなう。(4)請負組の売出した家畜、畜産品は一律に非現金で精算され、請負者は生産大隊の関係書類を交付された後に信用銀行から家畜と畜産品の売出し金を引き出すことができる。(5)請負組の各項目の貯蓄金は、羊毛収穫後において50％、秋の季節に家畜を売出したのちに50％上納させる[35]。

　上述のような全面請負制の修正、改善の諸意見や提案が提起され、この修正された全面請負制が実施されたが、長期間にわたっておこなわれてきた人民公社の統一的採算、統一的分配の枠組みに止まったことにより、家畜の所有権と経営権が結び付けられていなかったため、牧民の牧畜業に従事する積極性が充分に発揮されなかった。実際上のオラーンモド人民公社の家畜総数は、1983年になっても290,178頭に止まった（詳しくは、表4-1を参照）。

表4-1　1977～1983年のオラーンモド人民公社の家畜頭数

年代	1977	1978	1979	1980	1981	1982	1983
家畜頭数	261,083	277,003	300,430	311,610	336,135	261,505	290,178

出所：図雅主編『科尔沁文化揺籃——烏蘭毛都草原』遠方出版社、2012年、90頁。

3　牧畜業の「放牧地と家畜の請負制」の再検討

　内モンゴルの牧畜業における「家畜と放牧地の請負制」はどのような背景のもとで実施されたのか、それの実施により牧畜業生産と牧民生活の実態はどのように変化したのか、さらにその実施の過程においてどのような問題が生じたのか、これらについての回答は従来の研究からは得られていない。本節では、主に従来の研究者によって使用されたことのない調査資料集『内蒙古自治区農村牧区社会経済典型調査材料彙編』（上冊・下冊）を駆使し、これらの問題を明らかにしたい。

3-1　「放牧地と家畜の請負制」の実施の背景

　すでに触れたように、1983年の「放牧地と家畜の請負制」の実施により、

35　同上。

内モンゴルの牧畜業における人民公社体制が転換された。

　制度面においては、1977年2月28日、「牧畜地域人民公社基本採算単位の家畜群生産組に対して生産量及び労働力を決定し、卓越した生産者に対し奨励をおこなう制度」（「牧区人民公社基本核算単位対畜群生産組実行定産、定工、超産奨励制度」、以下「両定一奨」と略す）が、内モンゴル革命委員会により公布された。これは、1963年12月19日、内モンゴル党委により公布された同制度の試行方法に修正を加えたものである。内モンゴルの牧畜業における「両定一奨」制度も復興されたが、実施上における問題は少なくなかった。放牧地の建設、遊牧物資の供給、指標値の達成などの面において問題が発生していた。実例を挙げれば、「両定一奨」制度が実施されたオラーンモド人民公社においては、次のいくつかの問題が生じた。(1)放牧地の建設、家畜の改良と家畜の疫病防止などの面における指導が欠けていた。(2)長距離遊牧の物資の供給が困難となった。(3)一部の住民は指導者の指導に従わず、勝手に家畜を屠殺することや売出したりすることが発生した。(4)家畜群組の規模が大きすぎたことにより、大平均主義（「大鍋飯」）から小平均主義（「小鍋飯」）に変わることとなった。(5)請負の指標値が高すぎたことにより、目標が達成できなくなった[36]。

　このような状況の下で、1981年から牧畜業全面請負制が導入された。牧畜業生産の全面請負制とは、家畜群、放牧地などの生産手段の集団所有権は変わらず、労働力、人口、戸などに基づいて家畜株を平均的に分配し、従来の家畜群組を解散せず、集団の家畜を志願的に組織された家畜群組に請け負わせて経営させる方式をいう。

　この全面請負制の実施により問題が生じた。これに対し、全面請負制の修正、改善の諸意見や提案が提起され、この修正された全面請負制が実施されたが、長期間にわたっておこなわれてきた人民公社の統一的採算、統一的分配の枠組みに止まったことにより、家畜の所有権と経営権が結び付けられていなかったため、牧民の牧畜業に従事することの積極性が充分に発揮されなかった。

　実例を挙げれば、オラーンモド人民公社では牧畜業における全面請負制の

36　旗・社両級調査組「烏蘭毛都公社牧業生産責任制的調査報告」（1982年9月11日）科右前旗檔案館67-1-134。

実施により、一般牧民の牧畜業生産に対する積極性が発揮され、牧畜業生産は発展し、一般牧民の生活水準も向上した。他方では、同様に指標値が高過ぎたことによる目標不達成の問題、放牧地の開墾や破壊の問題が生じていた。これに対しては、ホルチン右翼前旗とオラーンモド人民公社の連合調査組による調査がおこなわれたうえで、牧畜業生産における全面請負制の修正や改善が進められた。しかし、従来の人民公社の枠組みに縛られたことにより、その役割には限界があり、オラーンモド人民公社の家畜総数は1977年には26万1,083頭であったが、1983年になっても29万178頭の微増に止まった[37]。

上で述べてきた背景のもとで、1984年より内モンゴルの牧畜業においては「放牧地と家畜の請負制」が導入されるのである。

3-2 「放牧地と家畜の請負制」の実施

「放牧地と家畜の請負制」とは、「家畜に価格を付けて、各牧民戸に請け負わせる」制度と「放牧地を公有化させ、請け負わせて経営させる」方法の総称である。「家畜に価格を付けて、各牧民戸に請け負わせる」制度とは、集団の家畜に価格が付けられ、牧民個人に請け負わせて、一定の期間で付けられた金額を返還させるものである。その付けられた価格は、一般的に市場価格より安く、また地域によって異なり、返還期間は一般的に5年、7年、10年、15年である。「放牧地を公有化させ、請け負わせて経営させる」方法とは、末端単位や牧民個人に放牧地を使用させる時に、旗県級の人民政府より放牧地使用証が発行される。そのうえで、草原管理委員会が設けられ、草原管理公約が制定され、国家、集団と個人の権利及び義務が明確化され、合理的な草原管理制度をつくることを指す[38]。

1983年、内モンゴルの牧畜地域においてこの「放牧地と家畜の請負制」が実施された。1984年に内モンゴル自治区全体の3,313ガチャーのうちの2,958のガチャー（全体の89.3%を占める）において当該制度が実施された。さらに、1985年8月の統計によれば、内モンゴル全体の95%を占める1,591.3

---

37 図雅主編『科尔沁文化揺籃——烏蘭毛都草原』遠方出版社、2012年、90頁。
38 内蒙古自治区畜牧業庁修志編史委員会編『内蒙古畜牧業発展史』内蒙古人民出版社、2000年、243頁。

万頭の家畜には10.95元の価格が付けられ、156.42万戸の牧民に請け負わせた。そのうち、返還された金額は2.4億元であり、全体の22%を占めた[39]。

「放牧地と家畜の請負制」は、家畜群経営及び牧民の分散的居住などの特徴に基づき、家畜と草原を基盤に管理する新しい経営管理の形式であり、牧民・家畜・草原と責任・権利・利益を結び付けた制度である。同時に、牧民に自主経営をおこなわせた最初の制度であり、牧畜地域の生産力のレベルに適応したものであり、牧民の積極性を発揮させ、牧畜業生産の発展に以下のようないくつかの役割を果たした。

第一に、「放牧地と家畜の請負制」の実施によって、一般牧民の牧畜業生産の将来に関する考えの問題が解決された。「放牧地と家畜の請負制」実施以前の全面請負制の請負期間は一般的に3〜5年であったため、請負期間満了後の行方について不明確であり、将来については安心できなかった。「放牧地と家畜の請負制」の実施により、将来に対する懸念がなくなり、牧民に牧畜業を発展させる意欲が生まれ、それにより牧畜業生産が発展した。

第二に、「放牧地と家畜の請負制」の実施は、集団所有家畜と自己所有家畜（「自留家畜」）との間の矛盾を解決し、それによって家畜の飼育と管理が改善された。全面請負制が実施された時、請け負った家畜と自己所有家畜がともに飼育、経営される「公私家畜の共同放牧」の管理において、良い家畜は牧民個人の「私有」のものとされ、良くない家畜は集団所有の「公有」とされた。その結果、「私有」家畜の増加が速くなり、集団所有家畜の増加が遅くなるという混乱状態に陥った。「放牧地と家畜の請負制」が実施された後、管理経営と経営利益が一致し、経営管理の向上がなされ、牧畜業生産が発展した[40]。

第三に、草原の建設に有利となった。放牧地である草原は、牧畜業発展に不可欠の重要な生産手段である。「放牧地と家畜の請負制」が実施される以前の全面的請負制の実施により、家畜の平均主義（「大鍋飯」）の問題が解決されたが、草原利用面における平均主義の問題は解決されず、家畜の増加の一方で草原の退化の問題が生じた。「放牧地と家畜の請負制」の実施により、

39　同上。
40　実例を挙げれば、イフジョー盟オトグ旗のボロホショー生産大隊の仔畜育成率は90％以上であり、仔畜死亡率は約1％であった。

牧民は家畜の所有者になると同時に、草原の所有者にもなった。すなわち、牧民は家畜経営の主導権を得るとともに、草原の管理、利用、建設の主導権も得られたのである[41]。

第四に、牧畜業生産の専業化と畜産品の商品化に有益となった。「放牧地と家畜の請負制」の実施により、牧民は牧畜業生産の主導権だけではなく、家畜の処理の権利ももつようになり、自己の生産能力、条件、経済効果などを考慮して、家畜の種類や数量を決められるようになった。さらに、そのほかにも家畜改良、家畜疫病治療、飼料の耕作や加工、運輸などの産業の経営もできるようになったことは、牧畜業生産の専業化と家畜や畜産品の商品化に有益となった。とくに、家畜と畜産品の商品化が促進された。実例を挙げれば、シリンゴル盟アバガ旗の1984年の家畜総数は32.5万頭であったが、そのうちの26.8％が商品化された。同様に、オラーンチャブ盟ダルハンモーミンガン旗ダブシラト生産大隊の1984年の家畜総数は1.3万頭であったが、そのうちの13％が商品化された[42]。

次に、1983年以降の「放牧地と家畜の請負制」の実施のもとでの内モンゴルの牧畜業生産と牧民の収入などの実態について、具体的には末端単位であるソム、ガチャー、バグのいくつかの事例を挙げながら検討していきたい。

事例(1)興安盟ホルチン右翼前旗ウブルジャラグ・ソムの事例

当該ソムは、5つのガチャーより構成され、総戸数・人口は517戸3,373人であり、そのうち牧畜業経営戸は528戸で全体の82.8％、牧畜業経営者人口は2,928人で全体の86.8％を占め、モンゴル人が総人口の99％を占める牧畜地域である。

当該ソムにおいては、1983年に「放牧地と家畜の請負制」の実施が開始され、1984年に放牧地と家畜の請負が実現され、それまでの集団所有制が家庭所有制に替わり、集団経営から牧民個人経営に移った。「放牧地と家畜の請負制」の実施により、長期間の草原利用による平均主義の問題が解決

---

41 例えば、イフジョー盟の場合、「放牧地と家畜の請負制」が実施されたのちの一年間、牧民の建設した飼料用草専用草刈り場（「草庫倫」）は300万ムーを超えた。

42 内蒙古党委政策研究室編『内蒙古自治区農村牧区社会経済典型調査材料彙編』（上冊）、1985年、30頁。

され、草原建設に必要な条件がつくられ、牧民の草原の利用、管理、保護、建設の積極性が発揮され、家畜と草原の同歩的な発展が実現した。1984年、ウブルジャラグ・ソムには5箇所2,250ムーが開かれ、飼料草2,500ムーの耕作がなされ、5つの井戸も掘られた。同年、当該ソムの家畜は2万4,406頭に達し、前年比28.9％増加し、商品化率は18.6％で前年比5.1％増加し、牧民の収入も前年比152元増加した[43]。

　　　事例(2)シリンゴル盟アバガ旗ボグダオーラ・ソムの事例

　当該ソムにおいては総人口1,689人のうちモンゴル人は1,143人で全体の77.7％を占め、漢人は546人で全体の32.3％を占め、総戸数387戸のうち牧畜業経営戸は284戸であり、牧畜業が主要産業であった。1977年に大雪災害に遭って、ソムの家畜は10万頭から0.8万頭まで減少したが、「放牧地と家畜の請負制」の実施により、牧畜業生産は回復、発展した。家畜頭数は、1978年の0.8万頭から1984年には7万頭まで増加した。牧民の収入も増加し、1984年の総収入は120万元に達し、牧民の平均年間収入は925元であった。そのなかで、最高収入は5,000元、最低収入は200元であり、いずれも1976年の収入より3.5倍に増えた[44]。

　　　事例(3)アラシャン盟アラシャン左旗シリンゴル・ソムの事例

　当該ソムは、牧畜業を主要産業とし、そのほかの産業を兼営するモンゴル人・漢人雑居の地域である。中国共産党第11期3中全会以降、とくに「放牧地と家畜の請負制」が実施されたあと、草原の建設が進められ、1,523ムーの飼育草の基地が開発され、年間の飼育草の生産量は85万kgに達した。そのほか、359の井戸が掘られた。その成果としては、第一に、防災能力の向上がなされた。統計によれば、1965年に大旱魃災害が発生したが、その一年間に、家畜頭数は4万5,911頭から2万1,248頭まで減少し、全体の53.7％を占める家畜が損失を受けた。また1980〜83年の間に4年連続の大旱魃が発生したが、損失を受けた家畜は全体の40％にとどまり、さらに災害後の1984年の家畜頭数は、1983年より5,938頭増加し、増加率は25.3％であった。

43　興安盟社会経済調査組「烏布林蘇木社会経済調査総合報告」前掲『内蒙古自治区農村牧区社会経済典型調査材料彙編』（上冊）、120-121頁。

44　中共錫盟委員会調研室・中共阿巴嘎旗委員会調研室「宝格都烏拉蘇木社会経済調査総合報告」前掲『内蒙古自治区農村牧区社会経済典型調査材料彙編』（上冊）、134頁。

　第二に、同期間において、牧民の収入も増加しつつあり、1984年の一人あたりの平均収入は259元であり、1978年より89元増え、増加率は52％であった。第三に、1984年の貧困戸数も1983年より17戸減少した[45]。

　事例(4)フルンボイル盟エベンキ旗輝ソムのオルチェシ・ガチャーの事例

　当該ガチャーは、エベンキ人が集中的に居住する地域であり、総人口200人のうちエベンキ人は193人で全体の96.5％を占め、モンゴル人とダウール人は7人で全体の3.7％を占める。「改革開放」政策、とくに「放牧地と家畜の請負制」が実施されたことにより、当該ガチャーは大きな変化をみせた。そのなかでも、牧民の収入の増加が注目に値する。フルンボイル盟委員会とエベンキ旗委員会の聯合調査組の調査によれば、1984年の一人あたりの平均収入は838元であり、1978年の345元より2.4倍にも増えた。また、1984年の調査対象の39戸のうち、収入が500元以下の戸は9戸で全体の23.1％であるのに対し、収入が500〜1,000元の戸は19戸で全体の48.7％を占め、収入が1,000元以上の戸は11戸で全体の28.2％を占める結果となった。1984年のガチャー全体の収入は12万7,956元であった[46]。

　事例(5)オラーンチャブ盟ダルハンモーミンガン旗ダブラト・ガチャーの事例

　当該ガチャーは、モンゴル人が多数を占める（モンゴル人は294人で全体の64％を占める）モンゴル人・漢人・チベット人の雑居の純牧畜地域である。1984年から「放牧地と家畜の請負制」が実施され、牧畜業生産が発展した。まず、家畜頭数の増加のスピードが速かった。1984年6月末の家畜頭数は1万3,307頭であり、1978年より46.9％も増えた。次に、草原建設の速度も速かった。1984年に11箇所2,724ムーの牧柵が建設され、それまでの牧柵（1,134ムー）より2.4倍に増加した。最後に、牧民の収入も増加した。1984年の当該ガチャーの収入は21万8,095元であり、一人あたりの平均収入は475元であり、1978年の一人あたりの平均収入133元より3.6倍に増加し

45　中共阿盟委員会政研室・中共阿左旗委員会・中共錫林高勒蘇木委員会「錫林高勒蘇木社会経済総合報告」前掲『内蒙古自治区農村牧区社会経済典型調査材料彙編』（上冊）、146–147頁。

46　中共呼盟委員会政研室・中共鄂温克族自治旗委員会聯合調査組「幹日切希嘎査社会経済調査総合報告」前掲『内蒙古自治区農村牧区社会経済典型調査材料彙編』（上冊）、214頁。

た[47]。

事例(6)シリンゴル盟アバガ旗サルタラ・バグの事例

　当該バグは、純牧畜地域であり、15の自然村より構成され、総人口・戸数は269人（56戸）である。「放牧地と家畜の請負制」が実施されたことにより、家畜頭数が増え、1984年6月末の家畜頭数は1万5,039頭であり、1978年より6倍増加した。牧畜業生産のインフラ建設も進められ、固定資産総額は52万4,610元で、一人あたりの平均固定資産額は1,950元であり、1978年より45％増加した。同時に、牧民の生活水準も向上し、1984年のバグ全体の総収入は28万7,800元で、純収入は25万147元であり、一人あたりの平均収入は929元、一戸あたりの平均収入は4,467元になり、1977年より3倍に増加した[48]。

　上記の諸事例から分かるように、「放牧地と家畜の請負制」の実施により、牧畜業生産が発展しただけではなく、牧民の収入が増加し、牧民の生活水準も向上し、さらに草原も合理的に利用、保護、建設された。内モンゴルの牧畜地域全体からみても、牧畜業生産が発展した。内モンゴル党委政策研究室の調査によれば、1984年の内モンゴル自治区の食肉と羊毛の生産量は45.9％で、1978年に比べそれぞれ89％増加し、家畜と畜産品の商品化率も7％向上した。同調査の代表的、典型的な8箇所の調査統計によれば、1984年の牧民の一人あたりの平均収入は、1978年に比べ654元増加した。同様に、内モンゴルの牧畜地域214戸の牧民を対象にした調査によれば、1984年の一人あたりの平均収入は646.79元であり、1978年の219.9元より3倍近く増えた。そのなかで、一人あたりの平均収入が500元以上の戸は146戸で全体の68.2％、300〜500元の戸は42戸で全体の19.2％を占め、300元以下の戸は26戸で全体の12.2％を占めるのみとなった[49]。

47　達茂聯合旗牧区社会経済調査組「達布希力図嘎査社会経済調査総合報告」前掲『内蒙古自治区農村牧区社会経済典型調査材料彙編』（上冊）、233–234頁。

48　中共錫盟委員会調研室・中共阿巴嘎旗委員会調研室「莎如塔拉巴嘎牧畜業経済状況調査」前掲『内蒙古自治区農村牧区社会経済典型調査材料彙編』（上冊）、223頁。

49　内蒙古党委政策研究室「内蒙古自治区農村牧区社会経済典型調査総合報告」前掲『内蒙古自治区農村牧区社会経済典型調査材料彙編』（上冊）、11–12頁。

3-3 「放牧地と家畜の請負制」の実施における問題点

これまで考察したように、「放牧地と家畜の請負制」の実施により、内モンゴルの牧畜業生産の発展が促進され、牧民の生活も向上した。その一方では、当該制度によって生じた問題も少なくなかった。そのなかでも、最も注目に値するのは以下のような二つの問題である。

3-3-1 「放牧地と家畜の請負制」の実施による諸問題

第一に、家畜の増加と放牧地の縮小の問題。「改革開放」後の「放牧地と家畜の請負制」などの実施により、内モンゴルの家畜頭数は約 3 倍に増えた。しかし、一方では、草原の保護と建設が軽視された結果、家畜の増加と放牧地の減少の矛盾が一層深刻となった。とくに、家畜 1 頭あたりの平均草原面積は減少し、牧畜業生産力が著しく低下した。実例を挙げれば、シリンゴル盟アバガ旗ダブシリト自然村の放牧地350km²のうちの40％が砂漠化、退化し、1 ムーあたりの放牧地の平均草生産量は16.5kg であり、1970年代の草生産量の 3 分の 2 、1960年代の草生産量の50％に止まった。その結果、1977年の大雪災害の際に家畜総数の 3 分の 2 を占める 2 万4,812頭の家畜が損失を受けた。同様に、フルンボイル盟エベンキ族自治旗輝ソムのオルチェシ・ガチャーの場合、1983年の大雪災害に遭った際、7,509頭の家畜のうち3,871頭が損失を受けた[50]。

第二に、社会サービスの問題。「放牧地と家畜の請負制」の実施により、牧畜業生産単位は生産隊から家庭に変わり、牧畜業生産が発展し、生産部門が増加し、生産領域も拡大され、経済活動が一層市場に依存するようになったことによって、豊富な社会サービスが必要となった。しかし、実際は以下のような多くの問題が生じていた。

(1)牧畜業生産のサービス関連機構、組織、人員が少なかった。多くのソム、ガチャーの幹部は、人民公社時期の幹部であり、市場化や商品生産の需要に適応できなかった。他方では、牧畜業技術の推進、機械の修理及び牧畜、草原、獣医などに関連する組織が設立されていなかった。そのため、牧畜業生産の機械故障の修理ができない、家畜や畜産品の流通や加工の産業機

構が足りない、家畜の疫病の防止や治療ができない、家畜の改良ができないなどの諸問題などが生じていた。実例を挙げれば、シリンゴル盟アバガ旗ではボグダオーラ・ソムが設立されたあと、従来の牧畜業と獣医に関係する人員への補助は取り消されたため、かれらは辞職し、家畜の改良や疫病の治療ができなくなった[51]。

⑵情報不足によって盲目的に生産をおこなう問題が生じた。牧畜地域においては、商業関連機構が少なく、商業情報が不足していたことにより、畜産品の価格も把握できず、低価格で畜産品を売り出してしまうことがあった。実例を挙げれば、1984年、オラーンチャブ盟ダルハンモーミンガン旗ダブシラト生産大隊の牧民ドゴル氏は、1枚の牛皮を60元で個人商人に売り出したが、商業部門の買い取り価格より25元安かった[52]。

第三に、家畜の疫病が蔓延した問題。「放牧地と家畜の請負制」の実施により、家畜の疫病の防止や治療は、牧民自己負担となるうえ、獣医も辞職し牧畜業を経営するようになったため、家畜の疫病が蔓延するようになった。例えば、シリンゴル盟アバガ旗とバヤンノール盟オラド中旗の場合、過去において既に治療された家畜疫病が再び蔓延し、牧畜業生産を脅かすほどとなった。

第四に、放牧地の請負の問題。「放牧地と家畜の請負制」の実施時、放牧地の区分の際に、従来の習慣にしたがって、居住地を中心に分けたが、伝統的遊牧の場合、境界線なしで遊牧することにより、放牧地をめぐるトラブルが発生しやすい。他方では、多数の家畜を所有する牧民の家畜頭数の増加が速かったことにより、家畜頭数と利用できる放牧地との間に矛盾が生じた。例えば、シリンゴル盟アバガ旗サルタラ・バグの56戸の牧民のうちの7戸において、居住地付近の放牧地利用をめぐるトラブルが発生した。同様に、バヤンノール盟オラド中旗バインタイ・ソムの牧民は、放牧地の境界線をめぐるトラブルが武闘にまで発展し、多数の人が負傷する事件となった[53]。さらに、ソム領域内に軍隊、ソムなどの行政機関、企業などの家畜群も放牧さ

51　同上、15頁。
52　同上、16頁。
53　金貴「要進一歩落実和完善"草畜双承包"責任制」前掲『内蒙古自治区農村牧区社会経済典型調査材料彙編』（上冊）、32頁。

れることにより、これらの機関と牧民の間の放牧地の使用をめぐる矛盾が生じたのである。その場合、行政機関の家畜群の過度放牧による草原破壊の事例が発生する。

　第五に、管理の混乱の問題。「放牧地と家畜の請負制」の実施は、原則的には牧民の経営能力、放牧地の特徴に基づいて、放牧地と家畜の請負がおこなわれた。しかし、実際、多くの地域の場合では、人口、労働力をもとに家畜の分配や請負が進められ、各牧民戸の所有する家畜の頭数が少ないにもかかわらず種類は多く、牧民の家畜の飼育や経営が困難であるという点も現実に存在した。

　まず、従来の家畜群の種家畜を分散的に放牧させたことにより、家畜品種の改良に不利となった。例えば、バヤンノール盟オラド中旗バヤンタイ・ソムの場合、1958年以来おこなわれてきた羊の品種改良の結果、93.6％の品種が改良された。しかし、そのほかの品種の羊とともに放牧したことにより改良が退化し、改良された羊の数量も減少した[54]。

　次に、家畜群の規模が小さい一方で家畜品種が多いことにより、労働力が足りなくなった。アラシャン盟アラシャン左旗シリンゴル・ソムの場合、1984年は所有する家畜 2 万9,917頭を労働力の負担能力で計算し、100の家畜群で200の労働力が妥当であった。しかし、「放牧地と家畜の請負制」の実施により、ソム全体の各牧民戸ごとにいくつかの品種の家畜群をもつようになり、家畜群の数は、1985年に320となり、最適な家畜群数より50％多かった。そのなかで、最大の家畜群は200頭、最少の家畜群は40〜50頭で、労働力の使用は300以上であり、労働力の利用率は75％に止まった[55]。

3-3-2　文化教育事業の遅れの問題

　調査によれば、内モンゴル自治区全体の299のソムの中で、文化図書室が設立されたところは 2 ％に止まった。1985年の 3 つの牧畜地域のソムを対象にした調査によれば、すべてのソムにおいて文化図書室が設立されていなかった。また、214戸のうちの14戸だけがテレビをもち、テレビ普及率は

54　同上、31頁。
55　同上。

6.5％であった[56]。とくに、牧畜地域における教育が遅れており、小学校教育においては学校が少ない、校舎が足りない、教員が足りない、児童の入学率が低い、学費が高く（年間最少で200元）牧民の負担が重かったなどの諸要因により、新たな世代の非識字者が現われた。実例を挙げてみよう。

　　事例(1)アラシャン盟アラシャン左旗シリンゴル・ソムの事例

　当該ソムの総人口1,993人のうちモンゴル人は540人であり、労働人口の総人数は814人である。その学歴をみれば、専門学校以上の学歴の者は1人で全体の0.12％、高校卒業の学歴の者は67人で全体の8.23％を占めるに過ぎず、中学校卒業の学歴の者は139人で全体の17.08％、小学校卒業の学歴しかない者は553人で全体の67.94％を占め、非識字、半非識字の者は178人で全体の21.87％で、そのうちの30歳以下の青少年の非識字は55人で全体の30.40％を占めるに至った[57]。当該ソムには1つの小学校があり、教員33人、学生331人、10のクラスで構成されていた。そのうち、モンゴル語で講義をおこなうクラスは5つであり、学生は62人であった。1984年の児童人数は274人であり、入学児童人数は224人で全体の81.75％を占めていた[58]。

　「改革開放」後、学校の校舎、宿舎、食堂などの施設が改善され、教育の面においても成績面で良好な結果をもたらした。例えば、モンゴル語で授業をおこなうクラスの場合、1979〜1984年の間の中学校への進学成績は、旗全体において三番目であった[59]。

　しかし、教育における問題も少なくなかった。まず、児童の小学校への入学率は下がった。1984年の児童の小学校への入学率は、1978年より9.25％下がった。その要因を次のようにまとめることができる。第一に、牧民は経済的に困難な状態の者が多く、1985年の時点において貧困戸は66戸であり、これらの貧困戸の子供の退学率が高かった。調査によれば、14の貧困戸22人の児童の退学率は8％であった。第二に、一部の牧民は、文化や教養、科学技術に関する認識が不足しており、「子供は最終的には放牧業に従事する

56　内蒙古党委政策研究室「内蒙古自治区農村牧区社会経済典型調査総合報告」前掲『内蒙古自治区農村牧区社会経済典型調査材料彙編』（上冊）、17頁。
57　「錫林高勒蘇木教育情況調査」前掲『内蒙古自治区農村牧区社会経済典型調査材料彙編』（上冊）、170頁。
58　同上。
59　同上、171頁。

ことになるから学校に通わなくても構わない」というような考えをもっていた。第三に、「放牧地と家畜の請負制」実施後、家畜群の構成が複雑となり、1戸で多くの家畜群をもつことが多くなり、より多くの労働力が必要となり、一部の牧民は牧畜業経営のために子供に学校を中退させるようになった。第四に、生徒の保護者である牧民の遊牧により、学校から遠くなり、児童の通学が不便となることで退学するようになることもあった[60]。

これらの要因により、入学率が低くなり、新しい非識字者が現われるようになり、ソム全体からみれば、18.25％を占める児童が学校に通わず、30歳以下の青少年の中で非識字、半非識字の者は55人に上り、労働人口全体の6.76％を占めていた[61]。

事例(2)シリンゴル盟アバガ旗の事例

1985年の調査によれば、牧畜地域であるアバガ旗には27の小中学校があり、教員は536人（うち、高校・中学校教員178人、小学校教員358人）、高校生・中学生は1,797人、小学生は4,736人であった。当該旗の学校教育における最も深刻な問題は「三低」、すなわち教育の質が低い、大学・専門学校への進学率が低い、児童の入学率が低い、であった。例えば、当該旗では1981～84年の4年間で大学への進学率はゼロであり、専門学校への進学率も5.4％であり、児童の入学率も1979年の92％から84％に下がった[62]。このような「三低」問題の要因には、以下のいくつかの点が挙げられる。

第一に、「放牧地と家畜の請負制」実施後、牧民戸の労働力が足りなくなり、在学生を退学させて放牧業に従事させるようになった。第二に、教員の学歴の問題。旗全体の高校・中学校・小学校の教員の78％は専門教育を受けていなかった。大学と専門学校以上の学歴の教員は12人であり、全体のわずか2％である。1982年におこなわれた教員試験に合格した者の割合は、小学校教員は58％、中学校教員は80％、高校教員は84％であった。第三に、地域の生活条件の悪さ、子女の入学と進学及び就職などの困難により、1972年時点で30人いた大学・専門学校卒業生の教員が次第にほかの地域へ転出

60　同上、171–172頁。

61　同上、173頁。

62　「阿巴嘎旗進行教育改革的調査」前掲『内蒙古自治区農村牧区社会経済典型調査材料彙編』（上冊）、75頁。

し、1985年の時点で残りは4人であった。第四に、経費不足により、校舎、宿舎、設備が不足していた。また、生産隊の小学校が廃止され、ソムに設立された小学校に通わざるをえなくなり、通学距離が遠くなった、などの原因により、退学する生徒が多くなった。第五に、生徒の学費と生活費が高かった。小学生一人の一年間の家賃などの生活費だけで150〜180元であった[63]。

事例(3)シリンゴル盟アバガ旗ダブシラト・バグの事例

当該バグにおいては、1972年に2つの小学校が設立されたが、1982年に廃止された。そのため、当該バグの児童は居住地から遠い場所にあるソムに設立された小学校に通わざるを得なかった。その結果、1984年の時点においては、児童106人のうち入学したのは87人で、入学率は82％に止まった。また、16歳以上の青少年264人のうちの102人が非識字であった。同様に、イフジョー盟ボルホショー・バグの児童の入学率は72％であり、50％の青少年は非識字であった[64]。

小結

以上、内モンゴルの牧畜業における「放牧地と家畜の請負制」について検討してきた。本稿の考察により得られたものまとめてみたい。

「放牧地と家畜の請負制」の実施の歴史的背景からみると、内モンゴル自治政府樹立以降の社会変動や改革のなかで、内モンゴルの牧畜業の経済的特殊性と特徴が考慮された政策がとられてきた。「文化大革命」終結後、牧畜業における「撥乱反正」がおこなわれ、制度面においても「両定一奨」制度が復興し、実施されたが、放牧地の建設、遊牧の物資の供給、指標値の達成などの面において問題が生じたことにより、全面請負制が導入された。同様に、全面請負制の実施においても請負の指標が高すぎ、また平均主義などの様々の問題が発生したことにより、「放牧地と家畜の請負制」が実施されたのである。

「放牧地と家畜の請負制」実施の効果の面からみれば、確かに牧畜業生産は発展をみせ、牧民の収入が増加し、牧民の生活も向上した。また、当該請

63　同上、75–76頁。
64　「錫林高勒蘇木教育情況調査」前掲『内蒙古自治区農村牧区社会経済典型調査材料彙編』（上冊）、173頁。

負制の実施により、20年あまりも続けられた牧畜業人民公社の体制も解体された。しかし、「放牧地と家畜の請負制」実施の過程において、管理の混乱、家畜の増加と放牧地退化の矛盾及び学校教育の遅れなどの様々な問題が生じたのは、明らかであった。したがって、「放牧地と家畜の請負制」の実施によって「内モンゴルの牧畜業生産力の発展に適応した良い経営方式であり、牧畜地域の変革を促進した」、「内モンゴルの牧畜業生産の第二の黄金時期が迎えられた」という表現だけでは、不充分だというべきだろう。

4 牧畜地域における草原「所有権、使用権と請負制」に関する考察

本節では、「科右前旗人民政府関於進一歩完善落実"双権一制"若干問題的規定（1997年4月19日）」（科右前旗檔案館所蔵105-2-118）、内蒙古党委政策研究室・内蒙古自治区農業委員会編印『内蒙古畜牧業文献資料選編』（内部資料、呼和浩特、1987年）などの文書史料と内部資料を駆使し、内モンゴルの草原「所有権、使用権と請負制」はどのような背景と要因のもとで実施されたのか、その具体的内容と方法はどのようなものであったのか、それの実施はどのような歴史的、現実的な意義をもつのか、などを究明したい。

4-1 牧畜地域における草原「所有権、使用権と請負制」の実施の背景

「文化大革命」期間において、内モンゴルの牧畜業における被害は深刻であった。それまでの数多くの正しかった牧畜業に関する方針、政策[65]は「修正主義」とみなされ、批判され、牧畜業活動のすべては否定され、牧畜業生産は全体的に麻痺や混乱状態に陥った。「文化大革命」期間の内モンゴルの牧畜業生産は三回にわたる落ち込みの時期があり、全体的にも停滞ないし後

---

65 例えば、牧畜地域における民主改革における「牧場主の家畜分配をせず、牧場主に対し階級区分をせず、階級闘争をせずに、牧場主と牧畜労働者の両方の利益になる」政策、社会主義的改造における「穏、寛、長」という原則、長期にわたって実施されてきた「開墾禁止、放牧地保護」政策、国民経済調整期の諸政策などが挙げられる。

退していた[66]。

　内モンゴルでは、中国の他の地域と同様に1976年10月から1982年9月までの6年間において、政治、経済、思想の各方面で「撥乱反正」が進められた。例えば、政治面、組織面においては、「オラーンフー反党叛国集団」、「内モンゴル二月逆流」、「新内人党」などの冤罪事件に関する名誉回復がおこなわれた[67]。

　内モンゴルの牧畜業における「撥乱反正」は、1977年1月に開かれた内モンゴル自治区牧畜業活動座談会から始まった。この会議においては、牧畜業の重要性が指摘され、放牧地保護の具体的な指示が出された。会議後、「牧畜地域人民公社基本採算単位の家畜群生産組に対して生産量及び労働力を決定し、卓越した生産に対し奨励をおこなう制度」（「牧区人民公社基本核算単位対畜群生産組実行定産、定工、超産奨励制度」、通常「両定一奨」と略す）が公布、実施されたため、内モンゴルの牧畜生産の経営管理が改善され、牧畜業生産の秩序も回復がなされ、牧民の牧畜業生産発展に対する積極性が発揮されるようになった。さらに、「当面の農村牧畜地域における若干の経済政策問題に関する規定」、「内モンゴル自治区の農牧業生産を向上させることに関する意見」、「農村牧畜地域における若干の政策問題に関する決定」などの一連の政策、方針と措置が実施された結果、内モンゴルの牧畜業は復興・発展した。しかし、他方では内モンゴルの牧畜業人民公社において、経済政策の実施と経営管理の面で生じていた家畜の買取価格、分配上の平均主義などの問題も少なくなかった[68]。

　そのため、内モンゴルの牧畜地域において、1981年から牧畜業全面請負制が導入された。牧畜業全面請負制の実施により、牧民の牧畜業生産の積極性が発揮され、牧畜業生産は発展し、牧民大衆の生活水準も向上した。しかし、他方では指標値が高過ぎることによる目標を達成できない問題、放牧地

66　詳しくは、仁欽「「文化大革命」期間における内モンゴルの牧畜業の実態の検討」『日本とモンゴル』第51巻第2号、2017年を参照。
67　詳しくは、仁欽「内モンゴルの民族活動における「撥乱反正」の検討」『愛知大学国際問題研究所紀要』第149号、2017年を参照。
68　詳しくは、仁欽「内モンゴルの牧畜業における「撥乱反正」に関する考察」『愛知大学国際問題研究所紀要』第150号、2017年を参照。

の開墾、破壊の問題などが生じていた[69]。

　上で述べてきた背景のもとで、1984年より内モンゴルの牧畜業においては「放牧地と家畜の請負制」が導入、実施された。その効果の面からみれば、確かに牧畜業生産は発展をみせ、牧民の収入が増加し、牧民の生活も向上した。さらに、当該請負制の実施により、20年あまりも続けられた牧畜業人民公社の体制も解体された。しかし、「放牧地と家畜の請負制」[70]の実施の過程において、管理の混乱、家畜の増加と放牧地退化の矛盾及び学校教育の遅れなどの様々な問題が生じたのである[71]。

　上述の諸事情を鑑み、内モンゴル党委と政府は、草原有償請負制を牧畜地域における改革の重要な内容の一つとして推進するようになった。1985年9月26日、内モンゴル党委・政府より公布された「牧畜業の発展を加速させる若干の問題に関する決定」において、「国有草原あるいは集団所有草原を使用する機関または個人は、草原管理費を納付すべきである」と規定されたうえで、草原管理費の基準、徴収原則、使用原則なども具体的に規定された[72]。

　1986年からアルホルチン旗、オラド中旗などの地域において、草原有償請負制が試験的に開始された。1989年9月1-5日、内モンゴル自治区放牧地有償請負、使用に関する現場会議がアルホルチン旗で開かれ、放牧地の「牧民各戸に請け負わせ、有償使用させる」制度の確定と推進が決定された。さ

69　詳しくは、仁欽「オラーンモド人民公社における全面請負制に関する考察」『日本とモンゴル』第52巻第1号、2017年を参照。

70　内モンゴルの牧畜地域においては、1983年からの「放牧地と家畜の請負制」とは、「家畜に価格を付けて、各牧民戸に請け負わせる」制度と「放牧地を公有化し、請け負わせて経営させる」方法の総称である。「家畜に価格を付けて、各牧民戸に請け負わせる」制度とは、集団の家畜に価格が付けられ、牧民個人に請け負わせて、一定の期間で付けられた金額を返還させるものである。その付けられた価格は、一般的に市場価格より安く、また地域によって異なり、返還期間は一般的に5年、7年、10年、15年である。「放牧地を公有化し、請け負わせて経営させる」方法とは、末端単位や牧民個人に放牧地を使用させる時に、旗県級の人民政府より放牧地使用証が発行される。そのうえで、草原管理委員会が設けられ、草原管理公約が制定され、国家、集団と個人の権利及び義務が明確化され、合理的な草原管理制度を構築することを指す。

71　詳しくは、仁欽「内モンゴルの牧畜業の放牧地と家畜の請負制の再検討」『モンゴルと東北アジア研究』第3巻、2017年を参照。

72　内蒙古党委・人民政府「関於加速発展畜牧業若干問題的決定」(1985年9月26日) 内蒙古党委政策研究室・内蒙古自治区農業委員会『内蒙古畜牧業文献資料選編』第二巻（下冊）、呼和浩特、1987年、611-617頁。

らに、次のような放牧地有償請負の原則が制定された。(1)放牧地使用者の責任、権利、利益の統一と長期使用の原則。(2)放牧地の生産力を発展させ向上させる原則。(3)経済利益と生態系効果を同様に重視する原則。(4)科学管理の原則[73]。

1989年10月15日、内モンゴル自治区農業委員会は、内モンゴル自治区人民政府に「放牧地の使用権、放牧地有償使用制度を一段階進めて実施することに関する報告」を提出し、牧畜地域と半農半牧地域における放牧地有償請負制の実施の指導思想、原則、やり方についての意見を提起した。当該報告は、同月25日に内モンゴル自治区人民政府に批准された。

1990年1月、内モンゴル自治区党委・人民政府により発令された「農村牧畜地域の改革を深化させることに関する意見」においては、3～5年内に牧畜地域における放牧地有償請負制を徹底的に推進するように指示した[74]。この指示のもとで、1990年においては、内モンゴル自治区の9盟市の12旗県、69のソム、郷、鎮、539のガチャー、村の牧民は2億2,900万ムーの放牧地を請負い、その請負額は575.26万元であった。さらに、1993年においては、内モンゴル自治区の10盟市の51旗県、198のソム、郷、鎮、1,115のガチャー、21.6万戸の牧民は、5億7,000万ムーの放牧地を請負い、その請負額は5,118.31万元であった。内モンゴルの牧畜地域、半農半牧地域における放牧地有償請負制の推進は基本的に完了した[75]。

内モンゴルの牧畜地域、半農半牧地域において実施された放牧地有償請負制の効果からみれば、まず、放牧地の保護、管理、建設の責任を牧民戸と結びつけることができ、草畜の矛盾の解決には大きな役割を果たした。次に、牧民の放牧地の利用率を向上させる積極性が発揮されるようになった。第三に、放牧地建設の新しいシステムができ、放牧地建設用の資金を集めるルートが拡大された。

しかし、他方では、放牧地有償請負制の実施においては、次のような問題が生じていた。(1)利用や建設に適性のある放牧地の使用権を牧民戸に請け負

---

73 内蒙古自治区畜牧業庁修志編史委員会編『内蒙古畜牧業発展史』内蒙古人民出版社、2000年、266頁。
74 同上書、267頁。
75 同上。

わせない問題。⑵一部の地域においては、放牧地の所有権をガチャー、村級の集団組織にまで定着させた。しかし、牧民各戸に請負わせなかったことにより、放牧地に関する責任、権利と利益が不明確であった。⑶一部の地域においては、放牧地の境界線が不明確であったことにより、使用権の確定に影響した[76]。

　要するに、放牧地の所有権と使用権が、統一された体制に至らなかったことにより上述の問題が生じた。そのため、内モンゴル自治区党委と政府は、牧畜地域における経済体制改革の必要に応じて、草原「所有権、使用権と請負制」を実施するようになったのである。

4-2　牧畜業における草原「所有権、使用権と請負制」の実施

　内モンゴル自治区人民政府は、牧畜地域における草原管理制度の改革を深化させ、草原の管理保護と合理的利用を強化し、牧畜業の発展を促進させるため、1996年11月20日に内モンゴル自治区の草原「所有権、使用権と請負制」を実施し完成させる規定を公布した。規定では、草原の所有権、使用権と請負制の実施に関する諸問題について以下のように規定された。

　第一に、草原所有権の実施について。内モンゴル自治区域内の草原は、法律によって全民、集団に所有される。国有草原とは、国が有する農場・牧場・林場、企業事業機関、社会団体、軍事施設が使用する草原、国家規定の都市企画区域の草原、草原類の自然保護区域、未開発利用の草原及びそのほかの非集団所有の草原を指す。国有草原は、所属する旗県人民政府によって管理される。

　第二に、草原使用権の実施について。国有草原の使用権は、草原を管理する地方人民政権による機関または組織により実施される。集団所有草原の使用権は、ガチャー、村の農牧業集団経済組織、または村の村民委員会により実施される。

　第三に、草原請負制の実施について。集団所有草原の所有機関は、草原を基層生産組織または農牧民に請け負わせ、経営させることができる。草原請負制の実施の際には、下記のような原則が定められた。

76　前掲『内蒙古畜牧業発展史』298頁。

(1)「大安定、小調整」原則。すでに草原請負制が実施された地域においては、請負は基本的に合理的であり、方法は基本的に正確であって、牧民大衆の意見なしの場合、一般的には大きな調整はおこなわず、大衆の意見によって適切に調整すること。

(2)公平と効益の結合の原則。草原は牧民の牧畜業を発展させる基本的な生産手段である。草原請負の際、牧民の利益を考慮すると同時に草原の経済的効益と生態利益を考慮すること。

(3)統一と分散を結合する管理の原則。大部分の草原を牧畜業戸に請け負わせるとともに、必要に応じて集団経済を発展させるための一部の機動的な草原を確定し、集団経済組織に経営させること。

(4)権利、責任と利益の結合の原則。草原請負経営者は、法律によって請負った草原の使用権をもち、いかなる人もその使用権を犯してはならない。同時に草原の保護、建設などの義務がある。

(5)草畜平衡、増草増畜の原則。草原請負制を実施する際に関係規定に基づき、放牧地によって家畜の数量を確定し、増草のうえで家畜を増やし、過剰放牧を防止すること。

第四に、草原有償請負制について。草原は自然資源であり、牧民の牧畜業を発展させる最も重要な生産手段である。国有草原または集団所有草原を使用する機関と個人は、規定にしたがって草原使用料を払わなければならない。さらに、草原有償使用制を実施する際には下記の問題を明確に解決しなければならない。

(1)草原使用費の性質と徴収。草原請負費用の性質は自然資源の補償費である。国有草原使用費は、草原を使用する機関または組織が契約の規定通りに実際に使用する基層機関または大衆から徴収する。集団所有草原使用費は、請負契約通りに請負者が支払う。

(2)草原使用費の基準。草原使用費の基準の制定は、実状に基づき、資源価値とそれに対する補償を考慮するとともに大衆の心理と経済能力を考慮することが必要である。一般的には、草原使用費は1ムー草原の牧草生産値の1〜3％であること。自然災害あるいはそのほかの原因により徴収困難の場合、草原所有権をもつ機関または使用機関へ申し込みのうえ、旗県以上級の人民政府の批准を経て、草原使用費の削減あるいは免除をすることができ

る。

　(3)過剰放牧の場合における使用費の追加徴収。過剰放牧の場合、草原請負
者は草原建設への投資に力を入れるべきであり、あるいは放牧地の調整と家
畜の数を減らすことなどを通じて草畜平衡を実現する。それでも過剰放牧が
続いた場合、草原請負使用費を追加徴収し、過剰の数量が多いほど徴収費も
高くなる。

　(4)草原使用費の管理と使用。草原使用費の使用は、草原とその地域に使用
する原則に従う。集団所有草原の請負費は、その地域の旗県人民政府の規定
に基づき、ガチャー、村が使用し、ソム、郷は管理する。国有草原の請負費
は、旗県級以上の人民政府の草原管理部門により管理し、その地域の草原建
設に使用する[77]。

　1997年 1 月に開かれた内モンゴル自治区盟、市牧畜局長会議において、
草原「所有権、使用権と請負制」を実施する具体策が打ち出された。まず、
各牧民戸の請負できる草原を牧畜業戸に請負させ、請負できない草原はでき
るだけ小単位で経営させて、草原の所有権と使用権を固定する。次に、有償
請負制と合理的経営の措置を検討し、徴収費をその徴収地域草原の保護や
建設に使用する。続いて、請負方法、放牧地等級の区分と徴収費の基準、飼
育する家畜の数量を合理的に規定する。最後に、放牧地の使用を法制化す
る[78]。

　会議後、草原「所有権、使用権と請負制」は以下のような段階で進められ
た。(1)旗県市、ソム、ガチャーの草原の境界線を鑑定し、放牧地の範囲と面
積を明確にすることで、境界線不明の問題は解決された。同時に、放牧地の
家畜積載量も確定され、草原「所有権、使用権と請負制」の実施の根拠が提
供された。(2)人口、戸数、家畜の頭数を確かめたうえで、人を中心としなが
ら家畜の要素も重視し、戸を適切に考慮する基準にて放牧地の請負はおこな
われた。(3)大部分の放牧地を請負戸に請負わせたうえで、 7 ％の放牧地を集
団経営経済の機動的な放牧地とし、ガチャー、村に統一的に経営させた。(4)
草原集団所有機関及び草原使用機関は、所属草原を基層生産組織あるいは牧

77　「内蒙古自治区進一歩落実完善草原"双権一制"的規定」(1996年11月20日) 科右前旗檔案館
　　105-2-118。
78　前掲『内蒙古自治区牧畜業発展史』298頁。

民に経営させた。(5)鑑定された家畜積載量に基づき、牧草によって家畜数は確定された。過剰放牧の防止措置として、過剰の家畜には使用費が追加徴収され、その超過の数が多いほど徴収の基準も高くなる。(6)草原の請負期間は、一般的に30年であり、最長50年である。(7)放牧地使用費は、一般的に放牧地の牧草生産量価値の1～3％が徴収され、ソム、郷、鎮に管理され、ガチャー、村によって使用される。(8)草原の集団所有権が確定された後に、旗県人民政府より「草原所有証」が発行される。同様に使用権が確定された後にも、旗県人民政府より「草原使用証」が発行される。

　上記の方法で、1997年末まで内モンゴルの44の旗県市に「所有権、使用権と請負制」が実施された。実施された草原面積は7.7億ムーに至り、内モンゴル全体の利用可能草原の総面積の80.27％を占める[79]。続いて、1998年までに内モンゴルの草原所有権が実施された草原面積は10.3億ムーになり、全体の92％を占め、草原使用権が実施された草原面積は8.12億ムーになり、全体の95％を占める[80]。

　内モンゴルの草原「所有権、使用権と請負制」の実施の意義については下記のようにまとめることができる。

　第一に、草原「所有権、使用権と請負制」の実施により、牧民の牧畜業生産の積極性が発揮され、積極的に災害防止と放牧地建設をおこなうようになった。統計によれば、1996年と1997年における38旗県の牧民の自然災害防止に対する年間平均投資金額は、5,244.94万元に至り、総投資額の72.72％を占める。これは、1991–1995年の牧民の年間平均投資額が4,006.27万元であり、総投資額が62.17％であったことと比べれば、投資額は10.55％増加した[81]。

　放牧地建設においては、1997年には内モンゴルの放牧地の総面積は1億2,784.2万ムーに至った。そのなかで、人工的に建設された草原面積は2,397万ムーで、改善された放牧地の面積は2,545.35万ムーであり、建設された草刈り場（「草庫倫」）の面積は7,901.85万ムーとなり、1990年と比べてそれ

79　同上、299頁。
80　中共内蒙古自治区委党史研究室・内蒙古自治区民族事務委員会編『内蒙古改革開放二十年』内蒙古人民出版社、1999年、10頁。
81　前掲『内蒙古自治区牧畜業発展史』299–300頁。

ぞれ35％、52％、62％増加した[82]。建設された草原面積は、1996年と比べて2,967万ムー増加した[83]。

　第二に、内モンゴルの牧畜業が発展し、家畜の頭数は増加した。統計によれば、内モンゴルの家畜頭数は、1996年に6,697.7万頭に至り、1978年と比べて1.6倍に増加した。改良家畜の頭数は3,553.76万頭に至り、1978年と比べて3.4倍に増加した。食肉生産量は1,003万トン、牛乳生産量は56.6万トンに至り、1978年と比べてそれぞれ4.8倍、7.8倍に増加した[84]。

　1998年には、内モンゴルの家畜数は2,499.32万頭増加し、増加率は35.1％に至り、家畜総数は7,387.3万頭に到達し、1978年と比べて78％増えた。改良家畜数は4,929.85万頭に至り、1978年と比べて3.76倍に増加し、増加率も1978年の29％から1998年には67％まで増えた[85]。

　第三に、畜産品の商品化率が増加し、牧民の収入も増加した。1998年に内モンゴルの牧畜業産の食肉は、129.4万トンに至り、1978年と比べて5倍に増加し、牛乳、羊毛も1978年と比べてそれぞれ8.6倍、2倍に増加し、牧畜業生産総額も198.5億元に至り、1978年と比べて3.8倍に増加した[86]。同時に、牧民戸の平均収入は、1982年の449.41元から1984年の662.71元、1986年の927元、1990年の1,371.35元、1995年の3,364.57元、1998年の4,842.28元まで増加した[87]。

　第四に、国民の生活と国家建設に畜産品を多量に提供できた。実例を挙げれば、1978–1998年の間に市場と国家建設に1.2億頭の家畜、104.2万トンの羊毛、940万枚の牛革、1.6億枚の羊革、450万トンの牛乳を提供し、畜産品の輸出額も全体の37％を占めたのである[88]。

小結

　「文化大革命」終結後、内モンゴルの牧畜業における「撥乱反正」がおこ

82　同上、317頁。

83　于鉄夫「内蒙古牧畜業五十年巨変」『実践』1997年第7期、24頁。

84　同上、26頁。

85　前掲『内蒙古改革開放二十年』16頁。

86　同上。

87　内蒙古自治区統計局編『輝煌的内蒙古　1947〜1999』中国統計出版社、1999年、306頁。

88　前掲『内蒙古改革開放二十年』16頁。

なわれ、牧畜業の重要性が重視されるようになり、内モンゴル自治区国民経済における牧畜業の地位が復興され、麻痺・混乱ないし停滞の状態から回復し、牧畜業生産にも一定の発展がみられた。しかし、内モンゴルの牧畜業人民公社において、経済政策の実施と経営管理の面における問題は依然として生じていた。また、内モンゴルの牧畜業における「両定一奨」制度も復興されたが、実施上における問題は少なくなかった。すなわち、放牧地の建設、遊牧の物資の供給、指標値の達成などの面において問題が発生していた。

　牧畜業における全面請負制の実施により、一般牧民の牧畜業生産の積極性が発揮され、牧畜業生産は発展し、牧民大衆の生活水準も向上した。他方では、同様に指標値が高過ぎることによる目標を達成できない問題、放牧地の開墾、破壊の問題が生じていた。これに対し、調査がおこなわれたうえで、牧畜業生産における全面請負制の修正や改善が進められた。しかし、従来の人民公社の枠組みに縛られたことにより、その役割には限界があったため、1984年に「放牧地と家畜の請負」（「草牧双承包」）が導入されるまで実施された。

　「放牧地と家畜の請負制」実施の効果の面からみれば、確かに牧畜業生産は発展をみせ、牧民の収入が増加し、牧民の生活も向上した。また、当該請負制の実施により、20年あまりも続けられた牧畜業人民公社の体制も解体された。しかし、「放牧地と家畜の請負制」の実施の過程において、管理の混乱、家畜の増加と放牧地退化の矛盾及び学校教育の遅れなどの様々な問題が生じたのは、明らかであった。

　本節では、内モンゴルの草原「所有権、使用権と請負制」について考察してきた。「文化大革命」終結後の内モンゴルの牧畜業における「撥乱反正」の進行、牧畜業生産の「両定一奨」制度の復興、全面請負制の実施、「放牧地と家畜の請負制」の推進などの一連のプロセスや背景を経て、草原「所有権、使用権と請負制」が実施され、内モンゴルの牧畜業における経済体制改革のプロセスにおける「放牧地と家畜の請負制」に続く二回目の大きな変革になった。草原「所有権、使用権と請負制」が実施されたことにより、草原利用による平均主義の問題が解決され、請負者の草原の管理、保護と建設における短絡的な行為が克服された。また、請負は法律的保障があり、請負者は資金と労働力を投入して草原を建設するようになった。さらに、草原「所

有権、使用権と請負制」の実施により、内モンゴルの牧畜業の実情に適合した社会主義初期段階の経営管理体制が形成され、内モンゴルの牧畜業生産は多く発展し、家畜の頭数、牧畜業生産の商品額と牧民の収入は大幅に増加した。同時に、国民の生活と国家建設にも畜産品を数多く提供することができたのである。

結　論

　本研究では、民主改革から改革開放初期までの内モンゴルの牧畜地域社会の実態についての検討をおこなった。その考察を通してえられた結論を以下のいくつかの点にまとめることができる。

1　内モンゴルの牧畜地域における民主改革

　内モンゴルの牧畜地域における民主改革の背景において、放牧地の開墾や農地化、漢人の入植と蒙漢雑居状況の形成、地域の産業形態の変化と牧畜業から農業へのモンゴル人の転業、階級状況と搾取形式、地域の主要矛盾、民主改革の目的などの面では、民族的、地域的、歴史的特徴があった。牧畜地域における民主改革初期において、農業地域の土地改革の方法をそのまま牧畜地域に移した結果、牧畜地域の牧畜業生産に大きな損失がもたらされたことを背景に、内モンゴルの牧畜地域の経済的特徴と地域的特徴が考慮された牧畜業の民主改革の「家畜分配をせず、階級区分をせず、階級闘争をせず、家畜主と牧畜労働者の両方の利益になる」（「不分不闘、不劃階級、牧工牧場主両利」）政策が打ち出された。当該政策が実施された結果、第一に、階級関係の根本的変化が生じた。封建特権が廃除され、労働牧民は政治、経済などの面における権益が確保された。第二に、経済的基礎の根本的変化が生じた。個人経営、牧場主経営を国営または集団所有経済に変えた。そのため、牧畜業生産従事者の積極性を発揮させ、牧畜業生産は大きく発展した。第三に、文化衛生事業、民族工業・商業は大きく発展した。最終的には、牧畜業生産の発展につれて、牧畜地域の各階層の人民の生活、とくに貧困牧民の生

活は明らかに改善された。とくに、1950年代初期は、フルンボイル盟牧畜業生産の「黄金時代」とも呼ばれるようになったのである。

2　内モンゴルの牧畜地域における社会主義的改造

　内モンゴルの牧畜業の社会主義的改造においては、当初、当該地域の牧畜業経済の実状に適合した諸政策、方針、方法などが打ち出され、それらはほかの非漢人地域にも広く推進された。このことは、内モンゴルが「模範自治区」と称されるにいたった由来のひとつになったとおもわれる。また、社会主義的改造により組織された牧畜業生産の互助組と協同組合が内モンゴルの牧畜業の発展に一定の役割を果たした面もあったことは確かである。

　また、内モンゴルの牧畜業の社会主義的改造のプロセスは、地域によってその進行状況が異なった。農業地域に囲まれている、あるいは農業地域に接近している牧畜地域、産業形態的に農業化された地域、すなわち、農業地域と半農半牧地域においては社会主義的改造の進展が速かった。しかし同時に、問題の発生が著しかったのも、民族関係の複雑なこれらの地域であった。このことは、社会主義的改造の急進化の問題を検討する際、民族地域でのひとつの例を示しているだろう。

　内モンゴルの牧場主の社会主義的改造をふくむ各領域における社会主義的改造は、自治区の第1次五ヵ年計画のなかでの牧畜業における基本任務であった。そのなかで、牧場主に対して引き続き「家畜分配をせず、階級区分をせず、階級闘争をせず、家畜主と牧畜労働者の両方の利益になる」政策を実施することは、中共中央内モンゴル・綏遠分局第1次牧畜地域工作会議において提起され、討論された。それには、牧場主の牧民大衆のなかでの影響力が大きかったこと、牧場主経営は基本的には資本主義の性質をもつことになり、中国の新民主主義経済の構成部分になったこと、牧畜業経済の基礎はきわめて不安定であったこと、などの要因があった。

　1950年代半ばの内モンゴルの牧畜地域における各階級の比重と所有する家畜の状況は、40〜45％の貧困戸は家畜総数の約15％を所有し、54.3〜59.3％の中等戸と富裕戸は家畜総数の約73％を所有し、0.67％の牧場主が家畜総数の約11.5％を占めていたが、地域によって階級状況は異なるのである。地域によっては、貧困戸の戸数は減少しつつあり、中等戸の戸数は増加しつ

つあり、牧場主の戸数も増加しつつあった。

　「家畜分配をせず、階級区分をせず、階級闘争をせず、家畜主と牧畜労働者の両方の利益になる」政策が実施されてきたことにより、牧畜地域においては階級区分がおこなわれなかったが、実際上、牧場主の判定は党内で把握するかたちで進められてきた。1956年３月に開かれた内モンゴル党委第三次牧畜地域活動会議において、牧場主に対する総合政策は、政治、経済の面において適切に配慮する政策が提起された。

　牧場主に対する社会主義的改造の方法は、牧場主との共同経営牧場の方法と牧場主を協同組合に加入させる方法であった。これらの方法で、牧場主経営に対する社会主義的改造が1958年に完了した。そのプロセスにおいては、牧場主への報酬が統一されていなかった問題、牧場主の家畜につけた価格が安かった問題などが生じた。

3　牧畜地域における人民公社化

　内モンゴルの牧畜地域における人民公社化の政策策定には特殊な背景があった。一般の農業地域における人民公社化は、それまでにすでに組織されていた農業生産高級協同組合をさらに格上げし、規模を拡大して設立されたものであった。しかし、内モンゴルの牧畜地域の場合は、人民公社化が開始される直前の1958年７月頃に協同組合化が完了したばかりだったうえ、組織された協同組合のほとんどが牧畜業生産初級協同組合であり、また一部は互助組の段階であった。このような協同組合化の進展状況のもとで、内モンゴルの牧畜地域における集団経営化の任務は、牧畜業生産初級協同組合を高級協同組合へ移行させることであった。そのため、1958年内は牧畜業においては人民公社を組織しない方針が内モンゴル党委により定められた。これは、牧畜業における協同組合化の進展状況、とくに協同組合化の過程において生じた諸問題や、牧畜業の人民公社化には農業とは異なる方法が必要であることなどの実情を考慮した内モンゴル党委の慎重な政策であったと考えられる。

　しかし、中国全体の農業人民公社化の急速な進行の影響を受け、内モンゴルの牧畜業における人民公社化も急速化していった。そのもっとも重要な原因は、政治的イデオロギーの圧力であった。すなわち、少数民族地域に

おける反右派闘争（1957〜1958年）において「地方民族主義」「民族右派分子」がおもな標的となり、そのなかで、牧畜地域の民族的、地域的特徴にもとづく社会主義建設方法を主張する見解が「右寄りの保守思想」とみなされたことである。こうした意見は、いわゆる少数民族地域の「特殊論」「後進論」「条件論」「漸進論」という政治的レッテルが貼られ、おおいに批判された。さらに、そういった批判が理論的根拠としていたのは「各民族のあいだの共通性が多くなり、区別性が少なくなり、民族融合の要素が増えつつある」という「民族融合論」であった。この「理論」によれば、人民公社の組織形式を備えれば、少数民族が先進民族（漢人）の発展レベルに追いつき、民族のあいだの区別がなくなるとみなされた。この「理論」のもとで、人民公社化に存在する問題に対する意見などが「三面紅旗に反対、社会主義制度に反対、党の民族政策への攻撃」という「罪」で批判され、その意見を提起した者が処分される事件が多発した。これらの事態は、牧畜地域における人民公社化の急進化を物語っているであろう。また、内モンゴルの牧畜地域における人民公社化には、農業地域の人民公社と同様に「一大二公」の「平均主義」「共産化の風」「デタラメな指揮」などの問題が生じた。

4　牧畜業における「撥乱反正」

「文化大革命」勃発により、各級の革命委員会が従来の牧畜局に入れ替えられ、牧畜業の専門的制度が廃止され、関係部門の人員も批判や攻撃の対象となった。その結果、内モンゴルの牧畜業生産は麻痺や混乱の状態に陥った。オラーンフーが打倒されたことにより、牧畜地域の民主改革における「牧場主の家畜分配をせず、牧場主に対し階級区分をせず、階級闘争をせず、牧場主と牧畜労働者の両方の利益になる」政策、社会主義的改造における「穏、寛、長」という原則、長期にわたって実施されてきた「開墾禁止、放牧地保護」政策、国民経済調整期の諸政策などのそれまでの内モンゴルにおける牧畜業活動のすべては否定され、「修正主義」とみなされ、批判された。さらに、それまでの階級路線も否定され、「改めて階級区分をおこなう」運動も強硬的に推進され、攻撃され、被害を受ける者の範囲が拡大していったのである。これらの結果、内モンゴルの牧畜地域の家畜数の落ち込みが数回にもわたってあらわれ、全体的にも停滞ないし後退していった。

　内モンゴルでは、中国の他の地域と同様に1976〜1982年の間において、政治、経済、思想の各方面で「撥乱反正」が進められた。内モンゴルの牧畜業における「撥乱反正」は、内モンゴル自治区牧畜業活動座談会（1977年1月28日〜2月1日）から始まった。この会議においては、牧畜業の重要性が指摘され、放牧地保護の具体的な指示が出され、牧畜業を発展させるための奨励制度も提起されたことにより、内モンゴル自治区国民経済における牧畜業の地位が回復されたといえる。会議後、「両定一奨」が公布され、実施されたため、内モンゴルの牧畜生産の経営管理が改善され、牧畜業生産の秩序も回復され、牧民の牧畜業生産発展に対する積極性が発揮されるようになった。さらに、「当面の農村牧畜地域における若干の経済政策問題に関する規定」、「内モンゴル自治区の農牧業生産を向上させることに関する意見」、「農村牧畜地域における若干の政策問題に関する決定」などの一連の政策、方針と措置が実施された結果、内モンゴルの牧畜業は復興・発展した。しかし、他方では内モンゴルの牧畜業人民公社において、経済政策の実施と経営管理の面で生じていた問題も少なくない。

5　「改革開放」初期の牧畜地域社会

　改革開放後、牧畜業における全面請負制の実施により、一般牧民の牧畜業生産の積極性が発揮され、牧畜業生産は発展し、牧民大衆の生活水準も向上した。他方では、同様に指標値が高過ぎることによる目標を達成できない問題、放牧地の開墾、破壊の問題が生じていた。これに対し、牧畜業生産における全面請負制の修正や改善が進められた。しかし、従来の人民公社の枠組みに縛られたことにより、その役割には限界があったため、「放牧地と家畜の請負」（「草牧双承包」）が導入されるまで実施された。

　「放牧地と家畜の請負制」実施の効果の面からみれば、確かに牧畜業生産は発展をみせ、牧民の収入が増加し、生活も向上した。また、当該請負制の実施により、20年あまりにわたって続けられた牧畜業人民公社の体制も解体された。しかし、「放牧地と家畜の請負制」の実施の過程において、管理の混乱、家畜の増加と放牧地退化の矛盾及び学校教育の遅れなどの様々な問題が生じたのは、明らかであった。

　「放牧地と家畜の請負制」ののちに、草原「所有権、使用権と請負制」が

実施された。草原「所有権、使用権と請負制」の実施は、内モンゴルの牧畜業における経済体制改革のプロセスにおける「放牧地と家畜の請負制」に続く二回目の大きな変革になった。草原「所有権、使用権と請負制」が実施されたことにより、草原利用による平均主義の問題が解決され、請負者の草原の管理、保護と建設における短絡的な行為が克服された。また、請負は法律的保障があり、請負者は資金と労働力を投入して草原を建設するようになった。さらに、内モンゴルの牧畜業の実情に適合した社会主義初期段階の経営管理体制が形成され、内モンゴルの牧畜業生産は多く発展し、家畜の頭数、牧畜業生産の商品額と牧民の収入は大幅に増加した。同時に、国民の生活と国家建設にも畜産品を数多く提供することができたのである。

参考文献

〈日本語〉

アジア経済研究所『中国共産党の農業集団化政策』1961年、アジア経済研究所。

アジア経済研究所『中国共産党の農業集団化政策 II』1962年、アジア経済研究所。

亜細亜農業技術交流協会編『中国の土地改革以後農業集団化実現に至る過渡期に生起した諸問題とその対策にかんする研究』亜細亜農業技術交流協会、1961年。

阿部治平「内モンゴル牧畜業における新スルク制の登場と問題点」『モンゴル研究』第7号、1984年、57–87頁。

菅沼正久『人民公社制度の展開——経済調整と整社工作』アジア経済研究所、1969年。

―――『協同組合経済論』日本評論社、1969年。

久野重明「中国の農業と生産責任制」『愛知大学国際問題研究所紀要』第82号、1986年、139–177頁。

呉宗金著・西村幸次郎訳『中国民族法概論』成文堂、1998年。

小林弘二『二〇世紀の農民革命と共産主義運動——中国における農業集団化政策の生成と瓦解』1997年、勁草書房。

佐々木隆「中国における農業改革と地域社会」『信州大学農学部紀要』第28巻第1号、1991年、1–14頁。

佐藤慎一郎『農業生産合作社の組織構造』アジア経済研究所、1963年。

坂本是忠「モンゴル人民共和国における牧畜業の集団化について——遊牧民族近代化の一類型」ユーラシア学会編『遊牧民族の研究　ユーラシア学会研究報告（1953）』（通号2）、自然史学会、1955年、119–136頁。

―――「最近のモンゴル人民共和国——牧農業の集団化を中心として」『アジア研究』6(3)、1960年、86–92頁。

仁欽「フルンボイル盟牧畜地域における「四清運動」に関する考察」『中国研究月報』、第68巻第12号、2014年、13–27頁。

―――「フルンボイル盟牧畜地域における民主改革に関する一考察」『愛知大学国際問題研究所紀要』第145号、2015年、117–142頁。

―――「「三不両利」政策の歴史的背景の検討」『中国研究論叢』第16号、2016年、23–40頁。

―――「「文化大革命」期間における内モンゴルの牧畜業の実態の検討」『日本とモンゴル』第51巻第2号、2017年、130–145頁。

―――「内モンゴルの民族活動における「撥乱反正」の検討」『愛知大学国際問題研究所紀要』第149号、2017年、133–157頁。

―――「内モンゴルの牧畜業における「撥乱反正」に関する考察」『愛知大学国際問題研究所紀要』第150号、2017年、127–152頁。

朱雁・伊藤忠雄「生産責任制下における中国農業の経営的変化とその規定要因について」『農林業問題研究 29 (Supplement 2)』1993年、65–68頁。

蘇暁康ほか『廬山会議——中国の運命を定めた日』毎日新聞社、1992年。

高明潔「もう一つの脱構築的歴史過程——内蒙古自治政府の「三不両利政策」をめぐって」『愛知大学国際問題研究紀要』第129号、2007年、271-306頁。

陳東林ら主編・加々美光行監修『中国文化大革命事典』中国書店、1997年。

丁抒著・森幹夫訳『人禍　餓死者2000万人の狂気（1959〜1962）』学陽書房、1991年。

鉄山博『清代農業経済史研究——構造と周辺の視角から』御茶の水書房、1999年。

中見立夫「グンサンノルブと内モンゴルの命運」護雅夫編『内陸アジア・西アジアの社会と文化』山川出版社、1983年。

────「モンゴルの独立と国際関係」（溝口雄三・浜下武志・平石直昭・宮島博史編『周縁からの歴史』アジアから考える［3］、東京大学出版会、1994年。

日本国際問題研究所中国部会編『新中国資料集成』第四巻、日本国際問題研究所、1970年。

春原亘「生産責任制と農業生産発展の実態——桃源県の調査結果から」『中国研究月報』第480号、1988年、1-18頁。

広川佐保「蒙疆政権の対モンゴル政策——満州国との比較を通じて」内田知行・柴田善雅編『日本の蒙疆占領　1937-1945』研文出版、2007年。

フスレ、ボルジギン『中国共産党・国民党の対内モンゴル政策　1945〜49年——民族主義運動と国家建設との相克』風響社、2011年。

二木博史「農業の基本構造と改革」青木信治編『変革下のモンゴル国経済』アジア経済研究所、1993年、103-133頁。

────「大モンゴル臨時政府の成立」『東京外国語大学論集』54号、1997年、37-58頁。

ベッカー，ジャスパー著・川勝貴美訳『餓鬼——秘密にされた毛沢東中国の飢饉』中央公論新社、1999年。

毛里和子『中国とソ連』岩波書店、1989年。

────『現代中国の構造変動』、東京大学出版会、2001年

山田武彦・関谷陽一『蒙疆農業経済論』日光書院、1943年。

楊海英「ジェノサイドへの序曲——内モンゴルと中国文化大革命」『文化人類学』第73巻第3号、2008年、419-453頁。

────『墓標なき草原』（上、下）、岩波書店、2009年。

────『墓標なき草原』（続）、岩波書店、2011年。

────『モンゴル人ジェノサイドに関する基礎資料(3)——打倒ウラーンフー（烏蘭夫)』風響社、2011年。

リンチン「内モンゴルの牧畜業の社会主義的改造の再検討」『アジア経済』第49巻第12号、2008年、2-26頁。

────「内モンゴルの牧畜業における「三面紅旗」政策に関する考察」『中国研究月報』第720号、2008年、20-39頁。

────「内モンゴルにおける「四清運動」をめぐって」『相関社会科学』第19号、2010年、89-106頁。

────「内モンゴルの牧畜業地域における人民公社化政策の分析」『言語・地域文化研究』第16号、2010年、49-67頁。

〈漢語〉

文書史料

「4月24日在人民代表大会上烏蘭夫主席作政治報告」（1947年）内蒙古檔檔案館11-1-32。

科右前旗烏蘭毛都努図克「科右前旗烏蘭毛都牧区牧業合作社総結」（1957年5月31日）科右前旗檔案館67-1-23。

科右前旗人民政府「畜群大包幹責任的試行規定」（1982年10月26日）科右前旗檔案館2-4-71。

科右前旗落実草原"三権"試点工作組「関於烏蘭毛都人民公社落実試点工作的総結報告」（1983年7月10日）科右前旗檔案館67-1-146。

「内蒙古自治区進一歩落実完善草原"双権一制"的規定」（1996年11月20日）科右前旗檔案館105-2-118。

旗・社両級調査組「烏蘭毛都公社牧業生産責任制的調査報告」（1982年9月11日）科右前旗檔案館67-1-134。

「烏蘭毛都人民公社生産隊生産責任制情況」（1980年）科右前旗檔案館67-1-107。

烏蘭毛都公社管委会「関於畜群大包幹責任制暫定弁法」（1982年9月30日）科右前旗檔案館69-1-9。

中共烏蘭毛都努図克委員会「烏蘭奥都牧業生産合作社1954年牧業生産工作総結」（1955年6月2日）科右前旗檔案館47-2-12。

中共烏蘭毛都努図克委員会「烏蘭毛都努図克建社工作総結匯報」（1954年2月28日）科右前旗檔案館67-1-11。

中共烏蘭毛都努図克委員会「烏蘭毛都牧区畜牧業発展情況」（1958年6月7日）科右前旗檔案館67-1958-3。

中共烏蘭毛都努図克牧業建社工作組「烏蘭毛都努図克宝音賀喜格牧業互助組転社総結報告」（1954年3月9日）科右前旗檔案館42-2-12。

中共察右後旗委員会「試建烏蘭格日勒合作社的専題報告」（1955年3月14日）内蒙古檔案館11-9-100。

中共察右後旗委員会「関於試建牧業生産合作社的方案」（1955年1月3日）内蒙古檔案館11-9-100。

そのほかの文献資料

阿拉騰徳力海『内蒙古挖粛災難実録』私家版、年代不明。

敖日其楞『内蒙古民族問題研究与探究』内蒙古教育出版社、1993年。

敖登托婭・烏斯「内蒙古草原所有制和生態環境建設問題」『内蒙古社会科学』2004年第4期、124–127頁。

艾雲航「深化牧区改革加快草原畜牧業発展──内蒙古牧区改革与発展調査」『北方経済』1995年第5期、11–14頁。

陳緒林「人民公社模式失敗要因探析」『蕪湖職業技術学院学報』2004年第1期、14–15頁。

鄂雲龍・孫秀民「牧業生産責任制的一種新形式──関於新巴尔虎左旗"牲畜作価帰戸"的調査」『内蒙古社会科学』1984年第1期、82–84頁。

盖志毅ほか「改革開放30年内蒙古牧区政策変遷研究」『内蒙古師範大学』2008年第5期、
　　28-31頁。

叢進『曲折発展的歳月』河南人民出版社、1989年。

高樹華・程鉄軍『内蒙文革風雷───一位造反派領袖的口述史』明鏡出版社、2007年。

菅光耀・李暁峰主編『穿越風沙線───内蒙古生態備忘録』中国檔案出版社、2001年。

郝維民主編『内蒙古近代簡史』内蒙古大学出版社、1990年。

────『内蒙古自治区史』内蒙古大学出版社、1991年。

李玉偉・張新偉「試論内蒙古関於牧主和牧主経済的民主改革」『前沿』2013年第5期、
　　86-88頁。

劉景平・鄭広智『内蒙古自治区経済発展概要』内蒙古人民出版社、1979年。

内蒙古自治区統計局編『奮闘的内蒙古　1947〜1989』中国統計出版社、1989年。

内蒙古自治区畜牧局（1988）『畜牧業統計資料　1947〜1986』（内部資料）、1988年。

『内蒙古日報』1967年8月29日。

『内蒙古自治区成立十周年記念文集』内蒙古人民出版社、1957年。

内蒙古自治区人民政府弁公庁編『内蒙政報』第5期。

内蒙古自治区政協文史資料委員会『「三不両利」与「穏寛長」回憶与思考』（『内蒙古文史
　　資料』第56輯）、2005年。

内蒙古自治区畜牧業庁修志編史委員会編『内蒙古畜牧業発展史』内蒙古人民出版社、2000
　　年。

内蒙古自治区檔案館編『中国第一個民族自治区誕生檔案資料選編』遠方出版社、1997年。

内蒙古党委政策研究室・内蒙古自治区農業委員会編印『内蒙古畜牧業文献資料選編』第一
　　巻、呼和浩特、1987年。

内蒙古党委政策研究室・内蒙古自治区農業委員会編印『内蒙古畜牧業文献資料選編』第二
　　巻（上冊）、呼和浩特、1987年。

内蒙古党委政策研究室・内蒙古自治区農業委員会編印『内蒙古畜牧業文献資料選編』第二
　　巻（下冊）、呼和浩特、1987年。

内蒙古党委政策研究室・内蒙古自治区農業委員会編印『内蒙古畜牧業文献資料選編』第四
　　巻、呼和浩特、1987年。

内蒙古党委政策研究室、内蒙古自治区農業委員会編印『内蒙古畜牧業文献資料選編』第七
　　巻、呼和浩特、1987年。

内蒙古農牧業資源編委会編『内蒙古農牧業資源』内蒙古人民出版社、1965年。

内蒙古党委党史資料征集研究会弁公室『内蒙古党史資料』第二輯、内蒙古人民出版社、
　　1989年。

啓之『内蒙文革実録───「民族分裂」與「挖粛」運動』天行健出版社、2010年。

図雅主編『科尓沁文化揺籃───烏蘭毛都草原』遠方出版社、2012年。

浩帆『内蒙古蒙民族的社会主義過渡』内蒙古人民出版社、1987年。

呼倫貝爾盟史志編輯弁公室編『呼倫貝爾盟牧区民主改革』内蒙古文化出版社、1994年。

慶格勒図「内蒙古牧区民主改革運動」『内蒙古社会科学』1995年第6期、32-37頁。

『人民日報』社論、1953年10月10日。

孫敬之主編『内蒙古自治区経済地理』科学出版社、1956年。

綏遠省人民政府弁公庁編『法令彙編』第一集、1950年4月。

綏遠省人民政府弁公庁編『法令彙編』第六集、1953年2月。

綏遠省農民協会編印『土地改革工作手冊』出版年代不明。

色那木吉拉「三年多来蒙古語工作情況和今後任務」内蒙古語委弁公室『内蒙古自治区語文工作文献選編』1985年、77–86頁。

―――――「繁栄発展民族語文是党在社会主義歴史時期的重要任務」内蒙古語委弁公室『内蒙古自治区語文工作文献選編』1985年。

申屠寧「平反三大冤假錯案」中共内蒙古自治区党史研究室編著『撥乱反正――内蒙古巻』中共党史出版社、2008年、80–88頁。

烏蘭夫『烏蘭夫文選』（上）、中央文献出版社、1999年。

王鐸主編『当代内蒙古簡史』当代中国出版社、1998年。

王徳勝「論"穏、寛、長"原則――重温内蒙古畜牧業社会主義改造的経験――」『内蒙古大学学報』1998年第5期、1–8頁。

魏磊ほか「鄧小平与高校戦線的撥乱反正」『理論界』2009年第9期、172–175頁。

謝文雄「改革開放前夕鄧小平在思想領域撥乱反正的経験及啓示」『観察与思考』2015年第7期、64–68頁。

尤太忠・池必卿・候永「関於進一歩解挖"内人党"問題的意見的報告」（1978年4月20日）中共内蒙古自治区党史研究室編著『撥乱反正――内蒙古巻』中共党史出版社、2008年、159–162頁。

余煥椿「《人民日報》在撥乱反正中」『炎黄春秋』2015年第6期、44–48頁。

袁俊芳「思想理論方面的撥乱反正」中共内蒙古自治区党史研究室編著『撥乱反正――内蒙古巻』中共党史出版社、2008年、89–120頁。

―――――「経済工作的撥乱反正」中共内蒙古自治区党史研究室編著『撥乱反正――内蒙古巻』中共党史出版社、2008年、37–57頁。

「中央人民政府政務院関于地方民族民主連合政府実施弁法的決定」（1952年2月22日政務院第125次政務会議通過）中共中央文献研究室編『建国以来重要文献選編』（第三冊）、中央文献出版社、1992年、86–88頁。

朱紅勤「撥乱反正的歴史進程及意義」『山西師範大学報』（社会科学版）2010年第6期、127–130頁。

曽憲東「内蒙古首届民族理論科学討論会側記」『内蒙古社会科学』1981年第三期、46–53頁。

中央人民政府法制委員会『中央人民政府法令彙編（1949年～1950年）』法律出版社、1982年。

中央人民政府法制委員会編『中央人民政府法令彙編（1952年）』法律出版社、1982年。

『中国共産党与少数民族地区民主改革和社会主義改造』（上冊）、中共党史出版社、2001年。

張崇根主編『中国民族工作歴程　1949～1999』遠方出版社、1999年。

閻天霊『漢族移民与近代内蒙古社会変遷研究』民族出版社、2004年

周清澍主編『内蒙古歴史地理』内蒙古大学出版社、1993年。

中共中央文献研究室編『建国以来重要文献選編』中央文献出版社、1992年。

中共内蒙古自治区党委党史研究室編『六十年代国民経済調整（内蒙古巻）』中共党史出版
社、2001年。

扎那「建設繁栄昌盛的内蒙古、大力発展牧畜業生産」中国共産党中央委員会『紅旗』1984
年第18期。

〈モンゴル語〉

Ceng Haizhou/Zhang Bingduo, *Öbör Monggol-un mal aju aqui*, Öbör Monggol-un arad-un keblel-
ün qoriy-a, 1958 on.

Öbör Monggol-un mal aju aqui-yin kögjilte-yin toyimu, Öbör Monggol-un arad-un keblel-ün qoriy-a,
1962 on.

*Öbör Monggol-unöbertegenjasaquorun Sui yuan Kökenagurjergegajar-un maljiquorun-u mal ajuaqui-yin
tuqaiündüsündüng*, Öbör Monggol-un arad-un keblel-ünqoriy-a, Kökeqota, 1955 on.

［初出一覧］

本書は、以下の13本の論文をもとに加筆、修正したものである。

「内モンゴルの草原の「所有権、使用権と請負制」の検討」『日本とモンゴル』第55巻第
　1号、2021年。
「「改革開放」初期の内モンゴルの牧畜業地域社会の実態」『愛知大学国際問題研究所紀要』
　第153号、2019年。
「内モンゴルの牧畜業の放牧地と家畜の請負制の再検討」『モンゴルと東北アジア研究』第
　3巻、2017年。
「オラーンモド人民公社における全面請負制に関する考察」『日本とモンゴル』第52巻第
　1号、2017年。
「内モンゴルの牧畜業における「撥乱反正」に関する考察」『愛知大学国際問題研究所紀
　要』第150号、2017年。
「内モンゴルの民族活動における「撥乱反正」の検討」『愛知大学国際問題研究所紀要』第
　149号、2017年。
「「三不両利」政策の歴史的背景の考察」『中国研究論叢』第16号、2016年。
「「文化大革命」期間における内モンゴルの牧畜業の実態の検討」『日本とモンゴル』第51
　巻第2号、2017年。
「内モンゴルの牧場主の社会主義的改造の検討」『日本とモンゴル』第50巻第2号、2016
　年。
「フルンボイル盟牧畜地域における民主改革に関する一考察」『愛知大学国際問題研究所紀
　要』第145号、2015年。
「内モンゴルの牧畜業地域における人民公社化政策の分析」『言語・地域文化研究』第16
　号、2010年。
「内モンゴルの牧畜業の社会主義的改造の再検討」『アジア経済』第49巻第12号、2008年。
「内モンゴルの牧畜業における「三面紅旗」政策に関する考察」『中国研究月報』第720号、
　2008年。

著者略歴

仁欽（Renqin）
- 生年：1963 年
- 出生地：内モンゴル自治区興安盟ジャライド旗
- 現職：内モンゴル大学中華民族共同体研究センター研究員（教授）
- 最終学歴：東京外国語大学大学院博士後期課程
- 取得学位：博士（学術）
- 専門領域：内モンゴル現代史、現代中国の民族政策と民族問題
- 主要論著

著書：

『現代中国の民族政策と民族問題──辺境としての内モンゴル』集広舎、2015 年。

『内蒙古牧区工作成就啓示研究（1947–1966）』中国社会科学出版社、2019 年。

論文：

「反右派闘争におけるモンゴル人「民族右派分子」批判」『アジア経済』第 48 巻第 8 号、2007 年。

「内モンゴルの牧畜業の社会主義的改造の再検討」『アジア経済』第 49 巻第 12 号、2008 年。

「大躍進期の内モンゴルにおける放牧地開墾・人口問題」『現代中国研究』第 25 号、2009 年。

「内モンゴルにおける「四清運動」をめぐって」『相関社会科学』第 19 号、2009 年。

「内モンゴルにおける知識青年下放運動とその背景、影響に関する考察」『アジア経済』第 54 巻第 2 号、2013 年。

「フルンボイル盟牧畜業地域における社会教育運動に関する考察」『中国研究月報』第 12 号、2014 年。

「内モンゴルの民族活動における「撥乱反正」の検討」『愛知大学国際問題研究所紀要』第 149 号、2017 年。

「フルンボイル盟モリンダワー旗山岳地域少数民族の生産と生活の実態」『日本とモンゴル』第 53 巻第 1 号，2019 年。

「20 世紀五六十年代内蒙古安置自発移民研究」『当代中国史研究』2018 年第 5 期。

「内蒙古牧区牧主定息論析」『中国蒙古学』2018 年第 6 期。

「内蒙古牧区抗災保畜工作論析──以 1962 年為例」『中国民族学』第 21 輯、2018 年。

「内モンゴルの牧畜業の放牧地と家畜の請負制の再検討」*Mongolian and Northeast Asian Studies*, No. 3, 2017.

「20 世紀五十年代内蒙古犧畜改良工作初探」*Quaestiones Mongolorum Disputatae*, No. 17, 2021.

「新中国成立初期中国共産党在内蒙古的組織工作和幹部工作」『蒙古史研究』第十四輯、2022 年ほか。

現代内モンゴル牧畜地域社会の実態
——民主改革から改革開放初期まで——

愛知大学国研叢書第 5 期第 2 冊

2023 年 3 月 25 日　第 1 刷発行

著者——仁欽
発行——株式会社あるむ
　　　　〒460-0012 名古屋市中区千代田 3−1−12
　　　　Tel. 052−332−0861　Fax. 052−332−0862
　　　　http://www.arm-p.co.jp　E-mail: arm@a.email.ne.jp
印刷——興和印刷　　製本——渋谷文泉閣